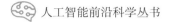 人工智能前沿科学丛书

U0174253

融合与交流
智能运动控制系统

褚君浩院士　主编

戴　跃　著

上海科学技术文献出版社
Shanghai Scientific and Technological Literature Press

图书在版编目（CIP）数据

融合与交流：智能运动控制系统 / 戴跃著 . —上海：上海科学技术文献出版社 ,2022

（人工智能前沿丛书 / 褚君浩主编）

ISBN 978-7-5439-8283-3

Ⅰ . ①融… Ⅱ . ①戴… Ⅲ . ①智能控制—控制系统—研究 Ⅳ . ① TP273

中国版本图书馆 CIP 数据核字 (2021) 第 258758 号

选题策划：张　树
责任编辑：王　珺
封面设计：留白文化

融合与交流：智能运动控制系统
RONGHE YU JIAOLIU: ZHINENG YUNDONG KONGZHI XITONG
褚君浩院士　主编　戴　跃　著
出版发行：上海科学技术文献出版社
地　　址：上海市长乐路 746 号
邮政编码：200040
经　　销：全国新华书店
印　　刷：商务印书馆上海印刷有限公司
开　　本：720mm×1000mm　1/16
印　　张：17.75
字　　数：299 000
版　　次：2022 年 2 月第 1 版　2022 年 2 月第 1 次印刷
书　　号：ISBN 978-7-5439-8283-3
定　　价：138.00 元
http://www.sstlp.com

序

人工智能是人类第四次工业革命的重要引领性核心技术。

人类第一次工业革命是热力学规律的发现和蒸汽机的研制，特征是机械化；第二次工业革命是电磁规律的发现和发电机、电动机、电报的诞生，特征是电气化；第三次工业革命是因为相对论、量子力学、固体物理、现代光学的建立，使得集成电路、计算机、激光、存储、显示等技术飞速发展，特征是信息化。现在人类正在进入第四次工业革命，其特征是智能化。智能化时代的重要任务是努力把人类的智慧融入物理实体中，构建智能化系统，让世界变得更为智慧、更为适宜人类可持续发展。智能化系统具有三大支柱：实时获取信息、智慧分析信息、及时采取应对措施。而传感器、大数据、算法和物理系统规律，以及控制、通信、网络等提供技术支撑。人工智能是智能化系统的重要典型实例。

人工智能研究仿人类功能系统，也就是通过研究人类的智能与行为规律，发现人类是如何认知外在世界、适应外在世界的秘密，从而掌握规律，把人类认知与行为的智慧融入一个实际的物理系统，制备出能够具有人类功能的系统。它能像人那样具备观察能力、理解世界；能听会说、善于交流；能够思考并能推理；善于学习、自我进化；决策、操控；互相协作，也就是它能够看、听、说、识别、思考、学习、行动，从简单到复杂，从事类似人的工作。人类的智能来源于大脑，类脑机制是人工智能的顶峰。当前人工智能正在与各门科学技术、各类产业、医疗健康、经济社会、行政管理等深度融合，并在融合和应用中发展。

"人工智能前沿科学丛书"旨在用通俗的语言，诠释目前人工智能研究的概貌和进展情况。上海科学技术文献出版社及时组织出版的这套丛书，主笔专家均为人工智能研究领域各细分学科的著名学者，分别从智能体构建、人工智能中的搜索与优化、构建适应复杂环境的智能体、类脑智能机器人、智能运动控制系统，以及人工智能的治理之道等方面讨论人工智能发展的若

1

干进展。在丛书中可以了解人工智能简史、人工智能基本内涵、发展现状、标志性事件和无人驾驶汽车、智能机器人等人工智能产业发展情况，同时也讨论和展望了人工智能发展趋势，阐述人工智能对科技发展、社会经济、道德伦理的影响。

该丛书可供各领域学生、研究生、老师、科技人员、企业家、公务员等涉及人工智能领域的各类人才以及对人工智能有兴趣的人员阅读参考。相信该丛书对读者了解人工智能科学与技术、把握发展态势、激发兴趣、开拓视野、战略决策等都有帮助。

中国科学院院士
中科院上海技术物理研究所研究员、复旦大学教授
2021 年 11 月

前　言

　　自从1956年数学家John McCarthy在美国达特茅斯大学（Dartmouth College）举办的一次名师荟萃的研讨会上第一次提出人工智能（artificial intelligence）的概念以来，作为一门学科人工智能已经走过64个年头了。64年来人工智能从最初的游戏博弈、定律证明、代数求解等问题的研究开始，一直走到今天的大数据、物联网、云计算、无人驾驶、图像语音识别、智能机器人等等，对我们今天生活的影响几乎无处不在。

　　1956年提出人工智能研究的初衷是用机器模仿人脑高阶的意识和功能，今天这个初衷依然是人工智能努力的目标，但是随着理论和技术的飞速发展，人工智能所研究的人脑和生命科学所揭示的人脑已经相去甚远。事实上，人工智能的科学家们和生命科学的研究者们在涉及人脑研究的深层次问题中常常各行其道、并无交融，有时候甚至难以找到共同交流的话语或者探究的问题，同样的术语在两个不同的研究领域中往往蕴含着完全不同的意义。人工智能与生命科学似乎是两个彼此相关却无交集的领域。比如说，构建人工智能核心算法的人工神经网络与中枢神经系统中的神经网络有天壤之别；人工智能构造的神经元与中枢神经系统中的神经元更是千差万别。当然，尽管人工智能与生命科学中的人脑研究有着诸多的"貌合神离"，这并不影响两个领域内的科学家们"和而不同"地开展着彼此的研究。未来的交集何在也许并不重要，重要的是，对人脑之谜及其应用的兴趣与探究，在解开人脑之谜的研究中或许人工智能的科学家们与生命科学的研究者们有一天会殊途同归，共同呈现给世界一个能依照人类意志而"点石成金"的大脑。

　　本书试图从一个独特的研究领域——由脊髓运动控制来建立或沟通人工智能与生命科学在离子通道、神经元与神经网络层次上的融合与交流。如果说人工智能是用一切可能的技术手段来模拟人的思想和行为，那么本书的初衷就是用什么样的材料和技术可以让脊髓中的神经元在芯片中成长与兴奋？如何让中枢神经系统中的神经网络通过芯片的突触去控制骨骼肌的屈伸，使肢体产生运动？

生理学的知识告诉我们，肢体运动由三个基本的系统协调完成（图A）：1.骨骼系统；2.骨骼肌系统；3.神经系统。这里，骨骼系统构成人体的支撑和形态；骨骼肌系统提供肢体运动的动力；神经系统是控制肢体运动的核心和灵魂。

运动控制系统的三个组成部分

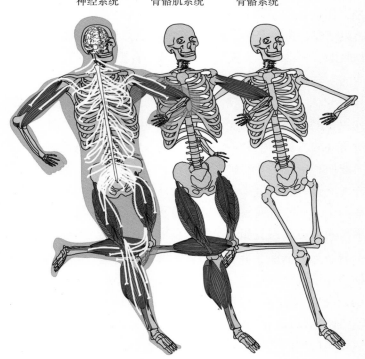

图A.构成肢体运动的三个系统：1.骨骼系统；2.骨骼肌系统；3.神经系统

谈到肢体运动，就不能不讨论行进运动（locomotion），它是脊椎动物最基本的一种运动形式，由位于中脑的运动中枢（Mesencephalic Locomotor Region）引导和控制；由分布于脊髓中的神经网络执行和操作，这个网络称为中枢模式发生器（Central Pattern Generator，CPG）。CPG在行进运动中扮演着时钟调控、节律发生和运动控制的作用，它由多层次的神经细胞群组成，沿着脊髓腹侧的胸段和腰段分布，具有特殊的神经细胞膜特性，与不同类型的神经突触相互连接，受多种神经递质的调控。历史上第一个描述哺乳动物控制肢体运动的神经网络模型是由苏格兰科学家托马斯·格朗汉姆·布朗（Thomas Graham Brown）在1916年提出来的（图B），它由一对相互抑制的屈肌和伸肌的运动神经元池组成，每组神经元池接受上级神经信号的输入，同时支配下级骨骼肌的屈伸。神经元池的兴奋或抑制可以控制骨骼肌的收缩或放松，从而带动骨骼产生肢体运动。这个简单的模型被称为半中心模型（half-center model），它构成了我们今天研究CPG脊髓运动控制的基础。

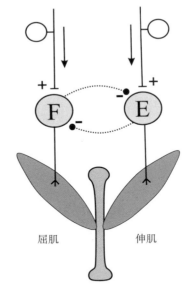

图B. 1916年布朗提出的半中心模型
（Brown Half-Center Model）

　　沿着半中心模型的思路，围绕着运动控制的机制与过程，本书将从医学基础理论、生物仿生技术和社会实践应用等三个方面简明扼要地介绍智能运动控制系统。第一、二两章介绍中枢神经系统的基础知识和神经元的细胞膜特性，这是构成脊髓运动控制的生理基础；第三、四两章介绍离子通道与神经递质，这是神经元兴奋性调节与脊髓运动控制的核心机制；第五章介绍神经网络与运动控制，这是CPG从神经元到神经网络、从细胞兴奋到运动控制的生理基础；第六章介绍骨骼肌与运动单元，这是运动控制从神经系统到骨骼肌系统的信号转换过程，是肢体运动能够产生和控制的物理基础；第七章介绍神经元模型化的理论和方法，这是对前六章生理医学内容的生物物理学总结和数学模型化表述；第八章介绍在神经元模型基础之上构建大型神经网络的技术与方法；第九章介绍神经网络集成系统的设计和智能终端接口的应用，这是运动控制系统从脊髓到芯片、从神经元到信号脉冲的"类脑化"过程；第十章介绍人工肌肉的材料制造与实验研究，这是构建智能运动控制系统从生理到物理、从静态到动态的重要步骤；第十一章介绍与智能运动控制系统相关的仿生动物模型；第十二章介绍智能运动控制系统在医疗、军事和现代生活中的应用。

　　本书一共十二章内容，我们希望在神经生理学与生物物理学的基础上介绍智能运动控制系统从基础理论到设计应用的构建过程。智能系统的集成设计与人造肌肉的神经控制是系统构建的终极应用目标，相关的研究正在进行中，本书未做进一步展开。本书涉及多个学科的研究内容，为了便于读者阅读和理解，我们精心编写了书中的每一个章节，希望能由浅入深地向读者介绍智能运动控制系统的前因后果、来龙去脉。应该说依次介绍每个章节的过程就是演示这个系统"组装"的过程。当然我们希望这个组装不是简单地在不同学科之间进行"技术焊接"，而是一个在多学科融合与交流的尝试中让运动控制系统赋予生命和智能的过程。

作为介绍智能运动控制系统的一本专著，由于其内容和结构上的特点，本书可以作为理工科学生或生命科学专业的本科生、研究生的人工智能（运动控制）课程的教材或参考资料，也可以作为普通民众了解人工智能专题研究的科普读物。

本书是笔者在华东师范大学信息科学技术学院和体育与健康学院给博士和硕士研究生讲授《人工智能》《神经生理学基础》《Introduction to Kinesiology》（英语教学）《计算神经学基础》和《生物信息专题讲座》等课程教材大纲的基础之上综合编写而成。编写过程得到了青年学人的支持与帮助，其中程艺参与第一、二章的编写工作；葛仁锴参与第三、四章的编写工作；陈珂为第五、六章的编写工作；张强参与了第八、九、十一章的编写工作；梁鑫为第十、十二章的编写工作提供了帮助。褚君浩院士对本书的撰写、出版给予重要的指导和支持，在此表示衷心感谢！

由于我们知识有限、成稿仓促，书中的错误在所难免，敬请广大读者批评指正。

戴　跃

2020年3月初于上海

目　录

第 一 章

神经生理学

基础

　　生物体由八大系统构成，分别是运动系统、神经系统、内分泌系统、循环系统、呼吸系统、消化系统、泌尿系统和生殖系统。所有的系统和器官在神经系统和内分泌系统的调节下相互协调、相互配合，共同维持着生命活动的正常进行。目前为止，除神经系统之外的其他系统，人们的认识已经非常深入，但关于神经系统目前还知之甚少。神经系统是生物体中结构和功能最为复杂的系统，构成神经系统的神经元以 10^{12} 计，这些神经元通过突触（Synapsis）和缝隙链接（Gap junction）的方式构成网络共同参与调节和维持各种生命活动。研究神经系统的最终目的是解释意识、感觉、运动、学习和记忆等生理活动的神经控制机制，这也是研究神经系统的终极挑战。

　　脊椎动物的神经系统可以根据有无腔体包裹划分为中枢神经系统（Central Nervous System）和周围神经系统（Peripheral Nervous System）两大部分。中枢神经系统包括大脑（Brain）和脊髓（Spinal cord），含有绝大多数的神经元。外周神经系统包括脑神经节和脑神经、脊神经节和脊神经、自主神经节和自主神经。中枢神经系统中，神经元胞体集中分布的位置称之为灰质（gray matter），除胞体之外的神经纤维构成了白质（white matter）。大脑和小脑的灰质表层被称为皮质（cortex），而白质位于灰质下面。在大脑和小脑的白质内有灰质的核团，这些核团被称之为神经核。脊髓的白质分布在表面，灰质包裹其中。在周围神经系统中，神经元主要集中于神经节。

　　与复杂意识、感觉、学习和记忆活动相比，控制运动的神经网络相对简单，但是到目前为止，神经系统对运动的发起和控制的机制仍不十分清楚。目前认为随意运动的设计在大脑皮层和皮层下的基地神经节和皮层小脑中完成，而行进运动（Locomotion）的产生由中脑运动区（Mesencephalic Locomotor Region）引发，无论是随意运动还是行进运动，来自于高位中枢的指令都经过传出通路到达脑干（Brainstem）和脊髓的运动神经元（Motoneuron），最终产生运动。脊髓是所有躯干运动的执行区域。

　　本章的第一、二节简单介绍了中枢神经系统和外周神经系统对运动产生和调节的功能，第三、四节描述了脊髓运动控制网络以及脊髓反射，第五节介绍行进运动的神经控制机制。

1.1　中枢神经系统

中枢神经系统包含位于颅腔内的大脑和位于椎管内的脊髓，是神经系统中最为复杂的部分。根据功能不同大脑可以划分为延髓（medulla）、脑桥（pons）、中脑（midbrain）、小脑（cerebellum）、间脑（diencephalon）和前脑（cerebrum）六个部分。

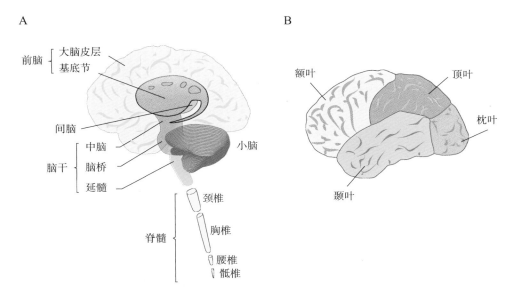

图1.1.1　中枢神经系统的划分。A.中枢神经系统可以划分为七个主要的部分，分别为脊髓、延髓、脑桥、中脑、小脑、间脑和前脑。B.大脑皮层表面的四个叶，分别为额叶、颞叶、枕叶、顶叶

脊　髓

脊髓横截面中央呈现蝴蝶状的灰质，周围由白质包裹。灰质分为前角（也称腹角）、后角（也称背角）和侧角（侧角主要出现在胸腰段脊髓），脊髓灰质主要由多极神经元的胞体、树突、无髓鞘神经纤维和神经胶质细胞构成。脊髓前角分布着大量的运动神经元，运动神经元分为 α 运动神经元和 β 运动神经元。脊髓后角内的神经元种类较为复杂，但主要功能是接受来自感觉神经元的信号传入，一部分后角神经元（也称束神经）发出长轴突进入白质，

3

形成各种神经纤维束，这些纤维束可以上行至脑干、小脑和丘脑。脊髓侧角主要是内脏运动神经元，其轴突构成交感神经系统的节前纤维与节内神经元通过突触连接。

　　脊髓位于中枢系统的最末端，其功能可以分为两部分，第一，收集来自皮肤、关节、肌肉的感觉信号，如疼痛、机械刺激等。感觉信号从脊髓的背侧经背根神经节（Dorsal Root Ganglion）进入脊髓后，一部分信号向上传递至高位中枢，另一部分传入信号作用于脊髓神经网络或直接作用于脊髓运动神经元；第二，控制肢体运动，高位中枢的神经信号经由脊髓腹侧传递至脊髓运动神经元，导致运动神经元兴奋肌肉收缩产生运动。脊椎动物的脊髓是控制躯体运动的重要中枢，高位中枢主要负责运动的开始和结束，真正维持和执行运动任务的区域位于脊髓。很多研究可以在离体脊髓的实验中通过使用神经递质（如：5-羟色胺、谷氨酸能神经递质、多巴胺等）的方法引发虚拟行进运动，这些研究进一步证实了脊髓神经网络对于运动的产生和维持具有重要意义。脊髓可以被划分为颈椎、胸椎、腰椎和骶椎。

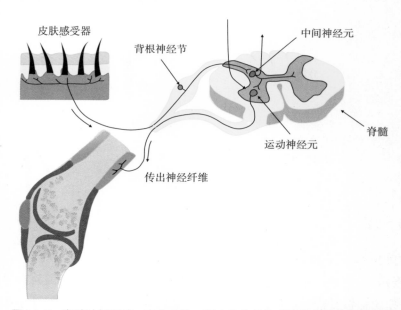

图 1.1.2　脊髓神经通路。来自皮肤、肌肉和关节的感觉信息经背根神经节进入脊髓，感觉信号向上传递至高位中枢，或向下传递至脊髓的其他节段。来自高位中枢的下行信号传递至脊髓运动神经元，导致肌肉收缩控制躯体运动

脑　干

脑干包含了延髓、脑桥和中脑，脑干参与调节行进运动、身体姿势、平衡、奖励、决策、呼吸、自主活动（如：维持血压、心率、肠道蠕动等），同时还参与多种反射活动（如：咳嗽、打喷嚏和呕吐）脑干接受来自大脑皮层、基底节和间脑的下行神经信号，同时也接受来自小脑和脊髓的反馈信号。在过去的很多研究中发现，哺乳动物或低等脊椎动物在去除大脑之后脑干和脊髓可以维持正常的吞咽和呼吸的作用，也可以产生具有一定协调性的行进运动和站立。

脑桥-延髓处的神经元被称为网状脊髓系统（Spinal Reticular Formation），这一区域分布着大量的单胺类神经元，这些神经元与行进运动的产生关系密切。Brownstone和Chopek在之前的综述表明网状结构对控制身体姿势、行进运动和睡眠具有重要调节作用。有研究发现位于网状脊髓系统的单胺类神经元将轴突沿着腹侧投射于脊髓，主要参与传递高位脑区的运动指令。通过电刺激延髓腹侧可以引发离体脊髓产生行进运动，这一结果明确地证实了延髓对运动调节的重要作用。

中脑与脑桥相连，控制多种感觉和运动功能，如眼睛的运动和参与协调视觉和听觉反射。20世纪60年代，三位苏联科学家发现，当去除大脑的猫放在跑步机上时，电刺激中脑运动区（mesencephalic locomotor region）可以引发动物产生行进运动。这一研究结果证实了启动行进运动的高位中枢位于中脑。

小　脑

小脑位于大脑的后下方，延髓和脑桥的背侧，由几个主要的纤维区形成小脑脚与脑干相连。小脑皮质的神经元由普肯耶细胞（Purkinje cell）、颗粒细胞、星形细胞、蓝状细胞和高尔基细胞构成，其中只有普肯耶细胞具有传出神经信号的功能。小脑是调节运动的重要中枢，有大量的传入和传出纤维。从大脑皮层发出的运动信号以及在执行运动任务时来自肌肉和关节的信号都会经过小脑进行整合。小脑通过传出纤维调节运动的力量和范围，使随意运动保持一定的协调性，并参与运动技能的学习。此外，小脑对维持身体平衡也有着至关重要的作用，小脑也接受来自前庭的信息，通过传出纤维改变躯体不同部位的肌肉张力，从而使动物在重力的作用下做旋转或加速的运动时保持身体的平衡。

间　脑

间脑包括丘脑和下丘脑。丘脑负责传递来自其他中枢神经系统到大脑皮层的信息。在大脑皮层不发达的动物中，丘脑是感觉的最高中枢，在大脑皮层发达的动物中，丘脑主要负责感觉信息的接替功能。除嗅觉外，来自身体各处的感觉通路均在丘脑内更换神经元，然后投射于大脑皮层。下丘脑是除大脑皮层外调节内脏活动的高级中枢，在调节体温、摄食、代谢、水平衡、血糖和内分泌腺活动中扮演着重要的角色。

前　脑

前脑也称端脑（telencephalon），是大脑的最高级部位，由两个脑半球通过胼胝体连接而成，每个半球由明显的褶皱外层（大脑皮质）和三个深层结构（基地神经节、海马和杏仁核）组成。

大脑皮质由大量的神经元构成，这些神经元种类烦琐，均为多极神经元。其中高尔基I型神经元有大、中型锥体细胞（pyramidal cell）和梭形细胞，高

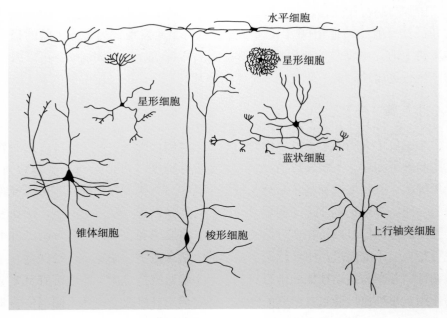

图1.1.3　大脑皮质神经元的形态学特征和分布位置

尔基I型神经元的轴突可以组成投射纤维，投射于脑干或脊髓，也可以形成联络纤维，投射于同侧大脑皮质的其他部位，还可以形成连合纤维，投射向对侧大脑皮质。高尔基II型神经元主要包含星形细胞（也被称为颗粒细胞）以及水平细胞、蓝状细胞、上行轴突细胞等，这些神经元属于中间神经元。高尔基II型神经元主要接受来自神经系统其他区域的传入信号，并进行整合、储存和传递至高尔基I型神经元，高尔基II型神经元构成的局部网络为皮质内信息传递提供了基础。

大脑皮层的褶皱是由于大脑在发育时期，其表面积增加较快，而颅骨的生长速度跟不上表面积的生长速度，再加上大脑半球内部组织之间的发育速度不协调，最终导致发育速度较快的部分隆起，而发育速度较慢的部分凹陷，因此形成了明显的褶皱。凹陷处称之为大脑沟（cerebral sulci），隆起处称之为大脑回（cerebral gyri）。在人的大脑中沟回具有显著的个体差异，即使在同一个人的两个脑半球之间都存在差异性。大脑皮层由五个主要的叶构成，分别是额叶（frontal lobe）、颞叶（temporal lobe）、枕叶（occipital lobe）、顶叶（parietal lobe）和位于额、顶、颞叶之下的岛叶（insula）。大脑皮层是高级神经活动的结构基础，人体各种功能活动的最高级中枢都分布在大脑皮层。大脑皮层运动区包括中央前回、运动前区、运动辅助区和后顶叶皮层区域。中央前回和运动前区主要负责躯体运动，同时也接受本体感觉信号，感受躯体的姿势和空间位置以及运动状态，以便及时调节和控制机体的运动。中央后回主要负责处理身体各处的感觉信号。除运动和感觉区

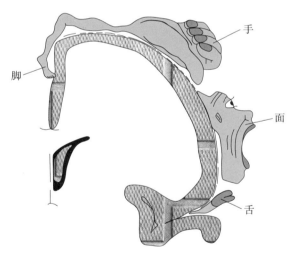

图1.1.4 人体各部在第I躯体运动区的定位。身体不同部分和初级运动皮质的对应示意图，腿部对应在最内侧，手臂和手对应在顶端，口腔和面部对应在运动皮层的侧边（注：手指和口腔在运动皮层的对应区域比例比较大，由于口腔的语言处理以及手指的动作操作都涉及极为精细的神经控制，因此，这两个部位对应的运动皮质区域较大）。

之外大脑皮层还分布着视觉区、听觉区、平衡区、嗅觉区、味觉区、内脏活动的皮质中枢和语言中枢。这些中枢共同维持着生物体正常的感知和运动。

基底神经节是大脑皮层下一些核团的总称，包括纹状体、屏状核和杏仁体。在鸟类以下的动物中，基底神经节是运动调节的最高中枢。在哺乳动物中基底神经节为皮层下的重要调节结构，参与协调运动功能。最近的研究证实基底节神经元对运动的启动和调节也发挥着重要的作用。

1.2　外周神经系统

外周神经系统是指除中枢神经系统之外，分布于全身各处的神经、神经节、神经丛和神经终末装置等结构，一般包含脊神经、脑神经和内脏神经。从功能上区分，外周神经系统可以分为感觉神经和运动神经两个大类。感觉神经负责将外周感受器的信号传递至中枢神经系统，因此，感觉神经又被称为传入神经；运动神经负责将中枢神经系统的信号传递至外周的效应器，如：骨骼肌、心机和腺体等，因此运动神经又被称为传出神经。

脊神经

脊神经（spinal nerves）是与脊髓相连接的周围神经，人的脊神经共31对，包含五个部分，分别是颈神经（cervical nerves）8对、胸神经（thoracic nerves）12对、腰神经（lumbar nerves）5对、骶神经（sacral nerves）5对和尾神经（coccygeal nerves）1对。啮齿类动物共有33对脊神经，其中胸神经有13对，腰神经6对。

脊神经包含躯体神经纤维和内脏神经纤维，躯体神经纤维和内脏神经纤维都含有运动纤维和感觉纤维。因此，脊神经又可以分为躯体感觉纤维、躯体运动纤维、内脏感觉纤维和内脏运动纤维。

躯体感觉纤维由位于脊髓背侧的假单极神经元（背根神经节 dorsal root ganglion）和它的树突构成。背根神经元的树突分布于皮肤、骨骼肌、肌腱和关节等身体部位，将皮肤的浅层感觉（如：痛觉、温觉与触觉）以及肌腱和关节的深层感觉（如：运动觉和位置觉信号）经背根神经节传入脊髓。

躯体运动纤维由位于脊髓腹侧角的运动神经元的轴突构成，支配躯干和肢体的骨骼肌，当运动神经元兴奋时导致肌肉收缩，控制身体的随意运动。

　　内脏感觉纤维同样由位于脊髓背侧的背根神经元和其树突构成，背根神经元的树突分布于内脏、心血管和腺体，将这些部位的感觉信号传递至脊髓。

　　内脏运动纤维由12对胸神经、1-3节段的腰神经以及2-4节段的骶神经构成，主要支配心机和平滑肌的收缩和控制腺体的分泌活动。

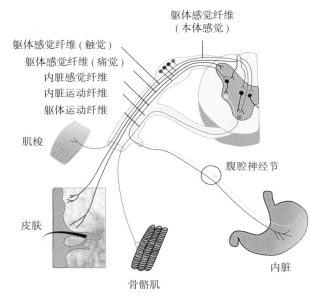

图1.2.1　啮齿类动物的脊神经。脊神经包含了躯体感觉神经（蓝色）、本体神经（紫色）、内脏感觉神经（绿色）、躯体运动神经（红色）和内脏运动神经（黄色）

脑神经

　　延髓、脑桥和中脑统称为脑干（brainstem），脑干包含了12对颅神经，分别是嗅神经（olfactory nerve）、视神经（optic nerve）、动眼神经（oculomotor nerve）、滑车神经（trochlear nerve）、三叉神经（trigeminal nerve）、外展神经（abducent nerve）、面神经（facial nerve）、位听神经（vestibulocochlear nerve）、舌咽神经（glossopharyngeal nerve）、迷走神经（vagus nerve）、副神经（accessory nerve）和舌下神经（hypoglosal nerve）。颅神经是从脑干发出左右成对的神经元，属于周围神经系统，神经末梢主要分布在头部和面部，其中迷走神经还分布到胸腔的内脏器官，如心脏。

　　脑神经与脊神经不同之处主要有以下三点：1. 每一对脊神经都是混合性神经，包含感觉神经和运动神经，脑神经中只有三叉神经、面神经、舌咽神经、迷走神经属于混合神经，嗅神经、视神经和前庭神经属于感觉神经，而动眼神

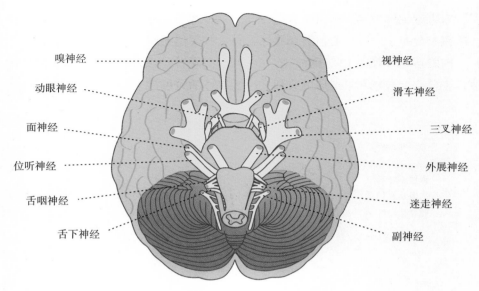

嗅神经 .... 视神经

动眼神经 .... 滑车神经

面神经 .... 三叉神经

位听神经 .... 外展神经

舌咽神经 .... 迷走神经

舌下神经 .... 副神经

图 1.2.2　哺乳动物的 12 对颅神经

经、滑车神经、外展神经、副神经和舌下神经属于单一功能的运动神经；2. 脑神经中的内脏运动纤维属于副交感神经，只存在于动眼神经、面神经、舌咽神经和迷走神经 4 对脑神经中。而脊髓神经中的内脏运动纤维主要是交感神经，只在第 2-4 节段骶神经中含有副交感的成分；3. 由于头部分化出嗅觉、视觉、平衡觉和听觉的特殊感受器，这些感受器不同于来自皮肤或躯体的感受器，因此也出现了与之联系的嗅神经、视神经和前庭蜗神经。

内脏神经

内脏神经（visceral nervous system）主要分布于内脏、心血管、平滑肌和腺体。内脏神经与躯体神经一样，也可以分为感觉纤维和运动纤维。内脏运动神经不受人的意志控制，主要起到调节内脏、心血管的运动和腺体的分泌，又被称为自主神经系统（autonomic nervous system）。内脏感觉神经的初级感觉神经与躯体感觉神经一样，也位于脑神经和脊神经节内，周围神经纤维位于内脏和心血管等的内感受器，将接受到的感觉信号传递至各级中枢，也可以传递至大脑皮层。传递至中枢的信息经过整合后，通过内脏运动神经调节相应器官的活动。

1.3　脊髓运动控制

运动是生物体的一种基础功能活动。运动系统由骨、骨骼肌和神经三部分组成。在运动过程中肌肉在神经系统的支配下有序地收缩和舒张，肌肉在收缩时以关节为支点牵引骨骼的位置和角度发生变化，进而产生运动。骨骼在运动过程中起到了杠杆的作用，骨骼肌为运动提供了动能，而神经系统则是运动功能的总设计师。

人类能够产生各种形式的运动，源于大约640个骨骼肌的参与，而所有的骨骼肌都受到中枢神经系统的支配。中枢神经系统收集并处理来自视觉、听觉、味觉、前庭觉、痛觉和本体感觉等感官信息之后，大脑和脊髓调节运动行为的产生和协调。大脑对头部运动起到了直接的调节作用，而对躯体运动主要起到启动和调节的作用，脊髓则直接参与躯体运动的产生和维持。

脊髓神经元

脊髓神经网络主要由三类神经元构成，位于脊髓背侧的感觉神经元（sensory neuron）、脊髓中间神经元（interneuron）和位于腹侧的运动神经元（motoneuron）。

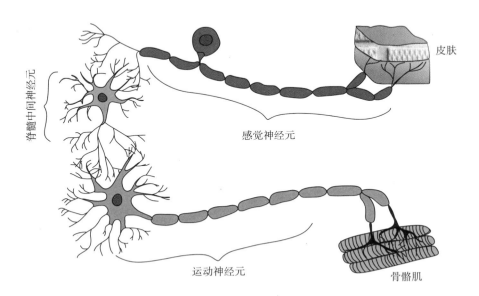

图 1.3.1　脊髓中的三类神经元，背侧的感觉神经元（紫色）负责接收来自外周的感觉信号；脊髓中间神经元（黄色）位于感觉神经元和运动神经元之间，脊髓中间神经元是构成复杂神经网络的主要元素；运动神经元（红色）位于脊髓腹侧，其轴突直接支配肌纤维

脊髓感觉神经元

脊髓背侧的感觉神经元是处理和传输来自内部和外部环境的躯体感觉信息的关键通道。脊髓感觉神经元接受来自躯体的感觉信号之后，一部分信号经感觉神经元直接向上传递至大脑的感觉中枢，如：皮肤感受到的触摸、温度、刺激（痒）和有害刺激（疼痛）。一部分感觉信号经背根神经节直接传递至脊髓腹侧运动神经元调节运动，如来自于肌梭或肌腱的本体感受器负责传递肌肉张力和长度的信息，这一类感觉神经元主要参与脊髓单突反射活动（见后文）。另外一部分信号经感觉神经元传递至脊髓中间神经元，经中间神经元整合之后调节运动神经元的兴奋性。位于背侧I/II板层（laminae）的感觉神经元主要处理高阈值的感觉信号刺激，如：伤害性刺激和温度感觉信息；背侧II-V板层的感觉神经元主要处理如触摸这样的低阈值感觉信号刺激。最近的研究结果发现低阈值的感觉信号对运动的调节起到了重要的作用。

脊髓中间神经元

脊髓中间神经元是脊髓神经网络的主要组成成分，其主要作用是整合来自高位中枢下行运动信号以及背侧传入的感觉信号，最终导致运动神经元兴奋，产生具有一定协调性和节律的运动。参与调节运动的脊髓中间神经元通过突触或缝隙连接形成网络，这一网络被称为中枢模式发生器（Central Pattern Generator，CPG）。关于中枢模式发生器的神经元构成一直是研究脊髓中间神经元的一个重要内容。早在1967年Jankowska在存在L-DOPA的条件下刺激脊髓背侧的传入纤维引发脊髓腹侧传出纤维产生有节律的信号，这一实验证实了Ia抑制性中间神经元的存在，并描述了Ia抑制性中间神经元在屈肌和伸肌运动神经元之间的交互抑制作用。闰绍细胞（Renshaw cell）也是一类特殊的抑制性中间神经元，这一类神经元接受来自运动神经元轴突侧枝释放的乙酰胆碱（ACh）的调控，其兴奋后释放抑制性神经递质甘氨酸至原先支配它的运动神经元，形成反馈抑制。Eide和他的同事通过逆向染色的方法描述了一类结构特殊的中间神经元，即联合中间神经元。联合中间神经元的胞体位于脊髓的一侧轴突则投射于另一侧，之后关于联合中间神经元的研究证实了这一类神经元对行进运动的左右交替具有重要作用，并且接受多种神经递质的调节作用。最近的研究发现位于II-III板层表达核孤儿受体的兴奋性中间神经元能够整合来自脑干的下行运动信号和来自皮肤的感觉传入信号，从而对运动的协调起到调节作用。

脊髓运动神经元

直接支配躯体肌肉的运动神经元位于脊髓灰质的腹侧，包含 α、β 和 γ 运动神经元。脊髓 α 运动神经元直接或间接接受从脑干至大脑皮层的各级高位中枢发出的指令，同时也接受来自皮肤、肌肉和关节等处的外周传入信息的调控，直接信号直接激活运动神经元，间接信号经位于脊髓的神经网络整合之后传递至 α 运动神经元。来自高位中枢和外周的各种神经信号最终都在脊髓运动神经元上发生整合，导致运动神经元产生一定形式和频率的放电形式传递至骨骼肌。

α 运动神经元的轴突末梢通过释放神经递质乙酰胆碱支配骨骼肌的梭外肌纤维收缩产生力量。γ 运动神经元的轴突末梢与 α 运动神经元一样也以乙酰胆碱作为神经递质，但它支配骨骼肌的梭内肌纤维，梭内肌收缩不产生力量，γ 运动神经元的兴奋性较高，其主要功能是调节肌梭对牵张刺激的敏感性。β 运动神经元的轴突同时支配梭内肌和梭外肌，目前关于 β 运动神经元在运动中的功能还并不清楚。

由于脊髓运动神经元是中枢神经系统执行任务最主要的输出端，并且运动神经元直接支配肌肉，因此，关于脊髓运动神经元的研究已经非常广泛。当运动神经元接受来自其他神经元的突触传入达到其电压阈值时，运动神经元放电，这一阈值也被称为募集阈值。之前的研究发现运动神经元的阈值会根据运动状态发生改变，这一特征被称为状态依赖性。另外的研究发现，长期的运动训练会导致大鼠运动神经元的阈值下降，这一现象被称为活动依赖性。

1.4　脊髓反射

反射（reflex）是指在中枢神经系统的参与下，机体对内外环境刺激做出的规律性反应。反射是神经活动中的一种基本方式，例如，眨眼反射，在异物接近眼睛时就会激活眨眼动作。眨眼反射是惊跳反射的一种，是人与动物在进化过程中的一种防御性反射。反射的基础结构是反射弧（reflex arc），反射弧包括感受器、传入神经、神经中枢、传出神经和效应器五个部分。感受器

（receptor）是指接受刺激的装置；效应器（effecter）是指产生效应的器官。神经中枢（center）是指位于脑或者脊髓中负责某一特定反射的神经元网络。传入神经（afferent nerve）是指从感受器到神经中枢的一段神经通路，传出神经（efferent nerve）是指从神经中枢到效应器的神经通络。

反射可以分为非条件反射（unconditioned reflex）和条件反射（conditioned reflex）两种。非条件反射是指生来就有、数量有限、形式较为固定和较为低级的反射活动，包括防御反射、食物反射、性反射等。非条件反射是物种在长期进化中形成的，它的主要功能是保证人和动物能够初步适应生存环境，对于个体和物种的生存具有重要意义。条件反射是指通过后天的学习和训练形成的反射，是反射的高级形式。条件反射的主要中枢在大脑皮层，是人和动物在长期的生活环境中建立在非条件反射基础之上的反射活动，其数量是无限的，并且可以建立也可以消退。

脊髓反射是指脊髓的固有反射，反射中枢位于脊髓。脊髓反射可以分为躯体反射和内脏反射。躯体反射是发生在骨骼肌上的反射活动，如牵张反射和屈曲反射。内脏反射是指一些内脏器官的反射活动，如膀胱排尿反射和直肠排便反射。内脏反射很多情况下被大脑皮质下行传导束所抑制，在大脑神经元受到损伤时内脏反射会表现出来。以下介绍三种和运动相关的脊髓反射，分别是屈曲反射、牵张反射和H–反射。

屈曲反射

屈曲反射（flexion reflex）也被称为皮肤反射，是指当人或动物的皮肤在接受到伤害性刺激时，如疼痛刺激，肢体会反射性地远离刺激源。屈曲反射是一种防御性反射，需要肢体肌肉协调产生收缩使肢体撤离，属于多突反射。例如手接触到非常烫的物体时，位于皮肤表面的感受器将伤害性刺激经传入纤维传递至脊髓中间神经元，一部分信号导致同侧肢体的曲肌运动神经元兴奋，一部分信号导致同侧肢体的伸肌神经元抑制，这一结果会导致同侧肢体迅速远离伤害性刺激。如果是一侧脚部受到伤害性刺激时，一侧腿在收缩远离刺激源时，躯体为了保持平衡脊髓中枢会将一部分信号传递至对侧肢体的伸肌运动神经元，使其兴奋，同时抑制对侧肢体的曲肌运动神经元。这一结果就导致受到伤害性刺激的肢体远离刺激源，而对侧肢体支撑身体平衡（如图1.4.1所示）。

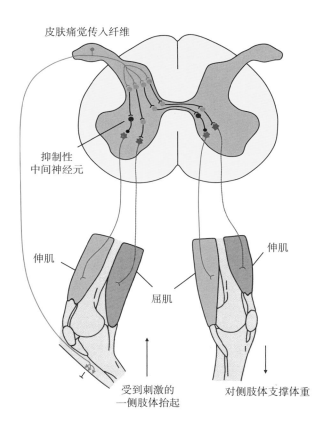

皮肤痛觉传入纤维

抑制性
中间神经元

伸肌

屈肌

伸肌

受到刺激的
一侧肢体抬起

对侧肢体支撑体重

图1.4.1　屈曲反射的神经通路。当一侧肢体受到伤害性刺激之后，感觉传入信号经脊髓中间神经元导致同侧肢体的屈肌神经元兴奋，伸肌运动神经元抑制，使得同侧肢体远离伤害刺激。为了保持身体的平衡，感觉传入信号同时经中间神经元导致对侧屈肌运动神经元抑制，伸肌运动神经元兴奋，使对侧肢体站立支撑体重

牵张反射

牵张反射（stretch reflex）是一种基本的脊髓反射，属于单突反射。牵张反射包括深反射和肌张力反射。其中深反射包含膝跳反射、跟腱反射和肱二头肌反射等。深反射也是经常用于临床检查脊髓神经网络功能的一种反射。当肌肉的长度被拉长时，例如使用小锤敲击膝盖下方股四头肌的肌腱，梭内肌中感受肌肉长度的感受器（肌梭、Golgi腱器）将信号经本体感觉传入纤维（Ia感觉传入纤维）直接导致支配股四头肌的伸肌运动神经元兴奋，传入神经同时在脊髓中兴奋一类抑制性中间神经元（Ia抑制性中间神经元），Ia抑制性中间神经元会导致屈肌运动神经元抑制。反射活动的结果是当小锤敲击股四头肌的肌腱时，小腿会向前抬起，因此，牵张反射也被称为腱反射。（如图1.4.2所示）

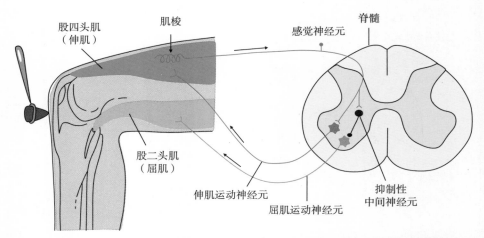

图 1.4.2　牵张反射的神经通路。股四头肌（伸肌）中的肌梭感受器感受到肌肉被拉长后兴奋感觉传入神经，感觉传入神经直接导致对应的伸肌运动神经元兴奋，使得肌肉收缩。感觉传入神经同时还激活了一类脊髓抑制性中间神经元（Ia 抑制性中间神经元），进而抑制屈肌（股二头肌）运动神经元的兴奋性降低

　　肌张力反射是指机体处于安静状态时，仍有一部分肌肉处于收缩状态以维持身体的姿势。肌张力反射受到 γ 运动神经元的调节，一些下行纤维束（如网状脊髓束或前庭束）通过兴奋 γ 运动神经元引起梭内肌纤维收缩，从而引发梭内感受器兴奋，再经过牵张反射弧兴奋 α 运动神经元，使相应的骨骼肌收缩起到维持姿势的目的。

　　H–反射

　　H–反射由 Hoffman 发现是 Hoffman 反射的简称。H–反射通过测定感觉和运动信号往返的速度来评价周围神经病变的程度。H–反射通常在比目鱼肌中测量，同时电刺激比目鱼肌的 Ia 传入纤维和支配这一肌肉的传出神经，可以在肌电图中记录到两个波形，分别为 M 波和 H 波，并且正常情况下 M 波小于 H 波。刺激传出纤维导致肌肉收缩记录到 M 波，刺激 Ia 传入纤维经过单突传递直接导致运动神经元兴奋，运动神经元兴奋之后导致肌肉产生较大力量的收缩，肌电图中记录到较大波形的 H 波。一个有趣的现象是随着刺激强度的增加 M 波随之增加，而 H 波会逐渐减小。H 波的逐渐减小是由于传入纤维导致运动神经元产生的动作电位在轴突上传递时和直接刺激在传出纤维（运动神经元轴突）上的电信号在反向传播时产生了抵消。当刺激的强度达到一定程度时只能记录到 M 波。

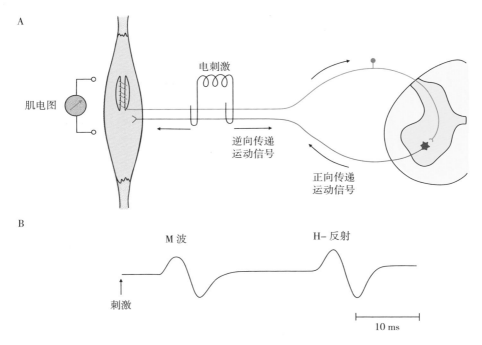

图 1.4.3　H–反射的神经通路。A 同时刺激肌肉的传入和传出纤维，传出纤维接受刺激时会导致肌肉收缩在肌电图上记录到 M 波，传入纤维在受到刺激时通过牵张反射导致运动神经元兴奋，结果使肌肉产生较大力量的收缩，在肌电图中记录到 H 波；B H–反射中的肌电图

1.5　行进运动

　　行进运动（locomotion）是脊椎动物的一种最基本的运动形式，行进运动涉及动物整个生命过程中几乎所有的行为，如：捕猎、进食、求偶、逃跑等。行进运动与其他接受中枢神经系统控制的运动不同，如：打篮球、弹钢琴、跳舞等，行进运动的特点是肢体重复简单的动作，导致身体产生位移。行进运动也是保证人类基本生活质量的一种最简单的运动。行进运动看似一种简单的运动形式，实则需要大量的肌肉参与，共同协调才能完成这一基础的运动。高位神经系统参与行进运动的引发和产生，主要包括大脑皮层、基底核、中脑和后脑，但控制行进运动节律和模式的神经网络位于脊髓。脊髓神经网络最终通过兴奋运动神经元将信号传递至骨骼肌，骨骼肌收缩使机体产生运动。控制行进运动的神经网络和很多运动性疾病联系紧密，因此，研究行进运动的神经控制机制有助于运动功能障碍疾病的临床治疗，如：帕金森、舞蹈症、肌萎缩侧索硬化症等。

自1916年Brown提出半中心理论之后，在过去的100年间利用多个物种模型（蚂蝗、鳗鱼、乌龟、小鼠、大鼠、猫等）作为研究对象的实验中已经初步解释了行进运动产生的神经控制机制。20世纪60年代三位苏联科学家使用去除大脑皮层的猫作为研究对象，电刺激中脑运动区（MLR）成功引发动物产生行进运动。这一研究证实了MLR区域对于引发行进运动具有重要作用。之后的研究表明MLR区域的神经元通过兴奋位于延髓腹侧的单胺类神经元，使单胺类神经元兴奋释放单胺类神经递质至脊髓的神经网络，因此，延髓的单胺类神经元对于行进运动的产生也具有重要作用。维持行进运动的神经网络位于脊髓，该网络被称为"中枢模式发生器"，中枢模式发生器的特点是在不需要大脑和外周传入神经的调节下可以产生具有一定节律和模式的输出。中枢模式发生器的神经信号最终通过运动神经元传递至骨骼肌，最终导致行进运动的产生。因此，以往关于行进运动神经控制机制的研究主要集中在三个区域，即中脑运动区、延髓腹侧单胺类神经元和位于脊髓的中枢模式发生器。

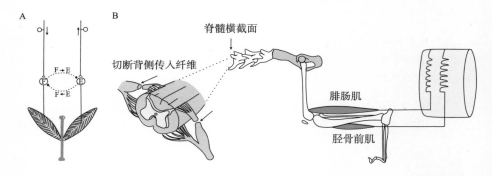

图1.4.4 半中心理论。A 半中心原理示意图，一对拮抗肌在运动过程中，一侧运动神经元兴奋时中枢神经会抑制对侧运动神经元的兴奋性；B 当背根神经纤维被切断后，一对拮抗肌的交替兴奋仍然可以保持

中脑运动区

1966年Mark Shik、Fidor Severin 和Grigori Orlovsky在他们的实验中发现持续电刺激中脑运动区（MLR）的神经元可以使去除大脑的猫在跑步机上行走起来，并且动物的行走速度随着电刺激强度的增加而增加，在这一过程中运动的协调性并不发生改变，并且在电刺激强度达到一定程度后，左右交替运动可以变成左右同步的奔跑状态。这和自然状态下动物的运动形式基本一致。这一实

验结果证实了引发行进运动产生的神经网络位于中脑运动区。MLR主要包含楔形核（CnF）和脑桥背盖网状核（PPN）。已有的研究结果表明电刺激楔形核和亚楔形核区域对运动的引发效果大于脑桥背盖网状核（PPN）。MLR区域引发行进运动的功能出现在大多数的脊椎动物，如：猫、大鼠、小鼠等。Lee和他的同事在2014年使用光遗传的方法激活MLR区域的神经元引发小鼠产生行进运动。之后的研究证实了MLR区域包含了多种类型的神经元，主要包含胆碱能神经元，谷氨酸能神经元和伽马氨基丁酸能神经元。最近的研究通过光遗传的方法发现位于MLR区域的谷氨酸能神经元对运动的模式和频率具有调节作用。帕金森氏综合征的临床治疗主要通过电刺激MLR区域的神经元。病理学的研究发现，帕金森氏综合征患者MLR区域的胆碱能神经元和谷氨酸能神经元有大量丢失。最近的研究发现有少量的5–羟色胺神经元分布在PPN，关于这些神经元对行进运动的产生或调节作用目前仍不清楚。

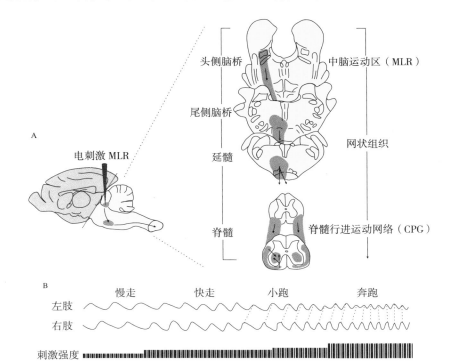

图1.4.5　行进运动。A电刺激中脑运动区引发去大脑动物产生行进运动，沿图中虚线部分去除猫的大脑，电刺激中脑运动区引发走步器上的动物产生行进运动；B动物的运动速度随着电刺激的增加而增加，当电刺激强度达到一定程度，动物的运动从左右交替变成了左右同步的奔跑

脑桥延髓网状系统

在对猫的研究中发现，MLR区域神经元的纤维并不直接投射于脊髓，而是与脑桥–延髓的神经元形成突触连接。脑桥–延髓处的神经元被称为网状脊髓系统（reticular formation），这一区域分布着大量的单胺类神经元，这些神经元与行进运动的产生关系密切。Brownstone和Chopek在之前的综述表明网状结构对控制身体姿势、行进运动和睡眠具有重要调节作用。有研究发现位于网状脊髓系统的单胺类神经元将轴突沿着腹侧投射于脊髓，主要参与传递高位脑区的运动指令。最近的研究发现增加MLR区域的电刺激不仅可以引发脊髓网络兴奋最终产生运动，还会增加网状脊髓系统神经元的兴奋性。位于这一区域的神经元通过丰富的轴突分叉与脊髓中的神经元形成突触连接，传递来自高位中枢的信号，其中有大量研究发现脑桥–延髓网状系统的神经元与运动神经元通过突触直接联系，这些连接包含兴奋和抑制两种性质的连接。之后，电刺激脑桥–延髓网状结构也可以引发稳定的虚拟行进运动，以上研究都证实了这一区域的单胺类神经元对行进运动的产生和调节具有重要作用。

中枢模式发生器

综上所述，位于脑干的神经元主要参与行进运动的产生，来自高位脑区的神经信号传递至脊髓CPG后，由CPG进行整合处理，最终使骨骼肌收缩，导致机体产生具有节律和模式的行进运动，因此，位于脊髓的神经网络CPG是行进运动的执行区域。CPG神经网络可以在缺乏下行神经信号和感觉传入信号的情况下产生有节律和模式的运动。1916年Graham Brown首次提出了半中心理论，即控制同一关节的一对屈伸肌运动神经元，当屈肌神经元兴奋时神经系统会调节抑制伸肌运动神经元。1967年Jankowska通过脊髓反射以及药物L-DOPA（L-dihydroxyphenylalanine）和nialamide的方法证实了Brown关于脊髓半中心理论的猜测。之后关于CPG的研究在不同的脊椎动物中被证实。

CPG位于脊髓的腹侧，但目前为止，关于CPG在脊髓中的轴向分布位置仍存在争议。一种理论认为CPG分布于整个脊髓，另一种理论认为CPG主要分布于脊髓胸腰段。虽然有研究明确地表明CPG分布于脊髓腰段L1–L2，但其他的研究证实了在脊髓的其他阶段也可以引发行进运动，尤其是在脊髓的胸段。普遍认为，在四肢动物的脊髓中控制后肢的CPG主要位于脊髓腰段L2–L5。

在过去的100年间，关于CPG的组成成分一直是研究行进运动神经控制的主要领域。早在1967年Jankowska通过刺激背根传入神经元的方法，利用脊髓反射清楚地证实了两类抑制性中间神经元的存在，即Ia和Ib抑制性中间神经元，并解释了抑制性中间神经元在屈伸肌以及左右肢交替中扮演着重要的角色。

神经递质对行进运动的调节作用

1994年Cowley和Schmidt使用5-羟色胺、谷氨酸以及乙酰胆碱神经递质可以引发离体脊髓产生虚拟行进运动，表明了单胺类神经递质对引发行进运动的重要作用。关于单胺类神经递质对于CPG网络中神经元兴奋性的调控作用在之后的研究中也得到了广泛的关注。2009年Dai在实验中利用C-fos标记参与行进运动的脊髓中间神经元并研究了这些神经元的固有膜特性以及神经递质5-HT的调控作用，研究结果表明神经递质5-HT可以增强脊髓中间神经元的兴奋性，主要表现在去极化静息膜电位、增加内向电阻、降低电压阈值、减小后超极化幅度以及引发膜振荡。2010年Dai在实验中描述了5-HT神经递质对脊髓中间神经元持续内向电流的调控作用，实验结果显示5-HT可以增加持续内向电流的幅度并且降低这一电流的阈值。2006年Zhong的研究中发现脊髓联合中间神经元在虚拟行进运动中具有节律性放电的特征，并发现5-HT神经递质可以增强联合中间神经元的兴奋性。乙酰胆碱也可以增强联合中间神经元的兴奋性，表现为神经元静息膜电位去极化并产生膜振荡。Jordan在他的实验中使用乙酰胆碱脂解酶的抑制剂来达到增加内源性乙酰胆碱的作用，这一方法可以引发离体脊髓产生具有节律的虚拟行进运动。以上研究结果都证实了单胺类神经递质对行进运动的产生和调节具有重要作用。

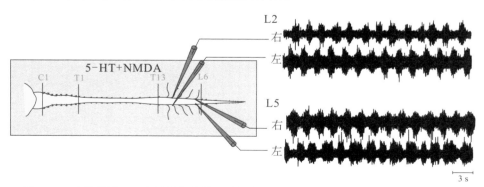

图1.4.6　离体的脑干-脊髓制备在使用神经递质NMDA和5-HT后产生虚拟行进运动

综上所述，中脑运动区是产生行进运动的高位中枢，来自中脑运动区的运动信号传递至延髓腹侧激活单胺类神经元，位于延髓腹侧的单胺类神经元将轴突经脊髓腹侧投射在位于脊髓的中枢模式发生器（见第五章）并释放单胺类神经递质，对行进运动的产生和维持起到重要作用。

虚拟行进运动是指在将离体脊髓作为研究对象的实验中，使用电刺激中脑运动区或使用药物的方法引发脊髓腹侧传出纤维，产生具有一定节律且交替的信号，这一信号被称为虚拟行进运动。关于虚拟行进运动的研究证实了行进运动的产生并不需要感觉信号的参与。虚拟行进运动的研究为研究行进运动过程中神经元兴奋性的变化提供了实验基础。

第 二 章

神经元与
膜特性

　　神经系统由神经细胞和神经胶质细胞构成。神经细胞也被称为神经元，是构成神经系统的基础单位。神经元具有接受刺激、整合信息和传递神经信号的功能。神经元与神经元之间通过突触和缝隙链接的方式形成网络，神经网络能够将接受的信息加以分析和储存。神经胶质细胞的数量是神经元的10~50倍，在神经系统中起到了支持和营养的作用，胶质细胞的种类繁多，并且有很多功能目前人们还并不完全清楚。

　　神经元的膜特性包含被动膜特性和主动膜特性，神经元膜特性决定了神经元的兴奋性，兴奋性不同的神经元在神经网络中扮演着不同的角色。因此，定量化描述一个或一类神经元的膜特性为研究神经系统的功能起到了至关重要的作用。在过去的很多研究中发现不同位置或不同功能的神经元在形态上存在着巨大的差异，并且神经元的形态与神经元的兴奋性有着密切的关系。

　　本章简单介绍构成神经系统的基本单位神经元，并详细描述神经元的被动和主动膜特性以及定量化分析过程。神经元形态与神经元兴奋性也是我们讨论的重点。

2.1　神经元

　　神经系统内主要包含神经细胞和神经胶质细胞两类。神经细胞（neurocyte）又称神经元（neuron），是一种高度分化的细胞，神经元与神经元通过突触或缝隙连接形成复杂的神经网络，完成神经系统的各种功能性活动，因而是构成神经系统结构和功能的基本单位。神经胶质细胞（neuroglia）简称胶质细胞（glia），具有支持、保护和营养神经元的功能。

神经元的一般结构

　　人类的中枢神经系统存在约10^{12}个的神经元，神经元的形态和大小存在着巨大的差异，但所有神经元都有胞体和突起。胞体是神经元营养和代谢的中心，神经元的胞体主要集中在神经组织的灰质中，胞体的形状有椭圆形、锥形、梭形和星形等。哺乳动物中枢神经系统中，神经元胞体的大小相差悬殊，小的神经元胞体直径仅4~5 μm，大的神经元胞体直径可以达到150 μm。神经元的胞体均由细胞膜、细胞质和细胞核构成。细胞膜是一种可兴奋膜，具有接受刺激、处理信息、产生和传导神经冲动的功能。神经元的细胞膜上分布着大量由膜蛋白构成的离子通道，如Na^+通道、K^+通道、Ca^{2+}通道和Cl^-通道等。神经元的突起可以分为树突（dendrite）和轴突（axon）两种。一个神经元可以有非常多的树突，但轴突只有一个。胞体和树突的功能主要是接受来自其他神经元的投射，其中很多神经元的树突极为丰富，并且树突还可以进一步分叉，这就大大增加了一个神经元的表面积。神经元轴突的功能主要是传出信息，通常与下一级神经元的胞体或树突相连接。胞体与轴突相连的部分称为轴丘（axon hillock），在很多研究中也被称为始端（initial segment），轴丘上分布着大量有助于产生动作电位的离子通道。轴突的末梢有许多分叉，每一个分叉末梢膨大形成突触小体（synaptic knob），突触小体与下一级神经元接触形成突触。突触是神经元与神经元连接的最基本形式。

神经元可以依据胞体大小、树突数量、神经化学特性以及分布位置等进行分类，这些分类依据决定了神经元在神经系统中的特定功能。依据树突的数量，神经元可以被划分为单极神经元、假单极神经元、双极神经元和多极神经元。在无脊椎动物的神经系统中，单极神经元最为常见。视网膜细胞和延髓的5-羟色胺神经元多呈现为双极神经元。背根神经节是最为常见的假单极神经元，背根神经节的树突负责收集来自皮肤或躯体的感觉信号，再由轴突将感觉信号传递至中枢神经系统。小脑皮质的浦肯野神经元、海马锥体细胞和脊髓运动神经元为多极神经元。

按照神经元轴突的长短，神经元可分为两大类：①高尔基Ⅰ型神经元，这一类神经元具有较长的轴突，有的轴突可以长达1m以上；②高尔基Ⅱ型神经元，这一类神经元的轴突较短，最短的仅数微米。

依据神经元的功能，神经元可以被划分为三类：①感觉神经元（sensory neuron），这一类神经元又称为传入神经元，多为假单极神经元。感觉神经元的作用是接受体内、外环境变化的刺激，并将信息传递至中枢；②运动神经元（motorneuron），这一类神经元的主要功能是将神经信号传递至肌细胞或腺细胞，表现为多极神经元；③中间神经元（interneuron），中间神经元位于感觉神经元和运动神经元中间，起到信息加工和传递的作用，中间神经元数量最多，人体神经系统中中间神经元占神经元总数的99%以上。中间神经元构成了复杂的神经网络，是形成学习、记忆、情绪和思维的基础。

依据神经化学特性神经元可以被划分为抑制性神经元和兴奋性神经元。这种分类方式广泛应用于神经科学领域。抑制性神经元是指合成和储存抑制性神经递质的神经元，神经系统中只有两种抑制性神经递质：甘氨酸和 γ 氨基丁

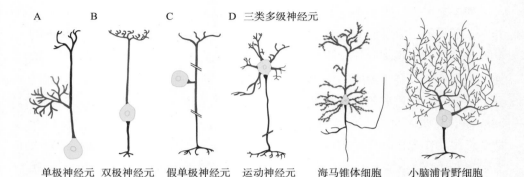

图2.1.1　依据树突数量将神经元分为单极神经元、双极神经元、假单极神经元和多极神经元。A. 胞体上只有一个突起的神经元被称为单极神经元。单极神经元是无脊椎动物神经元的一个重要特征。B. 双极神经元的胞体上有两个突起，一个是树突，一个是轴突。树突负责接受信号，轴突负责将信号传递至下一级神经元。C. 假单极神经元的胞体上只有一个突起，突起分叉一侧形成树突，另一侧为轴突。背根神经节神经元是最为典型的假单极神经元。D. 多极神经元是指由胞体发出多个树突，形态较为复杂。多极神经元是哺乳动物中枢神经系统中最常见的神经元类型。同样是多极神经元，但形态也会有巨大的差异。脊髓运动神经元的轴突直接与骨骼肌相连，在运动过程中复杂的树突接受来自多种神经元的投射。海马锥体细胞也属于多极神经元，其胞体呈现为三角形，这一类神经元广泛分布于海马体和大脑皮质。小脑浦肯野细胞具有丰富的树突结构，这一特点也决定了这一类神经元可以接受大量的突触传入信号

酸。在脊髓中对运动神经元起到反馈性抑制的闰绍细胞就是一类常见的抑制性神经元，这一类细胞主要通过释放抑制性神经递质甘氨酸起到反馈抑制的作用。兴奋性神经元是指合成和储存兴奋性神经递质的神经元，神经系统中兴奋性神经递质的种类较多，常见的有谷氨酸、天门冬氨酸、乙酰胆碱、5-羟色胺和组胺等。例如目前研究最为广泛的脊髓运动神经元就属于一类乙酰胆碱能神经元，运动神经元在神经肌肉结节处释放乙酰胆碱神经递质导致肌肉收缩。兴奋性神经递质对位于突触连接的下一级神经元而言并非总是起到兴奋性作用，这取决于突触后受体的性质。例如乙酰胆碱与M2和M4受体结合就会导致下一级神经元的兴奋性受到抑制。关于详细的神经递质调控作用会在第四章详细介绍。

神经胶质细胞

神经胶质细胞广泛存在于中枢神经系统和外周神经系统中。胶质细胞（glia）的名字源于希腊语中的胶水（glue），但胶质细胞也并不总是和神经元黏在一起。虽然胶质细胞和神经元细胞由相同的始祖细胞分化而来，但这两者在功能上却存在着巨大的差异。首先，胶质细胞终身都具有分裂增殖的功能，此外，与神经元相比胶质细胞的形态和功能也存在着巨大差异。胶质细胞也有突起，但无树突和轴突的区别，胶质细胞之间通过缝隙连接传递信息，而不通过化学突触的形式。胶质细胞的膜电位会根据细胞外钾离子浓度的变化而变化，但胶质细胞不能产生动作电位。其中，星形胶质细胞膜上也存在多种神经递质的受体。

胶质细胞可以被分为小胶质细胞（microglia）和大胶质细胞（macroglia），其中大胶质细胞包含了星形胶质细胞（astrocytes）、少突胶质细胞（oligodendrocytes）、施旺细胞（schwann cells）。在脊椎动物的中枢神经系统中，胶质细胞主要包括星形胶质细胞、少突胶质细胞和小胶质细胞，在外周神经系统中胶质细胞主要包括施旺细胞和卫星细胞。小胶质细胞参与很多免疫系统反应，例如在机体受到损伤、感染或发生退行性疾病期间，小胶质细胞会分化成吞噬细胞。少突胶质细胞和施旺细胞紧紧地缠绕在神经元轴突外侧形成绝缘的髓鞘（myelin），髓鞘导致电压敏感的离子通道间断地分布在轴突上从而形成郎飞氏结（node of Ranvier），使电信号在轴突上的传递速度大大加快。少突胶质细胞主要存在于中枢神经系统，而施旺细胞主要分布在外周神经系统。

到目前为止，关于星形胶质细胞的功能主要分为以下四类：第一，星形胶质细胞起到孤立神经元的作用；第二，由于星形胶质细胞对钾离子的渗透性较强，因此，这一类细胞具有调节神经元周围的钾离子浓度的作用；第三，分布在突触附近的星形胶质细胞可以吸收突触前膜释放的多余的神经递质，进而促进神经元之间信号传递的有效性；第四，星形胶质细胞能够释放神经营养因子，起到对周围神经元滋养的作用。

神经干细胞

除了神经元和神经胶质细胞之外，神经系统还存在一种具有增殖和分化潜能的细胞，这一类神经细胞被称为神经干细胞。神经干细胞主要分布于海马、

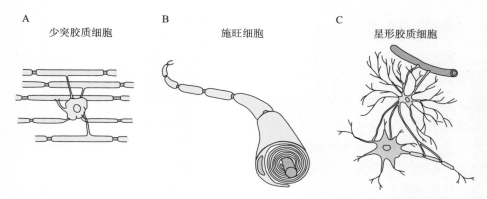

A　少突胶质细胞　　　B　施旺细胞　　　C　星形胶质细胞

图2.1.2　三类主要的胶质细胞。A.在大脑的白质中，少突胶质细胞的主要功能是包裹在神经元的轴突上形成绝缘的髓鞘，轴突上没有被髓鞘覆盖的位置聚集大量的电压敏感离子通道，形成郎飞氏结。在大脑的灰质中，少突胶质细胞环绕在神经元周围，对神经元的胞体起到支撑的作用。B.周围神经系统中，施旺细胞形成神经纤维上的髓鞘。两个郎飞氏结之间的髓鞘长度约为1mm由一个施旺细胞形成。C.星形胶质细胞的胞体呈不规则的多边形，每一个突起的末端都成一个末端脚（end-feed）。星形细胞通过末端脚和毛细血管以及神经元接触。星形胶质细胞被认为具有滋养神经元的作用，并且参与形成血脑屏障

脑和脊髓的室管膜下（即室管膜附近），形态与星形胶质细胞类似。神经干细胞表达一种特殊的中间丝蛋白-巢蛋白（nestin），这一蛋白通常被用于标记神经干细胞。神经干细胞在特定的环境下可以增殖、分化成为神经元、少突胶质细胞或星形胶质细胞。由于神经干细胞的这一功能，它被认为是神经组织的后备细胞，在一定程度上可以参与神经组织受损后的修复。神经干细胞的发现为研究神经系统的修复以及退行性疾病提供了新的方向。

2.2　动作电位

能够产生动作电位是神经元的基本特征，神经元兴奋产生动作电位才能导致神经信号在神经元上传递。因此，了解动作电位的产生机制为理解神经元的信号传递具有重要意义。在了解动作电位之前，我们需要先理解神经元膜的静息膜电位以及静息膜电位的产生机制，静息膜电位是细胞膜的基础电学特征，是所有电活动的基础状态。

在静息状态下，神经元内膜的电位低于神经元外膜的电位，这一电位差被称为静息膜电位（resting membrane potential, RMP）。神经元的静息膜电位约在 –70 mV 左右，骨骼肌细胞也存在静息膜电位，约 –90 mV。神经科学领域通常把静息状态细胞内外存在的电位差称之为极化（polarization），膜内外的电位差减小的过程称之为去极化（depolarization）；膜内外电位差增加的过程称之为超极化（hyperpolarization）；膜电位去极化至零之后进一步增加至正值则为反极化，膜电位高于零的部分称之为超射（overshoot）；膜电位从正值恢复至静息状态的过程称之为复极化（repolarization）。

静息电膜电位的产生机制

静息状态下神经元外膜分布着大量的正电荷，而内膜分布着大量的负电荷。导致这一状态的原因有两个：1.神经元内外离子浓度的不均匀，细胞外的钠离子浓度约为细胞内的10倍，而细胞内钾离子的浓度约为细胞外的40倍（表2.2.1）；2.神经元在静息状态下，细胞膜主要对钾离子具有通透性。因此，静息膜电位的大小主要由钾离子决定。

表2.2.1 哺乳动物神经元外液和内液中主要离子的浓度和平衡电位（37℃）

离子	细胞外液（mmol/L）	细胞内液（mmol/L）	平衡电位（mV）
Na^+	145	18	+56
K^+	3	140	–102
Cl^-	120	7	–76
Ca^{2+}	1.2	0.1 μmol/L	+125

注：平衡电位是指在这一膜电位状态下离子的净通透量为零；Ca^{2+} 浓度为游离钙离子的浓度。

离子跨膜扩散的驱动力和平衡电位

离子跨膜扩散的驱动力由两部分构成，化学驱动力和电位差驱动力。化学驱动力也称浓度驱动力，是由于离子在细胞膜内外分布的浓度不同，由高浓度一侧扩散至低浓度一侧的力量。电位差驱动力是指由于细胞膜两侧的电位差导致带电离子流动的力量。跨膜扩散驱动力是化学驱动力和电位差驱动力的代数和。

平衡电位是指某一种离子在化学驱动力和电位差驱动力共同作用下跨过细胞膜转运的净量为零时，此时膜电位的值就是这种离子的平衡电位。以钠离子为例，在静息膜电位的状态下细胞膜外正内负，由于钠离子带正电，电位差驱动力导致钠离子内流。静息状态细胞外钠离子浓度远远高于细胞内的浓度，因此，化学驱动力的作用导致钠离子也内流。钠离子内流会导致膜电位去极化，膜电位去极化至正值时电位差驱动力方向发生改变。当膜电位达到+56 mV时，化学驱动力与电位差驱动力大小相等并且方向相反，最终导致钠离子的净流量为零。因此，+56 mV是哺乳动物钠离子的平衡电位。每种离子都可以根据它在膜两侧的浓度并利用Nerst公式计算出相应的平衡电位，即：

$$E_X = \frac{RT}{ZF} \ln \frac{[X^+]_o}{[X^+]_i}$$

上述公式中E_x代表离子X的平衡电位，R是指气体常数，T代表绝对温度，F是法拉第常数，Z代表原子价，$[X^+]_o$和$[X^+]_i$分别表示离子X在膜外和膜内溶液中的浓度。利用以上公式我们可以计算出钾离子的平衡电位是−102 mV，氯离子的平衡电位是−76 mV，钙离子的平衡电位是+125 mV。但是在静息状态下，细胞膜对各种离子的通透性是不同的，因此，细胞膜的通透性决定了不同离子对静息膜电位的贡献作用。

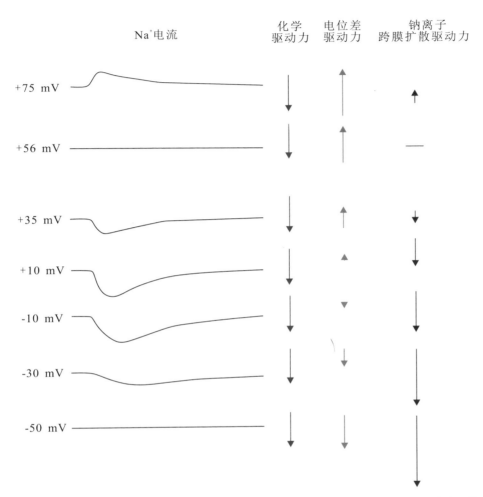

图2.2.1 钠电流大小随膜电位的变化而变化。蓝色箭头代表化学驱动力，红色箭头代表电位差驱动力，紫色箭头代表钠离子的跨膜扩散驱动力

钠钾泵对维持静息膜电位的作用

钠泵是一类通过消耗ATP转运钠离子和钾离子的跨膜蛋白。每分解1个ATP钠泵可将3个钠离子转运至细胞外同时将2个钾离子转运至细胞内，最终导致神经元的膜电位更加超极化。钠泵的主要作用是建立和维持神经元膜两侧的浓度差，同时也起到维持正常静息电位的作用。

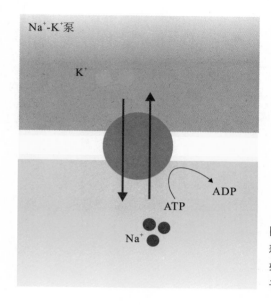

图2.2.2　钠泵的工作原理。消耗1个ATP钠泵将2个钾离子转运至细胞内同时将3个钠离子转运至细胞外

动作电位

神经元在接受一个适当的电流刺激，如：突触电流，刺激电流，如果膜电位超过神经元的电压阈值就会导致神经元产生动作电位。动作电位是可兴奋细胞的一个重要标志。此外，神经元能够将一个电信号经轴突传递至很远的位置，这就依赖于动作电位在轴突上的传递具有快速且不衰减的特点。

动作电位有四个重要的特点：1. 神经元产生动作电位需要膜电位达到电压阈值。啮齿类动物脊髓中间神经元的电压阈值在 −45 mV 左右，不同类型或不同位置的神经元，它们的电压阈值也会存在一定的差异。2. 动作电位具有全或无（all–or–none）的现象。低于阈值的电流刺激不会引发神经元产生动作电位，但动作电位一旦被引发，它的大小和形态不会随着刺激电流的增大而变化。3. 动作电位在轴突上的传递不会衰减。动作电位具有自我再生（self–regenerative）的特点，即便是传递到很远的距离动作电位的形状也不会发生改变。4. 动作电位产生之后存在一个短时间的不应期。神经元在产生动作电位之后，在一段时间内不能再次产生动作电位，这个时间段被称为不应期（refractory period）。不应期限制了神经元的放电频率，也限制了神经元轴突的信息承载能力。

动作电位产生的离子机制

Kenneth Cole 和 Howard Curtis 的实验第一次向人们展示了动作电位是如何产生的。他们在鱿鱼的触须上记录到在动作电位产生的过程中细胞膜上的电导发生了显著的增加。这一发现首次证明了动作电位的产生是由于离子流过细胞膜上的离子通道而导致的。这一研究还提出了两个重要的问题：第一，哪些离子参与产生动作电位；第二，细胞膜的电导是如何调节的？ Hodgkin 和 Huxley 在他们的实验中发现，当神经元外部的钠离子浓度减小时，动作电位的幅度就会显著减小。这一结果证实了动作电位的上升阶段是由于钠离子内流导致的。并且在他们的研究中还提出，钠电流是在膜电位达到阈值之后迅速内流，钠电流的内流远远大于在静息状态下钾电流的外流，因此，膜电位迅速去极化。随着离子通道阻断剂的发现，通过使用钠电流阻断剂TTX和钾电流阻断剂TEA的方法发现参与产生动作电位的电流主要是钠电流和钾电流。

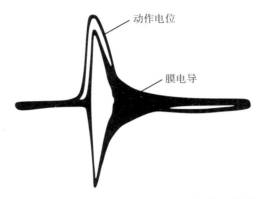

图2.2.3　动作电位产生过程中轴突膜电导的变化情况。1939年由Kenneth Cole和Howard Curtis在实验中记录到一个叠加着膜电导的动作电位

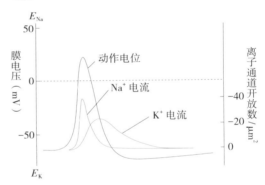

图2.2.4　动作电位产生过程中钠电流和钾电流的开放顺序。Hodgkin 和 Huxley 将动作电位产生过程中电导的变化分解为钠电流和钾电流。动作电位的形状以及膜电导的变化可以通过钠电流和钾电流的打开顺序以及相互作用来解释

　　之后的研究进一步证实了参与动作电位整个过程的电流成分。在膜电位没有达到动作电位的阈值时，参与动作电位前期的电流主要有A–型钾电流［IK（A）］和T–型钙电流［ICa（T）］以及持续内向钠电流（INaP）。达到阈值之后钠通道迅速打开钠电流参与动作电位的快速去极化，因此，这一部分电流也称

为瞬时内向钠电流（INaT）。钠通道开放之后瞬间失活（详细内容见第三章）。此时延迟整流钾电流［IK（DR）］流出细胞膜，使得膜电位复极化。动作电位在结束时通常会跟着一个后超极化，参与后超级化的电流主要是依赖于钙离子的钾电流，分别是BK型和SK型。

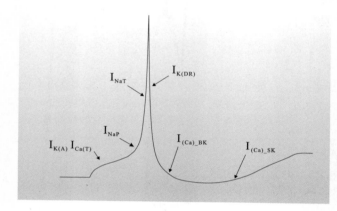

图2.2.5　参与动作电位的离子电流。阈值之前的去极化主要由T–型钙电流和A–型钾电流以及持续内向钠电流参与，动作电位迅速去极化是由瞬时钠电流导致，复极化过程由延迟整流钾电流导致，涉及后超极化的电流是依赖于钙离子的钾电流，分别是BK型和SK型

动作电位在神经元膜上的传播

动作电位在神经元某一位点上产生之后，会沿着细胞膜不衰减地传递至整个细胞并在轴突末梢引发突触小体释放神经递质。如图所示，动作电位在细胞膜上从右至左传导时，在动作电位产生的位置细胞膜电位变成外负内正，此时，细胞膜内外由于电位差形成局部电流（图2.2.6中箭头所示）。局部电位在细胞膜被动膜特性的影响下形成局部电紧张电位，当电紧张达到阈值时引发动作电位。由此，我们可以发现动作电位在传递过程中，通过电紧张电位不断地在传递的前方引发新的动作电位，这就是动作电位不衰减传递的原因。

以上我们描述的动作电位传递主要是指在无髓鞘神经纤维上的传递过程。在有髓鞘的神经纤维上，局部电流仅仅发生在郎飞氏结上，这种传递方式称之为跳跃式传递。在有髓鞘神经纤维上动作电位的传导速度可以达到100 m/s以上，而动作电位在无髓鞘神经纤维上的传导速递却小于1 m/s。髓鞘不仅仅提高了神经信号的传递速度，还在很大程度上降低了能量的消耗。

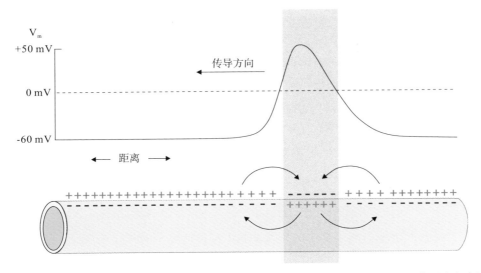

图2.2.6 动作电位在神经元膜表面的传播。动作电位在神经元上的某一点产生后（灰色区域），此处的细胞膜由于大量钠离子内流使膜电位反极化（外负内正），膜内外由于电位差形成局部电流（箭头方向），局部电位再一次导致附近的膜上产生动作电位，最终实现动作电位的不衰减传递

2.3 神经元细胞膜特性与定量化描述

神经元具有高度精确和快速产生与传播电信号的能力，电信号可以以非常快的速度在同一个细胞或细胞之间传播。当神经元膜表面的某一个位点接受到其他神经元的突触电流刺激时，在神经元的膜表面会形成一个快速的膜电位变化，这一变化被称为突触后电位。多个兴奋性的突触后电位整合之后传递至产生动作电位的轴丘，如果达到产生动作电位的阈值时，神经元产生动作电位。那么，是什么决定了膜电位改变的时间和速度？什么因素决定了一个神经元是否可以产生动作电位？

神经元的膜特性决定了一个神经元的兴奋性，包括被动膜特性和主动膜特性。神经元的被动膜特性由细胞膜电阻、电容以及轴向电阻决定，主动膜特性由神经元膜表面的离子通道决定。被动与主动膜特性相互影响，相互作用，共同决定神经元的兴奋性。

神经元的被动膜特性

神经元有三个主要的被动膜特性，分别是膜电阻（membrane resistance, Rm）、膜电容（membrane capacitance, Cm）和轴向电阻（axial resistance，Ra）。尽管，轴向电阻与膜电阻相比非常小，但在直径很小的树突上轴向电阻会很大，因此，也被包括在被动膜特性中。当有突触电流流入或流出神经元时，膜电阻、膜电容以及轴向电阻就决定了突触电流传播的速度和突触电流引发的膜电位变化幅度。被动膜特性也决定了一个突触电流是否可以传递至轴丘上并引发神经元产生动作电位，此外，被动模特性还影响动作电位的传播速度。

膜电容

神经元的细胞膜与生物体的其他细胞一样由脂质双分子层构成，亲水端朝向细胞外液或胞质，疏水的脂肪酸烃链彼此相对，把含有电解质的细胞内液和细胞外液分隔开，这一结构类似于一个平行板电容器，因此，细胞膜具有电容的特性。双层脂质的细胞膜具有较大的膜电容，约为 $1 \upsilon F/cm^2$。当细胞接受一个突触电流输入时，细胞膜上的离子通道打开导致离子跨膜流动，这一过程类似于对电容的充电或放电。

膜电阻

如果只有脂质双分子层构成的细胞膜几乎是绝缘的，但神经元的细胞膜上镶嵌着许多离子通道和转运体，这就类似于在细胞膜上插入了很多导电体，因此，离子通道和转运体越多，膜电阻越小。神经元膜电阻与神经元形态之间也存在着一定的关系，神经元表面积越大包含的离子通道就越多，神经元的膜电阻就越小。在三类运动神经元中，支配慢肌（S型）的运动神经元胞体最小，它的膜电阻较其他两类运动神经元（FR和FF型）就更大。膜电导（membrane conductance）是膜电阻的倒数通常用来描述细胞膜对离子的通透性。膜电导用G表示，单位是Siemens，缩写为S。

轴向电阻

除膜电阻和膜电容之外，轴向电阻也是用来描述神经元被动膜特性的一个重要指标。轴向电阻取决于细胞质的电阻和细胞的直径，轴向电阻和细胞直径呈负相关，直径越大轴向电阻就越小。

由于细胞膜具有电阻和电容的特征，在计算神经学中可以使用并联的阻容耦合电路来模拟一个神经元的被动膜特性。如图2.3.1所示，神经元的细胞膜可以划分为多个小的片段，每一段都可以使用一个并联的阻容电路来模拟，每一段再通过轴向电阻（R_A）相连接。由于细胞外液电阻很小可以忽略不计，在膜外通过短路连接。图2.3.1所示的细胞膜等效电路图就可以用来分析神经元在受到电流刺激时膜电流和膜电位的变化情况。

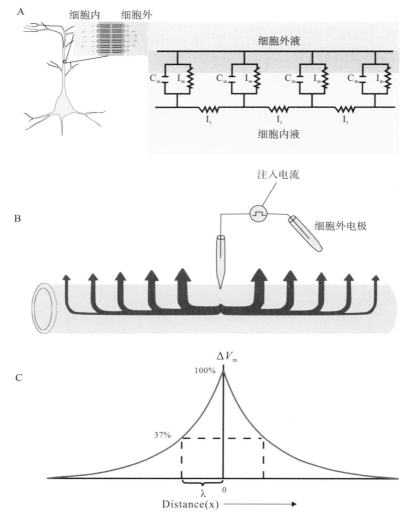

图2.3.1 细胞膜的等效电路图和电紧张电位 A.神经元细胞膜的等效电路图。C_m：膜电容；R_m：膜电阻；R_A：轴向电阻。B.模拟使用微电极向神经纤维中注入电流后的变化。注入的电流会沿轴浆纵向流动并流向细胞外，由于存在轴向电阻（R_A）以及在流动过程中电流不断向胞外流动，电流随着距离的增加越来越小。图中箭头的粗细表示电流的大小。C.膜电位随距离的变化

电紧张电位

由于神经元的固有膜特性可以用一个并联的阻容电路来模拟，因此，如果在神经纤维的一个位点上注入一个刺激电流时，该电流会沿着轴浆向两侧流动。一方面由于存在轴向电阻以及电流在每一个位置都会有部分跨膜流出细胞，最终会导致向两侧流动的电流会越来越小。另一方面，电流在经过细胞膜传出细胞时会引发膜电位发生变化，随着跨膜电流的减小，膜电位变化的幅度也会随之减小。结果是在注入电流的位置膜电位变化幅度最大，然后随着距离的增加，膜电位变化的幅度也越来越小。这种由于细胞膜被动膜特性导致神经元空间位置中的膜电位称为电紧张电位（electrotonic potential）。

电紧张电位完全是由于神经元的固有膜特性确定的。在正常的生理状态下，当一个神经元接受的突触电流或外界注入的电流不足以引发其产生动作电位时，神经元膜电位的变化情况类似于电紧张电位。但这一过程和动作电位的产生和传播具有密切关系。当一个去极化的电紧张电位达到神经元的电压阈值时就会引发动作电位。

神经元的主动膜特性

神经元的主动膜特性由分布于神经元膜表面的离子通道决定，主要包括电压阈值（voltage threshold，V_{th}）、电流阈值（voltage threshold，I_{th}）、动作电位高度和宽度、后超极化深度和宽度以及频率–电流关系的斜率和横截距。神经元的主动膜特性也是描述一个神经元兴奋性的主要指标，不同位置、不同形状以及不同功能的神经元具有完全不同的主动膜特性。

电压阈值（V_{th}）是指引发神经元产生动作电位的最低膜电位，神经元的电压阈值主要和瞬时钠电流的阈值有关。电压阈值也是评价一个神经元兴奋性的最主要指标。在过去的研究中科学家们发现，同一个神经元在不同状态下电压阈值会发生相应的改变，这种现象被称为状态依赖性。

电流阈值（I_{th}）是指能够引发神经元产生动作电位的最小电流。如果将神经元简单地看作一个电阻器，那么当神经元的电压阈值不变时电流阈值与膜电阻成反比。但是在生理状态下神经元膜表面分布着大量的离子通道，当神经元接受到电流刺激时会引发一系列离子通道的开放，这些离子通道会影响神经元的电流阈值。以往的研究认为持续内向钠电流、M–型钾电流等对神经元的电流阈值具有明显的调节作用。与此同时，很多神经递质也参与对电流阈值的调节作用，如 NMDA、5-羟色胺、乙酰胆碱等。

动作电位的高度主要由钠电流决定，当神经元产生动作电位后，流入的钠电流越多，动作电位的高度也会越高。动作电位的宽度和钾电流有主要的关系，研究发现当钾电流被部分阻断之后动作电位的宽度会显著增加，神经递质 5-HT 也会增加动作电位的宽度。后超极化深度和宽度主要和依赖于钙离子的钾电流有关，神经递质 5-HT 具有减小后超极化深度和宽度的作用。

神经元的频率-电流关系也被称为输入-输出关系，是指神经元在接受到电流刺激后产生的放电频率与刺激电流之间的线性关系。在频率电流关系的直线中有两个重要指标，斜率和横截距，可以用来量化神经元的兴奋性。当斜率越大和横截距越小时，神经元的兴奋性越强，相反，当斜率越小横截距越大时，神经元的兴奋性越弱。构成动作电位的离子通道几乎都具备调节频率-电流关系的作用，2018年Dai和他的同事通过神经元仿真模拟的方法证实了各种离子通道对运动神经元频率-电流关系具有调节作用。结果表明减小参与后超极化依赖于钙离子的钾电流、增加L-型钙电流、增加瞬时钠电流、减小延迟整流钾电流和增加持续内向钠电流能够导致频率-电流关系直线的斜率增加和横截距减小，神经元兴奋性增加。增加神经元膜的漏电流能够导致频率-电流关系直线的斜率显小和横截距增加。

2.4 神经元兴奋性的定量化描述

神经元的膜特性决定了一个神经元的兴奋性。神经元兴奋性的定量化描述是神经科学领域用于判断和比较神经元兴奋性的主要手段。随着膜片钳技术的发展，通过实验的方法记录神经元的放电，并通过神经元的放电情况分析神经元的兴奋性是目前最为常用的方法。本节我们重点介绍全细胞膜片钳技术以及定量化描述神经元兴奋性的方法。

全细胞膜片钳技术

1976年德国科学家 Neher 和 Sakmann 创建了膜片钳技术，这一技术在 1991年获得了诺贝尔医学和生理学奖。膜片钳是由电压钳（voltage clamp）发展而来的，1949年由 Cole 和 Marment 开创了电压钳技术。20世纪50年代 Hodgkin 和

Huxley利用这一技术揭示了动作电位产生的离子机制，这一研究结果在1963年获得了诺贝尔医学和生理学奖。

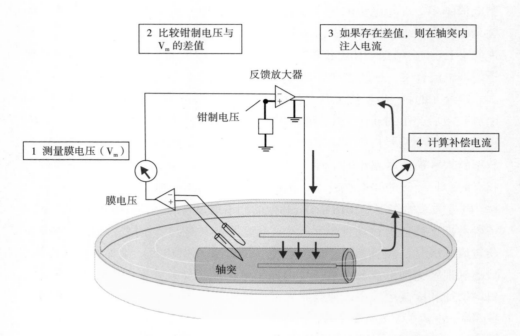

图2.4.1　电压钳的基本原理。细胞内和细胞外的电极连接放大器记录膜电位，记录到的膜电阻输入到比较放大器的负极。钳制电压经正极输入比较放大器，比较放大器比较膜电位和命令电位之后对神经元注入相应的电流，直到膜电位和命令电位相等。此时，注入的电流则表示神经元在达到钳制电压的过程中膜电流的变化

全细胞膜片钳技术是用毛细玻璃管经拉丝机制作成尖端只有1~2μm的电极，把只含1~3个离子通道、面积为几个平方微米的细胞膜通过负压吸引封接起来，由于电极尖端与细胞膜的封接电阻非常大，导致在电极尖端下的细胞膜与其他部分相隔离。此时，使用一个较大的负压将电极口非常小的膜吸破，使得电极与细胞膜相连进而使用膜片钳放大器记录整个细胞上的电压和电流变化。

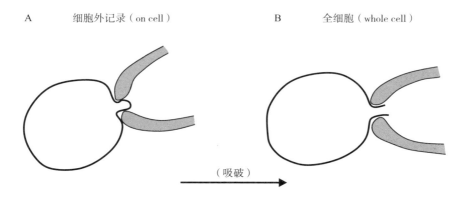

图2.4.2　全细胞膜片钳的实验步骤。A用较小的负压使电极和细胞膜形成高电阻的连接；B使用较大的负压将细胞膜吸破，电极口与细胞膜形成一个整体

全细胞膜片钳有两个记录模式，电压钳和电流钳。电压钳是指通过电极控制神经元的膜电位并记录在膜电位变化的过程中电流的变化，这一模式主要用于记录神经元膜上离子通道开放和关闭的情况。电流钳则是通过给神经元注入不同的电流，同时记录神经元膜电位的变化情况，主要用于描述神经元的兴奋性。因此，神经元兴奋性的定量描述主要通过电流钳的方法记录。

神经元兴奋性的定量化描述

在关于描述神经元兴奋性研究的实验中，通常使用静息膜电位、内向电阻、电压阈值、电流阈值、动作电位高度和宽度、后超极化深度和宽度以及频率–电流关系的斜率和横截距来描述。下面我们一一介绍这些参数在实验中的测量方法。

当电极和神经元形成全细胞记录模式后，在电流钳下记录到的膜电位即静息膜电位，哺乳动物中枢神经系统中神经元的静息膜电位约为–70 mV.通过电极向神经元注入一个负电流，神经元膜电位发生超极化，超极化的幅度与注入的电流比值则为神经元的膜电阻。

使用步进电流注入神经元，能够引发神经元产生动作电位的最小电流记录为电流阈值（如2.4.3B红线所示），电压阈值是在动作电位上升期，膜电位的变化率达到10 mV/ms那一点对应的电压值作为电压阈值。动作电位的高度计算方式如图所示，以电压阈值作为基线测量电压阈值到动作电位顶点处的电压差值。动作电位的宽度往往不稳定，因此实验中通常记录动作电位的半宽。后超极化的深度和宽度同样使用电压阈值作为参考点，记录后超极化的深度和半宽。

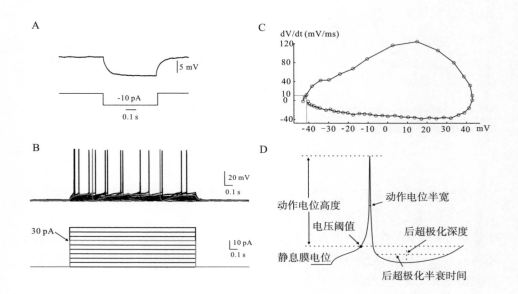

图2.4.3 神经元兴奋性的定量化描述。A 膜电阻和电流阈值的计算：静息状态下向神经元注入负的电流，膜电位的变化与注入电流之间的比值为神经元膜电阻；B 向神经元中注入步进电流能够引起神经元产生动作电位的最小电流为电流阈值；C 横坐标代表神经元膜电位，纵坐标表示神经元膜电位的变化率，在实验中通常使用 10 mV/ms 这一点对应的膜电位作为神经元的电压阈值；D 动作电位高度和半宽以及后超极化的深度和宽度的计算方法

2.5 神经元兴奋性与细胞形态

在本章的第一节中我们简单地介绍了几类神经元的形态，如：单极神经元、双极神经元、假单极神经元和多极神经元。在中枢神经系统中神经元的形态学特征决定了它的兴奋性，进一步决定了神经元的生理功能。本节我们简单介绍神经元兴奋性与细胞形态的关系。

神经元形态与膜电阻的关系

神经元的形态与被动膜特性关系密切，如我们之前介绍的那样神经元的膜电阻受到细胞膜上离子通道的调节，离子通道越多膜电阻越小。因此，神经元表面积越大包含的离子通道就越多，膜电阻就越小，相反，神经元表面积越小，膜电阻越大。表面积与细胞膜电阻之间的关系可以帮助我们在电生理的实验中很快地比较两个不同电阻的神经元表面积。

在关于脊髓运动神经元的研究中发现，支配慢肌（S-型）的运动神经元胞体最小，支配快肌（FF-型）的运动神经元胞体最大。因此，支配慢肌的运动神经元膜电阻最大，而支配快肌的运动神经元膜电阻最小。由于膜电阻的差异，当S-型运动神经元和FF-型运动神经元接受到相同大小的电流刺激时，S-型神经元由于膜电阻较大，根据欧姆定律其膜电位的变化幅度就更大，因此更容易达到电压阈值产生动作电位。这一特性是影响神经元募集的主要原因。

神经元树突形态与神经元兴奋性的关系

神经元的树突对信息的接受和处理起到了重要作用，树突的分叉程度决定了神经元能够接受信息传递的范围。过去的研究在细胞培养的实验中发现神经元的树突具有再生的功能，如图2.5.1所示，当神经元被消化液处理后失去了树突和轴突结构，但会在培养一段时间后重新生长出树突和轴突。

图2.5.1　神经元树突和轴突在细胞培养过程中的生长状况

　　神经元树突的形态会影响离子通道的分布，例如L-型钙电流主要分布于神经元的树突上，因此，神经元树突丰富的神经元在其树突上分布着大量的L-型钙通道。脊髓运动神经元具有丰富的树突结构，如图2.5.2 A所示。之前的研究发现在电压钳下脊髓运动神经元在受到步进电压刺激时，神经元的持续内向电流表现出台阶状（如图2.5.2 B所示）。之后的科学家通过使用神经元单细胞模型的方法证实了台阶电流产生的原因主要由L-型钙电流在树突上的不均匀分布所导致。近期，Cheng和他的同事在研究延髓5-HT神经元中持续内向电流的实验中发现，这一类神经元在接受步进电压刺激时神经元不表现台阶电流的现象，进一步分析延髓5-HT神经元的形态特征，研究结果显示步进电压下不表现台阶电流的原因是5-HT神经元的形态较为简单，多为双极或单极如图2.5.2 C所示。

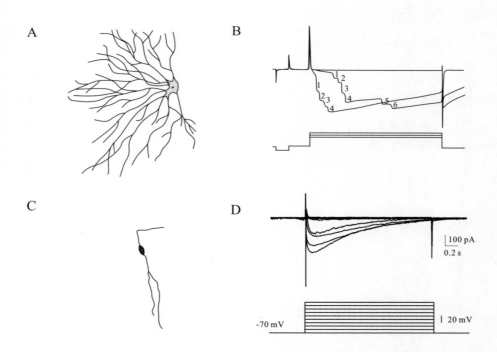

图2.5.2　神经元形态是台阶电流的关系。A脊髓运动神经元示意图；B脊髓运动神经元在步进电压下产生具有台阶状的内向电流（摘自Carlin et al. 2009）；C延髓5-HT神经元示意图；D延髓5-HT神经元在步进电压下产生的内向电流不表现出台阶状（摘自Cheng et al.2020）

相同特性的神经元分布的位置不同也会导致神经元的形态不同。例如：延髓中的5-HT神经元形态较为简单，多表现为单极或双极，尤其是位于延髓中

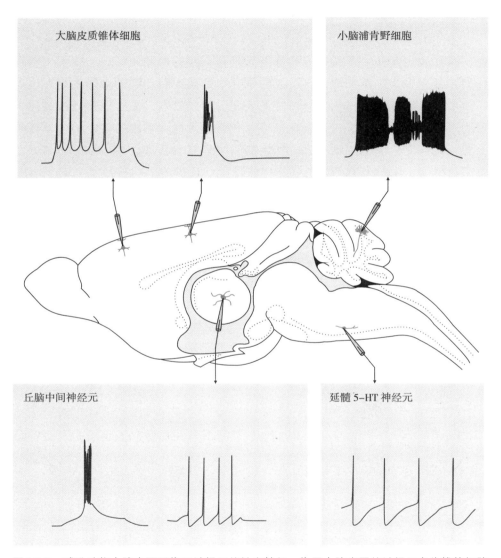

图2.5.3 哺乳动物大脑中不同位置神经元的放电特征。位于大脑皮层的神经元多为锥体细胞表现为持续放电和簇状放电（burst firing）；小脑浦肯野神经元表现为高频率的放电活动，这一放电活动可以被来自树突上由钙电流产生的动作电位阻断；丘脑的中间神经元（relay cell）的放电多为持续放电和成簇放电；位于延髓腹侧的5-HT神经元表现为持续放电

缝区域的5-HT神经元。然而，分布在中脑运动区的5-HT神经元却多为多极，这些研究结果预示着分布在不同区域的5-HT神经元可能在调节和维持生命活动中扮演着不同的角色。

神经元形态与放电的关系

哺乳动物大脑中不同部位的神经元具有不同的神经元形态。位于大脑皮层的神经元多为锥体细胞，在过去的研究中发现大脑皮层的锥体细胞在接受一个步进电流刺激时，一部分神经元表现为持续放电，还有一部分神经元表现为簇状放电（burst firing）。小脑浦肯野神经元具有丰富的树突结构，当小脑神经元接受步进电流刺激时会产生高频率的放电活动，这一放电活动可以被来自树突上由钙电流产生的动作电位阻断。丘脑的中间神经元（relay cell）具有较低阈值的钙电流，因此，这个区域神经元的放电多为持续放电和成簇放电。位于延髓腹侧的5-HT神经元，其形态多为单极或多极神经元，放电类型主要为持续性。

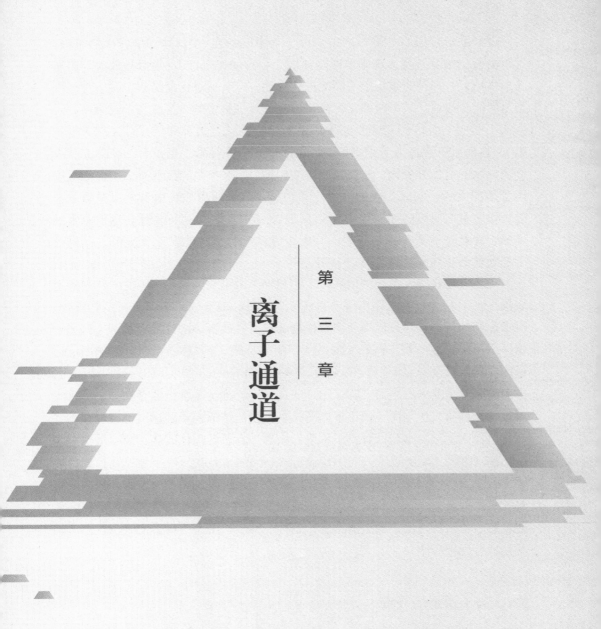

第 三 章

离子通道

　　神经系统可以将外界微弱的刺激（如微弱的光、气味、轻轻地触摸皮肤等）由感觉细胞转变为细胞的瞬时放电（称为动作电位），将信号放大到原来的很多倍，并在神经系统中不断地进行传递，这一信息传递过程依赖于神经细胞上的离子通道。离子通道是存在于所有神经细胞中的一类成孔的膜蛋白，可依赖于不同的条件打开或者关闭孔道（如电信号、化学信号、温度或者机械力），从而可以允许离子进出细胞，离子的进出又导致了电位差的变化，从而形成细胞的电信号变化。这类蛋白质结构相似但又不是完全相同，因而通过的离子类型不同，完成不同的信号传递功能。离子通道往往由若干蛋白组装而成，每一蛋白质可以称为亚基，亚基结构通常由同一或者同源蛋白紧密结合并形成一个孔道，嵌于细胞膜中，其中构成孔道的蛋白被称为 α 亚基，同时还有其他辅助亚基则被称为 β 、γ 等。

　　离子通道在神经系统的信号传递中起到至关重要的作用，因此，离子通道如果出现问题会导致机体出现严重病变。此外，离子通道也是临床药物治疗、毒素作用的位点。自然界中大多数生物的攻击性或者防御性神经毒素（例如蜘蛛、蝎子、毒蛇、鱼、蜜蜂及河豚等产生的毒素），大部分是通过影响离子通道的传导性以及（或者）动力学特征，来使被攻击的动物的离子通道出现障碍，进而失去攻击能力或生命。除了离子通道之外，神经系统中还存在另一类传递离子的蛋白质，但与离子通道不同的是这类蛋白传递离子的速度比较慢，主要起到的作用是维持细胞内外离子浓度，被称为离子转运体或离子泵，最典型的就是钠–钾泵。离子通道较离子转动蛋白不同的地方在于离子通过通道的速度非常快，每秒可通过106个离子，其次是离子的流动是顺着离子浓度形成的电势差，也就是离子是从高浓度的一侧流向低浓度的一侧，这一过程是不需要消耗能量。本章将对离子通道的类型、结构、门控机制及与神经元兴奋性之间的关系进行详细介绍。

3.1　离子通道的分类

　　不同的分类依据可以将离子通道分成不同的类型，可以通过离子通道门控机制或者是通过的离子类型分成不同的类型。

（一）按门控机制分类

构成离子通道的蛋白并不是静态结构，构成蛋白的各种分子在连接它们的化学键的作用下时时刻刻在不断运动，当受到不同刺激的时候，蛋白质构象可以发生改变，这种变化是非常快的，往往是 1 ms 量级的，这样就完成了离子通道的开放与关闭，从而物质可以进出细胞。引起构象发生改变的条件有很多，常见的主要有细胞膜内外的电压的变化、配体与通道上的相应靶点的结合，此外还有的通道对机械拉力、温度、声音、光等敏感，接下分别介绍一下不同的门控离子通道。

电压门控离子通道　这类离子通道的开放与关闭依赖于跨膜电压，当膜内外侧的电压发生变化时，通道蛋白中对电压敏感的单元结构发生改变，从而使通道中心的孔道开放，相应的离子通过细胞膜。常见的电压门控离子通道主要有电压门控钠离子通道、电压门控钾离子通道、电压门控钙离子通道等。

电压门控钠离子通道是一类结构比较复杂的离子通道，有两个门，分别为激活门和失活门，通道状态则有开放、关闭及失活三种状态。这些状态之间的正向/反向转换相应地称为通道的激活/失活（分别在通道开放和关闭之间），通道的失活/再活化（分别在通道失活和开放之间），以及从失活中恢复/关闭（分别在通道的失活和关闭之间），在失活及关闭状态下离子是不能通过通道。在动作电位发生之前，细胞处于正常的静息状态，钠通道处于失活状态，这时位于细胞外的激活门堵塞了通道，随着膜电位的不断去极化，当达到–55 mV 左右，这时激活门开放，钠离子通过通道进入细胞内，产生一次动作电位，膜电位可以去极化到+30 mV 左右。当达到动作电位的峰值后，足够多的钠离子进入细胞内，细胞膜电位足够高时，钠离子通道通过关闭位于通道内侧的失活门来失活通道，失活门的关闭导致钠离子在通道中的流动停止，从而导致膜电位停止上升，在钾离子通道的作用下细胞恢复到静息状态。当膜电压足够低的时候，失活门打开，激活门外于关闭状态，这个状态称为去失活状态，这时的钠通道又准备好下一次的动作电位的产生。有的通道只有一个激活门，所以当离子通道打开后会一直处于活化状态。任何干扰钠离子通道的这一过程都可以引发各种疾病的发生。霍奇金（Hodgkin）和赫胥黎（Huxley）早于1952年通过数学模型的方式证实了，钠离子通道存在激活

（activation）与失活（inactivation）两种状态，并对其通道的动力学进行了数学建模，并因此获得了诺贝尔奖。由于钠离子通道结构比较复杂及提取单个钠通道比较困难等因素，钠离子通道的三维空间结构之前一直没有被很好揭示，直到中国科学家颜宁课题组于2017年首次对生物中的钠通道的三维结构进行了解密。在钠离子通道内有带负电的氨基酸，可以阻止带负电荷的离子通过，孔道只有大概0.3~0.5 nm宽，限制了除钠离子以外的其他的阳离子的通过。构成钠离子通道的主体蛋白被称为 α 亚基，目前可以根据 α 亚基类型的不同把电压门控钠离子通道分为九大家族，分别标记为Nav1.1到Nav1.9，相应的基因则为SCN1A 到 SCN11A。不同类型的钠离子通道的分布及功能有所不同，如Nav1.8 和Nav1.9主要分布于背根神经节中，主要与疼痛有关（分类详情如图3.1所示）。

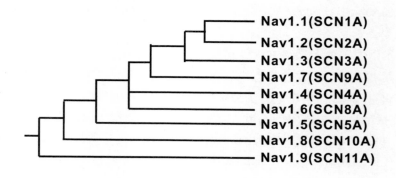

图3.1.1 钠通道家族基因。钠通道目前主要依据其基因型分成了9类，Nav1.1–1.9 对应基因型分别为 SCN1A–SCN11A

电压门控钾离子通道也是在生物体中广泛分布的一种重要的离子通道，是一类镶嵌于细胞膜中的可以让钾离子快速通过的孔道蛋白质。从生物学上讲，这类通道的主要作用是与细胞静息电位的形成有关，在可兴奋细胞（如神经元）中，钾离子的延迟整流是动作电位的后半程形成的主要原因。因此，钾离子通道的异常也会导致许多严重的病症。同钠通道一样，构成通道的主体蛋白也称为 α 亚基，根据其氨基酸序列的不同可以将电压门控钾离子通道分为12大类，分别标记为Kvα1-12，每一大类中又包含许多小类，总共达40多种电压门控钾离子通道。延迟整流类型主要有Kv1.1－Kv1.3，Kv1.5-Kv1.8，Kv2.1－Kv2.2，Kv3.1－Kv3.2，Kv7.1-Kv7.5，Kv10.1。A型电压门控钾离子通道主要有Kv1.4，Kv3.3－Kv3.4，Kv4.1－Kv4.3（分类详情如图3.1.2所示）。

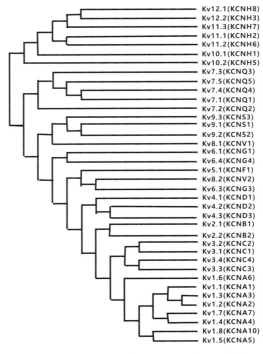

图3.1.2　电压门控钾离子通道家族基因详情

电压门控钙离子通道（Cav通道）是存在于兴奋细胞中的一类可让钙离子通过的跨膜蛋白。同时，电压门控钙离子通道也可以让少量的钠离子通过。研究发现电压门控钙离子通道可以介导在没有钠离子情况下的动作电位产生。钙离子通道在静息状态下是失活的，随着细胞去极化逐渐打开，参与细胞的兴奋过程。另外，钙离子可以作为细胞内信号传递的第二信使，通过电压门控钙离子通道，将细胞膜电势差转变为细胞内部的化学信号，进而引起一系列反应，包括神经递质释放、肌肉收缩、腺体分泌等。电压依赖型钙离子通道主要分成N型、R型、L型、T型和P/Q型，其中L型、N型和P/Q型属于高电压激活的通道，T型属于低电压激活的通道，R型属于中间电压激活的通道。根据构成通道的主亚基α亚基的不同，每一类型又可以分成不同的小类，其中L型有Cav1.1-Cav1.4，P/Q型有Cav2.1，N型有Cav2.2，R型有Cav2.3，T型有Cav3.1－Cav3.3（分类详情如图3.1.3所示）。二氢吡啶类药物可以阻断L型钙通道，ω-conotoxin可以特异性阻断N型钙离子通道，ω-agatoxin则可以特异性阻断P/Q型钙通道。

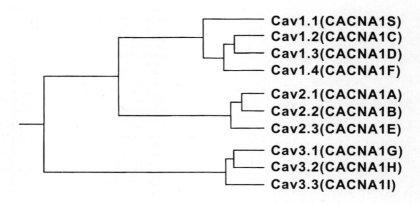

Cav1.1(CACNA1S)
Cav1.2(CACNA1C)
Cav1.3(CACNA1D)
Cav1.4(CACNA1F)
Cav2.1(CACNA1A)
Cav2.2(CACNA1B)
Cav2.3(CACNA1E)
Cav3.1(CACNA1G)
Cav3.2(CACNA1H)
Cav3.3(CACNA1I)

图3.1.3 电压门控钙离子通道家族基因详情

配体门控离子通道 这一类通道又被称为离子受体，通道只有与特定的配体结合才能打开通道。配体和受体结合后会改变通道蛋白结构的构象，开放通道蛋白中的离子通道孔，让离子穿过细胞膜。烟碱乙酰胆碱受体、谷氨酸门控离子型受体，以及 γ 氨基丁酸酸门控GABAA受体等通道都属于这一类型。另外，需要通过第二信使激活的离子通道也习惯被归入这一类，虽然配体和第二信使之间是有着显著的区别的。这类通道通常包含两种不同的结构域，一个是由跨膜蛋白构成的通道，另外一个是位于膜外的与配体相结合的蛋白。配体门控通道可分为三大类：半胱氨酸–环（Cys-loop）受体、离子型谷氨酸受体和三磷酸腺苷（ATP）门控通道。

半胱氨酸–环（Cys-loop）受体，这类型受体是由胞外N端两个半胱氨酸残基间的二硫键形成的特殊环而命名的。胞外N端的配体结合区域决定了受体的特异性，这类型受体主要可以结合乙酰胆碱（AcCh）、5-羟色胺、γ-氨基丁酸（GABA）等。烟碱乙酰胆碱（nAChR）型离子通道可依据 α 亚基分为 α1-10；5-HT3是5-羟色胺型离子通道；GABA可依据 α 亚基分成 α1-6。

离子型谷氨酸受体，这类受体可特异性与谷氨酸结合，离子型受体依据其兴奋药物NMDA（N-methyl-D-aspartate，N-甲基D-天冬氨酸），AMPA（α-amino-3-hydroxy-5-methyl-4-isoxazolepropionic acid，α-氨基-3-羟基-5-甲基-4-异恶唑丙酸），Kainate（红藻氨酸）分为 NMDA、AMPA 和 Kainate 三种

类型。其中根据亚基基因编码的不同，NMDA受体分成GluN1（NR1）、GluN2A（NR2A）、GluN2B（NR2B）、GluN2C（NR2C）、GluN2D（NR2D）、GluN3A（NR3A）、GluN3B（NR3B）七种类型（分类详情如图3.1.4所示），Glu，NMDA是这一受体的兴奋剂，AP5是阻断剂；AMPA受体分成GluA1（GluR1）、GluA2（GluR2）、GluA3（GluR3）、GluA4（GluR4）四种亚基，Glu，AMPA是这一受体的兴奋剂，CNQX是阻断剂；Kainate分成GluK1（GluR5）、GluK2（GluR6）、GluK3（GluR7）、GluK4（KA-1）、GluK5（KA-2）五种亚基，Kainate，AMPA是这一受体的兴奋剂，CNQX是阻断剂。此外还有δ1 and δ2两种亚基被发现，但其功用并不是太清楚。由于AMPA和Kainate两类受体结构及药理学特性相似所以又被称为非NMDA受体，但两者在药理学特性上还是有区别的，例如，NBQX可选择性的阻断AMPA受体，对其他受体没有作用或是作用很弱。环噻嗪（Cyclothiazide）可以解除AMPA受体减敏现象，但不影响Kainate受体。

　　三磷酸腺苷（ATP）门控通道，这类通道在结合ATP后打开，可让阳离子通过，主要分为P2X1到P2X7共七种类型。

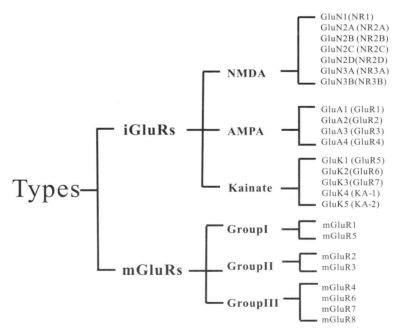

图3.1.4　谷氨酸受体类型。谷氨酸受体主要分为离子型与代谢型受体两大类，根据基因类型又可分成不同的小类

其他门控型离子通道　除了以上两种类型的主要离子通道门控方式之外，还有的离子通道对机械力敏感，这一类型的离子通道可由拉伸力、压力、变形力或者舒张力控制开启的通道，例如在临床上进行全身麻醉的患者，当牵拉患者的内脏器官时，患者仍能表现出痛苦的表情，这主要是感受拉伸力的通道在起作用。还有的离子通道对光敏感，光敏感离子通道是一种受光脉冲控制的具有7次跨膜结构的非选择性阳离子通道蛋白，从1991年在莱茵衣藻中被发现后便广泛应用于神经系统科学研究中，这类通道可快速形成光电流，使细胞膜内外发生电位变化。可以通过转基因的方式将这类通道种植到目标细胞中，当通过相应波长的光照射时，通道开放细胞发生电变化，因此可以特异性的研究某一类细胞的功能。最近科学家又从Guillardia theta海藻中发现了一类光控阴离子通道，这类通道可以抑制神经元兴奋性，相比于目前的人造阴离子通道需要更低的光强度，并且离子通过速度更快（Govorunova, Sineshchekov, Janz, Liu, & Spudich, 2015）。

（二）按通过离子类型分类

按通过的离子类型可以将离子通道分为阳离子通道和阴离子通道，其中阳离子通道主要有钠离子通道、钾离子通道、钙离子通道和质子通道。阴离子通道主要是氯离子通道。

（三）其他分类方式

如按照孔道的数量可以分成单孔及多孔离子通道，常见的离子通道都是只有一个离子通道，但是有的离子通道有两个孔道。

3.2　离子通道的结构

每个细胞如同一个由城墙围起来的小城，由磷脂双分子层形成的细胞膜相当于城墙，将细胞内外隔离成一个相对密闭的环境，使细胞内处于一个相对稳定的状态，保证细胞内的各细胞器的正常运作。细胞膜的磷脂是疏水的，因此亲水的离子不能自由进出细胞膜，但有时细胞内需要与细胞外液进行一些物质的交换，如水、氧气、二氧化碳以及各种离子等，因此需要在细胞膜上开放一些通道，只在需要的时候打开，而不需要的时候关闭。构成这一通道的是一类蛋白质，它们嵌入细胞膜中，中间有一个亲水性孔道，可以允许相应的离子通过，离子在通道孔中的移动速度几乎与离子在自由溶液中的移动速度一样快。构成离子通道的跨膜孔道蛋白通常由几个结构相似的蛋白环绕组合而成，每个蛋白被称为离子通道亚基。对于大多数的电压门控通道而言，构成通道的主要蛋白被称为 α 亚基，一些辅助的蛋白被称为 β 亚基或 γ 亚基等。离子通道的跨膜孔道蛋白形状在细胞内外呈现宽大的状态，像喇叭口一样，而在细胞膜中的部分比较细的管道（如图3.2.1所示）。

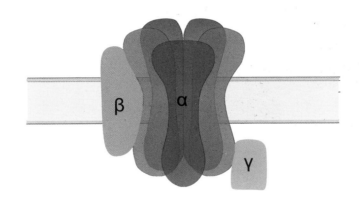

图3.2.1 离子通道示意图构成电压门控通道的主要蛋白被称为 α 亚基，蛋白形状在细胞内外呈现宽大的状态，一些辅助的蛋白被称为 β 亚基或 γ 亚基等

　　对于离子通道对通过离子的选择性的认识经历了一个漫长的过程。最早认为是离子通道的孔的大小决定了通过的离子的类型，有些孔径小的离子通道只能让小个头的离子通过，大的通过不了，如钠离子和钾离子通道的孔径只有1~2个原子大小。但问题是为什么孔径大的离子通道也会不让一些小个头离子通过？后来进一步的研究发现，其实在位于细胞膜中的这一部分往往还有一个电荷环，可以对通过的离子带电量进行检测，只允许通过一定带电量的离子类型。如有的离子通道只允许带有两个正电荷的阳离子通过，而其他的如只带一个正电荷或带负电荷的则根本不能通过，有的只允许阳离子通过，基于通过离子类型的不同，可以将离子通道分成不同的类型，如钠离子通道、钙离子通道、钾离子通道等。构成不同类型的离子通道的蛋白质结构也有一定的差异，

图3.2.2　钾离子通道结构示意图（引自1998年科学杂志，Vol280）

现在已经有许多办法对构成离子通道的蛋白结构进行解读，如通过生化方法可以将构成通道的蛋白分离出来，解析构成蛋白的氨基酸序列，并且可以通过分子克隆，氨基酸修饰等方法对相关的离子通道进行改造，进而改变其功能。此外，还可以通过电子显微镜及X射线晶体学方法对离子通道空间结构进行研究。离子通道作为细胞内外的门户并不是时时刻刻都处于开放状态，由此产生了另一个问题，就是离子通道的门是怎样控制开关的？随后研究发现离子通道的门控机制很多，在神经系统中最常见的也是最重要的一种是依赖于电压的，被称为电压门控，此外还有配体门控、机械门控等机制，在上面离子通道分类部分已经进行了详细介绍。门控的机制不同其蛋白结构也不同，但同一类型的离子通道的结构往往是相似的，电压门控通道主要由4个亚基构成，每个亚基有6个跨膜螺旋，一旦离子通道被激活，这些螺旋结构发生构象改变，开放中间的孔道让离子通过。离子通道的这种选择性最早由Bertil Hille和Clay Armstrong于1960发现。获得2003年诺贝尔化学奖的MacKinnon与他的同事一起对钾离子通道的结构进行了研究，通过X射线晶体技术对这一通道的三维结构进行了阐释（如图3.2.2所示），从而为离子通道结构研究奠定了基础。

（一）电压门控钠离子通道结构

1945年，英国两位科学家霍奇金（Hodgkin）和赫胥黎（Huxley）首次在枪乌贼的神经元上检测到电流变化，并首次记录到静息电位和动作电位。随后于1952年他们通过对枪乌贼巨大神经轴突中的动作电位传导研究，发现电压门控钠离子通道在动作电位形成及传导过程中起到重要作用，并建立了动作电位形成的数学模型，并因此于1963年获得诺贝尔奖，自此科学领域展开了对钠离子通道的研究，并奠定了电生理研究的基石。钠离子通道的变异通常会导致一系列与神经、肌肉和心血管相关的疾病，如持续性疼痛、癫痫、心律失常等病症。

电压门控钠离子通道结构非常复杂，由一个较大的 α 亚基和其他的亚基（如 β 亚基）连接而成，总共大约由2000个氨基酸构成。α 亚基是通道的主要结构，即使在其他亚基缺失的情况下，其仍可以形成通道，并在电压控制下开放与关闭，从而调节钠离子的流动。其他亚基的主要作用是调节通道对电压的敏感性及通道的区域分布。α 亚基含有4个重复的结构域（Domain）通常标记为I-IV，每个结构域由6个跨膜片段构成，标记为S1-S6（如图3.2.3）。

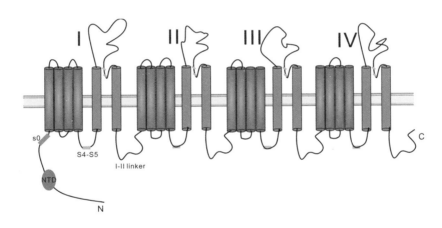

图3.2.3 钠离子通道结构示意图,引自（Shen et al., 2017）电压门控钠离子通道 α 亚基含有4个重复的结构域（Domain）通常标记为I-IV,每个结构域由6个跨膜片段构成，标记为S1-S6

每个结构域中的S4跨膜片段位于通道的最内侧，4个结构域的S4形成了通道的内壁，为钠离子通道的电压感测单元，由带有正电氨基酸构成。在细胞膜内外电压变化的驱动下这一段结构会发生改变，往细胞膜外侧移动，从而使通道开放，离子通过通道。4个结构域中的S5和S6之间片段组合在一起形成通道的外侧结构，这是空洞的最细部分，从大小上筛选可以通过的离子。连接S3和S4部分在通道中也起到重要的作用，当通道长时间激活后这一部分结构发生变化，通道快速失活。快速失活机制可以使钠通道在接受刺激产生动作电位后快速关闭，防止细胞过度持续兴奋，这期间在钠－钾泵作用下重建膜内外两侧的电势差，为下一次动作电位做好准备。因此，钠通道的快速失活对它发挥正常的生理功能至关重要。虽然经过近60多年的研究，对钠离子通道的电生理特性及结构有了一定认识，但对于其空间三维结构的认识由于各种难度一直没有很好地被提示清楚，直到2017年中国的科学家颜宁课题组采用冷冻电镜技术揭秘了来自美国蟑螂中命名为NavPaS的3.8埃分辨率电镜结构，并在该结构中首次提示了钠通道中的 α 亚基与 β 亚基之间的相互作用机制。钠离子通道三维结构解析为理解钠离子通道的离子选择性、电压依赖的激活与失活特性、配体抑制机理提供了重要的分子基础，为解释过去60多年的大量实验数据提供了结构依赖，为临床与钠离子通道相关病症的治疗及新药物的研发奠定了基础。

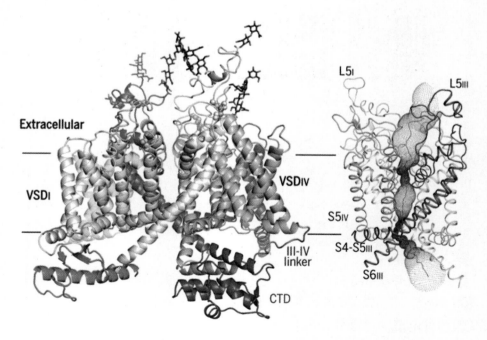

图3.2.4　钠离子通道三维结构示意图，引自（Shen et al., 2017）

（二）电压门控钾离子通道结构

相对于结构复杂的钠离子通道而言，钾离子通道的结构相对简单一些。不同生物间钾离子通道构成也有所不同，钾离子通道主要由结构单元和电压感受结构域构成。结构单元具有四联体结构，由4个相同的蛋白质亚基关联而成，形成4倍对称复合体（C4），围绕中央离子传导孔排列。电压感受域由4个跨膜片段构成（S1-S4），当细胞膜内外电压差变化时，结构会发生改变，特别是S4，包括正电荷氨基酸，导致传导孔的构象变化，这可能打开或关门离子通道。经过几十年研究，钾离子通道的结构基本被揭示清楚。

（三）电压门控钙离子通道结构

20世纪80年代，首个电压门控钙离子通道的基因被研究清楚，序列分析显示，它与电压门控钠离子通道的序列高度相似。电压门控钙离子通道主要由α1、α2δ、β1-4和γ亚基构成，其中α1是构成通道的主要蛋白，其氨基酸序列与电压门控钠通道高度相似，同样由6个跨膜片段构成，标记为S1-S6。除α1亚基外，还有辅助亚基，其中位于膜外的α2亚基通过二硫键与δ相连，构成二聚体。β是主要位于细胞内的亚基，γ是有4个跨膜片段的膜蛋白。不同的亚基在离子通道中的作用也不尽相同，α2δ，β1-4主要控制通道的电导特性，而γ亚基主要与电压敏感机制的形成有关。

（四）配体门控离子通道结构

烟碱乙酰胆碱（nAChR）型离子通道是半胱氨酸-环（Cys-loop）受体基因超家族的代表之一，其结构较早被研究清楚。烟碱乙酰胆碱（nAChR）型离子通道主要由5个亚基构成，分别为2个α亚基，1个β亚基，1个γ亚基和1个δ亚基，每一个亚单位包含4个高度保守的疏水域，形成4个跨膜同源域，糖基化位点位于细胞膜外的N-端。4个亚单位的氨基酸序列中包含了30%~40%的同源氨基酸。每个亚单位中的第二个跨膜域相互靠近形成离子孔道，在生理状态下结合乙酰胆碱通道打开，钠离子和钙离子内流进入神经元，钾离子流出神经元，导致神经元膜电位去极化，增加神经元的兴奋性。α亚基是决定通道特性的主要部分，因为上面有配体结合的位点，可以结合烟碱。乙酰胆碱与nAChR结合的位点在αγ和αδ相邻的位置，主要

位于 α 亚单位的 N-端，故所有的 nAChR 都必须包含 2 个 α 亚单位。动力学的研究中发现 nAChR 中的 2 个乙酰胆碱结合位点必须同时绑定乙酰胆碱时，这一通道才可以被打开。nAChR 的 5 个 M2 跨膜氨基酸片段中存在三排阴离子（由氨基酸残基形成），其中位于细胞膜外和细胞膜内的两排阴离子起到了过滤的效果，避免阴离子靠近，保证了在通道打开时只允许阳离子通过，中间的一排阴离子起到了对通过阳离子的选择作用。每个亚基又可分成不同的亚型，目前研究发现的亚型主要有 17 种 α1-10，β1-4，γ，δ（马倩芸，江涛，& 于日磊，2018），不同亚型其药理学特性有所不同，在机体中分布的位置也不同。

离子型谷氨酸受体是一类在机体中广泛分布的谷氨酸配体门控离子通道，主要分成 AMPA、Kainate 和 NMDA 3 种类型。AMPA 与 Kainate 受体结构相似，主要由 GLUR1-4 4 种亚基构成同源或异源四聚体，同源的只有 GLUR1 可以形成。最外的部分是氨基酸结合位点，往下是配体结合位点，再就是跨膜部分。这一类型的受体只要与谷氨酸结合，就可以迅速打开通道，允许钠离子与钾离子通过。构成受体的亚型的不同也决定了通道的特性的不同，大多数情况下 AMPA 对钙没有通透性，原因是因为 GluR2 亚基的存在，它阻止钙的通过，但 GluR1 和 GluR3 就有很好的钙通透性，如果没有 GluR2，那对钙的通透性是钠的 3~5 倍。有实验证实通过基因敲除 GluR2 基因，发现动物很难存活。含有 GluR2 亚基的 AMPA 受体或 Kainate 受体对谷氨酸的敏感性只在最初有效，时间长了存在一个减敏现象。Twomey 和 Sobolevsky 等人对这一现象的本质进行了研究。研究中发现，受体在整个过程中存在关闭、活化、开放、减敏 4 种不同状态（Twomey & Sobolevsky，2017）。NMDA 受体的结构及功能较 AMDA 和 Kainate 受体更为复杂。NMDA 受体是由 NR1 与 NR2 2 个亚基组成的异 4 聚体，其中 NR1 是必须的，为结构亚基，可与甘氨酸结合，并且在细胞内有长长的 C 端与细胞骨架蛋白结合，NR2 为功能亚基，有许多位点，可与多种物质结合发挥作用，主要有谷氨酸结合位点、Redox site（氧化还原位点）、phosphorylation site（磷酸化位点）、Polyamine site（多胺位点）、H$^+$ site（质子位点）、Zn^{2+} site（锌位点）、MK-801、PCP site（非竞争性抑制剂位点）及 Mg^{2+} 结合位点等多种位点。甘氨酸在这里的位点的药理学特性与抑制性受体位点不同，因此不能被甘氨酸受体阻断剂 strychnine（的士宁）所阻断，也不被

β-alanine（β 丙氨酸）所兴奋。Serine 和 Alanine（丝氨酸和丙氨酸）也可以作用于这个位点。Kynurenic acid（犬尿酸）是该位点的竞争性抑制剂。有意思的是，这些物质也可以竞争性抑制 AMPA 的 Glu 结合位点，提示这 2 个位点结构可能相似。MK-801，PCP 位点与 Mg^{2+} 位点相似都是电压依赖的位点。这一受体还受到 pH 值的影响，正常 7.4，当 pH 低于 6 时，通道完全被抑制。多胺位点结合多胺后如组胺，可以解除质子的影响，但这一作用有 pH 依赖特点，当浓度过高时，产生一个电压依赖阻断，从而降低受体活性。NR1 几乎在全脑中均有分布，这也证明了 NMDA 受体中必须有这一亚型，NR2A\B 主要分布于皮质与海马，NR2C 主要分布于小脑，NR2D 主要分布于中脑脑干及小脑等区域，此外，GluN3A 主要分布于脊髓和大脑皮质，而 GluN3B 只分布于脊髓、脑桥、延髓中的运动神经元上。NMDA 受体除了对配体有依赖性之外，还对电压有一定的依赖性，这主要与 NMDA 受体中的 Mg^{2+} 结合位点有关。正常细胞外液中包含 Mg^{2+}，NMDA 受体打开依赖于电压及谷氨酸，但把外液中的 Mg^{2+} 去除时，只依赖于谷氨酸，原因是 NMDA 受体中的 Mg^{2+} 需要一定的电压才能去除，从而通道打开，而这个电压的变化正好来源于 AMPK 产生的。

3.3 神经元兴奋性与离子通道

（一）静息电位与离子通道

在静息状态下神经元细胞膜内外侧的电位水平保持在相对稳定的状态，细胞外相对于细胞内为正，这种电位差称为静息电位。正常状态下，神经元内侧的钾离子浓度远远高于外侧，而钠离子及钙离子的浓度则远远低于外侧，所以当离子通道开放的时候钾离子会顺着浓度差流出，而钠离子和钙离子则由细胞外流到细胞内，产生静息电位的重要离子主要是钠离子、钾离子，维持静息膜电位则主要是钾离子通道在起作用，因在静息状态，主要是钾通道有通透性，钾离子在浓度差的情况下流到细胞外，钾所带的正电荷在细胞膜外表面积累，同时过量的负电荷积在细胞内，另外在细胞内有带负电的蛋白，在此作用下产生了细胞膜外带正电，而细胞内带负电的状态，当电势差达到一定程度时，钾外流放缓到被完全阻止，虽然这时钾通道仍开放，但流入与流出的钾基本相等，此时，细胞膜两侧的电位达到一个稳定状态，这一电位被称为静息电位。对于细胞静息电位主要与钾离子通道有关，但也有其他离子通道的参与猜测最早由Julius Bernstein提出，但当时没有办法去证明这一观点。在膜片钳技术出来以后，可以精确地测量膜电位，并确定与钾离子之间的关系，这一实验由获得诺贝尔奖的科学家霍奇金（Hodgkin）和赫胥黎（Huxley）首次测得，并建立了数学模型。实验测得枪乌贼的轴突在静息状态下的电位处于–65到–70 mV水平，显著高于钾的平衡电位（大概–90 mV），由此可以得出神经元静息电位不只是钾离子的原因。后经过研究发现在静息状态下细胞膜对钠离子也有通透性，但只是很少的比例。因此，细胞在静息状态下的膜电位主要是与钾和钠通道有关。并且，进一步研究发现主要是2P钾通道、M型钾通道以及非选择性钠漏通道参与了静息电位的形成。

（二）动作电位与离子通道

当神经元有接受到刺激时，可在静息膜电位的基础上出现膜电位的去极化，当到达一定值时，产生一次快速的可扩布的电位变化，这一电位变化被称为动作电位，也是神经元与其他细胞进行信息交流的途径。一个动作电位主要由快速的上升支和下降支组成，后面还有一个缓慢的电位变化，在这个过程中有多个离子通道参与其中。通过电流钳技术研究发现，动作电位的上升和下降阶段伴随着大量的瞬时的钠离子内流和紧随其后的钾离子外流。Cole和其同事最早设计了电压钳，Hodgkin和Huxley将这一技术完美地运用到动作电位产生机制的研究中，这一技术的最大特点就是可以将神经元的膜电压钳制到一个固定水平上，同时可以记录跨膜电流的变化情况。Hodgkin和Huxley选取了枪乌贼作为研究对象，因为这一物种的神经轴突很粗大，一个须就是一个轴突，这样可以将两个电极分别放于轴突内外，经过信号放大器后可以记录到膜电位的变化。通过这一技术Hodgkin和Huxley两人发现动作电位的上升支主要是由钠离子的快速跨膜内流形成的，而下降支主要是钾离子的跨膜外流。同时，他们还推导出各电流相对幅度和时间进程的大小，并建立了相应数学模型。随着离子通道特异性阻断剂的逐步被发现，可以通过药理学手段进一步详细研究参与动作电位形成的各离子通道的类型。河豚毒素（tetrodotoxin，TTX）是一种可以阻断钠离子通道的药物，是一种剧毒，主要由河豚鱼卵巢中提取。河豚毒素可以高度特异性结合钠离子通道，从而使钠离子通道失去作用。在实验中如果提前加入 TTX，则钠通道被特异性阻断，当膜内外则电位发生变化可以研究钠离子通道在动作电位形成中的作用。同样，在动作电位形成中一系列的电压门控钾离子通道也参与其中，而这类通道可以被四乙胺（tetraethylammonium，TEA）所阻断，同样可以研究其在动作电位形成中的贡献。通过电压钳及药理学方法相结合的研究证实，在动作电位上升阶段主要是与快钠离子通道有关，而在下降支则主要由延迟整流钾离子通道参与。目前研究表明钠离子通道反转电位在 +55 mV 左右，而在 –52 mV 左右开始打开通道，在 –52 mV 到 +10 mV 范围内钠通道大量开放，当大量钠离子流入细胞内后电势差的变化影响了钠离子的进一步流入，随着去极化接近于钠的平衡电位时，流动停止，与钠通道相比钾离子通道开放要明显延迟，但一旦产生通道会持续开放，钾通道开放后在深度及电压差的作用下流到细胞外，这时细胞内外电压差开始回落，动作电位进入复极化阶段，随着电压的改变，钾离子通道关闭。因为钠离子通道有失活状态，只有达到一个比较低的膜电位的时候通道才能再次准备开放，因此在这个时候再多的外界刺激也不会引发动作电位，这种现象就是神经元的绝对不应期。产生动作电位后在膜电位恢复到静息前水平之前，有一个持续数秒的瞬时后超极化电位（afterhyperpolarizing potential，AHP）。其产生的原因是延迟整流钾通道持续开放的时间比动作电位长，导致钾电导增加，使膜电位向钾离子平衡电位（–85 mV 左右）变化，随着钾通道开放在电压的作用下逐渐停止，膜电压回到静息水平。除了延迟整流钾离子通道的参与外，还有其他类型的钾离子通道参与了 AHP 的形成，这其中贡献比较大的是一类钙依赖的钾通道。在动作电位期间，一部分电压依赖的钙通道被激活，钙离子在深度及电压差驱动下进入细胞内，进而激活钙依赖的钾离子通道，使钾电导增加，从而参与了复极及随后的后超极化电位的形成过程。参与这一过程的钙依赖钾离子通道主要有两类，一类是大电导钾通道（BK），这一通道开放非常迅速，能快速终止动作电位和关闭延迟整流通道，主要在 AHP 的前面起作用。还有一类是小电导钾通道（SK），主要参与了慢后超极化电位的形成。此外，研究还发现电压依赖的钙离子通道在动作电位形成过程中也起到重要作用，甚至有些细胞中钙在动作电位中起到主导作用。参与动作电位的离子通道及其在动作电位形成中的贡献如图 3.3.1 所示。

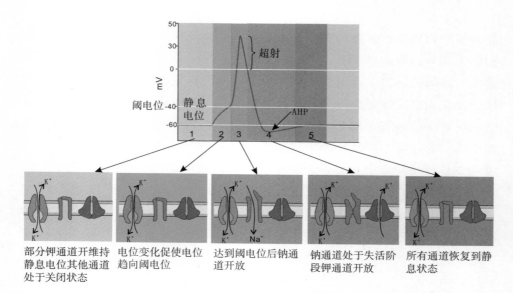

部分钾通道开维持　电位变化促使电位　达到阈电位后钠通　钠通道处于失活阶　所有通道恢复到静
静息电位其他通道　趋向阈电位　　　道开放　　　　　　段钾通道开放　　　息状态
处于关闭状态

图3.3.1　参与动作电位过程的离子通道及其在动作电位形成中的贡献。动作电位主要由快速的
上升支和下降支组成，后面还有一个缓慢的后超极化电位变化，这个过程中主要由钠离子通道
及钾离子通道参与，当细胞处于静息状态时如图1所示，这时只有少量的钾离子通道开放维持
静息电位；当神经元受到刺激电位发生变化，部分离子通道开放（如钙离子通道），电位趋向阈
电位（如图2所示）；当达到阈电位后，钠通道大量开放，钠离子进入细胞内，形态动作电位的
快速上升支（如图3所示）；当到达一定电位后，钠通道处于失活状态，这时延迟整流钾离子通
道开放，钾离子大量流出细胞外，形态动作电位的下降支，并在大电导钾通道（BK）和小电导
钾通道（SK）作用下出现一个后超极化电位（如图4所示）；之后各离子通道恢复到静息状态

3.4　离子通道与行进运动控制

　　行进运动（locomotion）为周期性、节律性运动并能产生位移的一类简单运动
形式，如人的行进、鸟的飞翔及鱼的游泳等。虽然这种运动形式比较简单，但其
运动控制的中枢机制仍是一个谜，许多科学家花费近100年的时间致力于解开这其
中的奥秘，以期能够为一些出现行进运动障碍的人的治疗提供科学依据。脊椎动
物的行进运动主要由位于中脑的运动中枢（Mesencephalic Locomotor Region，MLR）
引导和控制，由分布于脊髓系统中的神经网络群执行和操作，脊髓中的这个网络
群称为中枢模式发生器（Central Pattern Generator，CPG）。CPG在行进运动中扮演着
时钟调控、节律发生和运动控制的作用，这其中每一种作用都由相应的神经细胞
群执行，沿着脊髓腹侧的胸段和腰段分布，具有特殊的神经细胞膜特性，与不同
兴奋和抑制类型的神经突触相互连接，兴奋性受多种神经递质的调控，在这个过

程中神经元的兴奋性与各种离子通道状态变化密不可分。运动神经元支配相应肌肉收缩是执行行进运动的最后一个环节，肌肉收缩的幅度、收缩时长均与运动神经元的细胞膜上的离子通道有关，离子通道调节运动神经元的信号输出。在早期的研究中发现，在猫虚拟行进运动实验中运动神经元膜特性发生明显改变，这些变化包括输入电阻和后超极化的减小、电压阈值的超极化等，这些变化总的表明运动过程中运动神经元兴奋性增加，有哪些离子通道在这个过程中参与了呢？这个问题通过生理实验并不好求证，因为参与神经元兴奋性的离子通过各类很多，生理实验条件下不能对所有离子通道进行研究，这种情况下可以借助于模型仿真进行研究。戴跃等人通过仿真研究阐明了各离子通道在行进运动中可能起到的作用。上调瞬时钠离子通道、持续性钠离子通道、Cav1.3电导、下调钙信赖钾离子通道、或KCNQ/Kv7钾离子电导，可以增加运动神经元的兴奋性及信号输出通过超极化（左移）频率–电流关系曲线（frequency–current relationship，F–I关系曲线），或增加F–I曲线的斜率，而下调膜电阻或上调钾离子通道介导的漏电流可以起到相反作用。行进运动驱动电位（locomotor drive potentials，LDPs）的兴奋期也显著超极化了F–I关系，并增加了F–I斜率，在LDPs抑制期则相反，除了以上离子通道外，还有其他离子通道可以对运动神经元的信号输出产生影响（图3.4.1所示）。

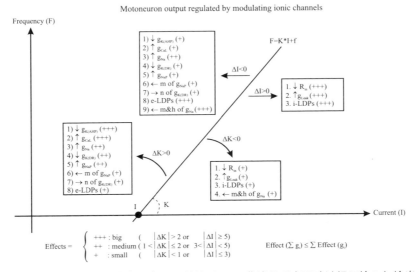

图3.4.1　运动神经元信号输出与离子通道关系。F–I曲线是反应运动神经元输入与输出信号的最重要指标，离子通道的通透性改变对F–I的影响主要分成四种情况：增加斜率、减小斜率、左移曲线、右移曲线。+++表示调节离子通道的效果影响输出效果大，++表示中等，+表示较小

持续内向电流（Persistent Inward Current，PIC）是一种神经元兴奋性调节的重要电流，之前研究发现参与形成PIC的主要是持续性钠离子通道、持续性钙离子通道。除此之外戴跃等人于2011年新发现了一种新型的持续内向电流，即一种对Tetrodotoxin（TTX）、Dihydropyridine（DHP）和Riluzole（Ril）具有阻抗作用的持续内向电流（命名为TDR-PIC），实验表明这一电流主要由钠离子通道介导，这个通道目前没有发现任何阻断剂，这一离子通道在5-羟色胺神经元中广泛分布，实验表明可明显提高5-羟色胺神经元兴奋性，而5-羟色胺是一种与行进运动密切相关的神经元。实验表明3周的跑台训练可增强5-羟色胺神经元PIC。此外，还发现了在5-羟色胺神经元还存在一种阶梯形（staircase PIC），并通过实验证明了这种阶梯形PIC是由3种不同类型的PIC构成，即Ca-PIC、Na-PIC和TDR-PIC。阶梯形PIC的形成是由于3种PIC具有不同的激活电压，当神经元膜电位去极化时3种通道在不同膜电位被激活开放，从而导致阶梯形PIC的形成。进一步的研究显示3种类型的PIC对脑干5-羟色胺神经元的兴奋性起到不同的调节作用。

【离子通道成就的诺贝尔奖】

从宏观的人体到微观的细胞，都需要不断地与外界进行物质交换。对于人体而言自然界是外环境，人通过呼吸系统、消化系统、泌尿系统实现与外环境的物质交换，这些系统有着共同的特点，都是由有孔的器官组成，如气管、消化管、泌尿管道等。微观世界中细胞的外环境就是生活的体液环境，细胞是通过什么样的方式与外界进行物质交换的呢？毫无疑问要进行物质交换，也是通过一定的孔道才能实现，细胞上的孔道是什么样子的，又有哪些不同的孔道？这成为科学家非常好奇也非常想弄清楚的问题。

200多年前，意大利的解剖学家Luigi Galvani用一端架于高空的金属线在雷电产生时刺激蛙神经肌肉标本，意外发现肌肉能够收缩，隔天试图观察晴天肌肉的情况时，却意外地发现用铜钩将标本挂于阳台的铁栏杆时，肌肉也会收缩。这一系列意外都是在神奇的阳台发现的，所以被称为"凉台实验"，并由此认为生物体内存在"生物电"。随后德国物理化学家奥斯特瓦尔德（Wilhelm Ostwald）首先提出，生物体内的电信号是离子进出细胞膜而产生的，但当时只是一个猜想，没办法去证实。到了20世纪中叶，科学家Cole掌握了测量细胞膜内外电位差的技术。研究发现，当电信号沿神经传导经过电极时，膜电位会在几毫秒内发生急剧变化。1952 年，两位英国科学家艾伦·霍奇金（Alan Hodgkin）和安德鲁·赫胥黎（Andrew Huxley）通过研究枪乌贼的神经信号传导发现，神经元兴奋出现时，大量钠离子从细胞膜外涌入细胞膜内，然后，钾离子又从细胞膜内涌向细胞膜外，使膜电位恢复正常，他们测量了大量的生理数据，并在此基础上推导出一个采用四维非线性微分方程系统描述的数学模型——Hodgkin-Huxley 模型，这一模型可以准确解释实验结果，量化了神经元电信号传导过程中的细胞膜两侧的离子变化，他们先后发表了 5 篇论文对这一研究成果进行系列报道。他们的这一研究同时开辟了细胞电生理学、计算神经科学和膜离子通道等几个领域的研究道路，他们因此被称为"神经科学界的麦克斯韦"，并荣获 1963 年的诺贝尔生理学或医学奖，在神经科学领域留下了不可磨灭的印迹。

　　虽然艾伦·霍奇金（Alan Hodgkin）和安德鲁·赫胥黎（Andrew Huxley）证实了一个多世纪前德国物理化学家奥斯特瓦尔德（Wilhelm Ostwald）提出的猜想，但仍不清楚这些离子是怎样进出细胞膜的。许多科学家仍致力于研究这一问题，这其中走出另一位诺贝尔奖获得者——Erwin Neher（埃尔文·内尔）。埃尔文·内尔（生于 1944 年 3 月 20 日，兰茨贝格，德国），德国物理学家与他的同事 Bert Sakmann 一起获得 1991 年诺贝尔生理学或医学奖。埃尔文·内尔从学生时代开始，就对人体电流很着迷，并确定了研究兴趣。为了能更深入地开展研究，他从物理学转到生物学，并对单细胞研究有了深入思考，在实验室中做了大量实验，最终利用膜片钳技术发现了单细胞离子通道的功能，通过膜片钳可以检测出很小的电流通过单细胞离子通道。膜片钳在离子通道研究中起到非常重要的作用。膜片钳最早起源于 Cole 和 Curties 发明的电压钳技术。1948 年，芝加哥大学的 Gilbert Nin Ling 与其导师使用拉制的方法制成了直径小于 0.5 μm 的玻璃微电极，从而可以对细胞进行低损伤性穿刺，引导记录细胞内电位。1976 年德国的 Erwin Neher 和 Bert Sakmann 在改进前人工作的基础上，使用双电极电压钳技术，两根电极（BC）控制胞内电位，再用一个借由负反馈电阻的运算放大器对细胞外电极（A）内部进行钳位（使电位保持在特定数值），从而检测该电极下一小片细胞膜的单通道电流。也就是说，将玻璃微吸管充入含有乙酰胆碱类似物的电解质溶液，轻轻压在蛙的骨骼肌纤维表面，使得面积仅有十平方微米的细胞膜从电学上隔离，并记录到了只有皮安级的 M 型乙酰胆碱受体通道电流。后来，马普所的科学家不断完善技术，使得单通道的电流能够清晰地从噪声中分辨出来。后来膜片钳技术逐渐成熟，只需用一根直径小于2μm的玻璃微电极即可检测单个一小片膜或几乎整个细胞膜上的离子通道。正是因为发明了先进的生产力工具，Neher和Sakmann获得了1991年诺贝尔生理学或医学奖，从此开启了科学家对离子通道的深入研究。

　　虽然知道了细胞膜上有离子通道，但仍没有人知道离子通道长什么样子，有许多科学家也一直致力于解密离子通道的结构。在这个过程中又走出一位诺贝尔奖获得者——Roderick Mackinnon。Mackinnon在Brandeis做博士后时主要研究钾离子通道，后来拿到Harvard的助理教授职位，发表了许多Nature，Science文章，那时他很想研究清楚钾离子通道的结构，但当时他的研究主要基于生物化学手段，对结构生物学研究方法并不清楚。X射线衍射就是研究方法中最重要的之一，因此他又回到Brandeis寻求他博士后导师的帮助，学习了X射线衍射技术。通过两年不断的努力之后，他第一次研究清楚钾离子通道的结构。同时，他们的研究还发现，离子必须被水分子形成的小分子团包裹才能顺利进出细胞膜，小分子团同时还运输氧气和营养物质，这些水分子团通过水通道进入细胞，同时将代谢废物运出细胞，从而保证细胞的健康状态。关于细胞膜上水通道的猜想很早就存在，美国科学家Peter Agre（彼得·阿格雷）研究了不同的细胞膜蛋白，经过反复研究，他发现一种被称为水通道蛋白的细胞膜蛋白就是人们寻找已久的水通道。为了验证自己的发现，阿格雷把含有水通道蛋白的细胞和去除了这种蛋白的细胞进行了对比试验，结果前者能够吸水，后者不能。为进一步验证，他又制造了两种人造细胞膜，一种含有水通道蛋白，一种则不含这种蛋白。他将这两种人造细胞膜分别做成泡状物，然后放在水中，结果第一种泡状物吸收了很多水而膨胀，第二种则没有变化。这些充分说明水通道蛋白具有吸收水分子的功能，就是水通道。正是因为两人在离子通道结构方面的贡献，他们共同获得了2003年诺贝尔化学奖。

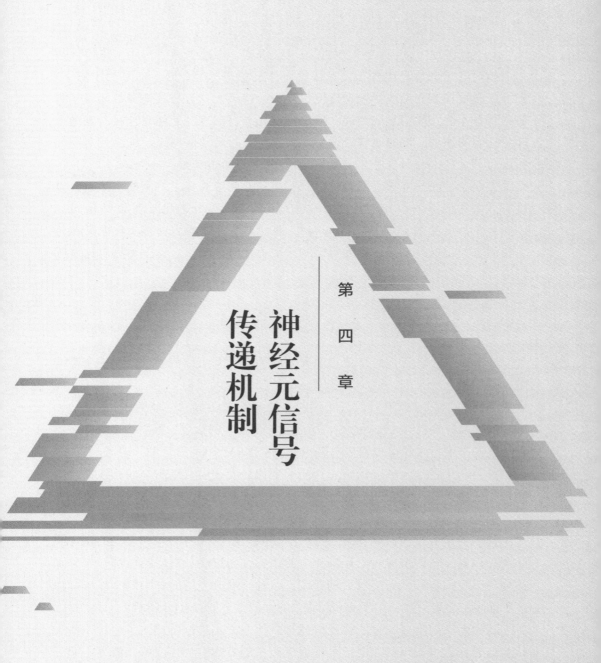

第四章

神经元信号
传递机制

　　上一章讲到一个神经元，或者说神经细胞，在离子通道作用下可以保持一个相对稳定的静息电位，使自己处于休息状态，当在外界信号的影响下，它可以激发神经冲动或产生动作电位。一个神经元只有与其他神经元或细胞建立联系才能完成信息的传递，单个神经元与目标神经元建立连接，刺激或抑制它们的活动，形成能够处理传入信息并执行响应的网络。神经元之间如何进行"交谈"？其实它们进行信息交流主要通过突触（synapse）来完成，突触是两个神经元或神经元与目标细胞（如肌肉或腺体）之间的沟通点，也可以理解为握手的地方。突触按传递的方式不同可分为化学突触（chemical synapse）和电突触（electrical synapse）两种类型，在哺乳动物中化学突触是主要的方式，这种方式依赖的化学物质被称为神经递质。这一章将对这些问题进行详细介绍。

4.1　突　触

　　最早在没有认清神经系统之前大家认为神经元信号传递通路是一个连续的完整的遍布全身的，但Santiago Ramony Cajal提出反对意见，认为神经元应该是通过接力的方式进行信息传递的，这一猜想在随后的研究中得到证实。突触最早源自希腊语（συνάψις），意思是"结合"的意思，最后被引入神经生理学教科书中，后经桑福德·帕雷的一项里程碑式的研究证明了突触的存在。突触是指一个神经元的冲动传递到另一个神经元或另一细胞间的相互接触的结构。突触是神经元之间、神经元与其他细胞间在功能上发生信息联系的部位，也是信息传递的关键部位。大部分神经元有丰富的树突和唯一的轴突，其中轴突末梢经过多次分支最后每一小支的末端膨大与另一神经元的树突或胞体相接触，从而形成一个局部膨大的结构称为突触，突触前后神经元分别被称为突触前神经元与突触后神经元，而各自形成突触的那一部分膜被称为突触前膜和突触后膜，中间的间隙称为突触间隙（如图4.1.1所示）。

　　随之而来的是在突触的位置信息是以什么方式进行传递的争论。一些人认为信号在这里应该是以电信号也就是离子的方式进行传递的，而另一部分人则认为应该是通过一些化学物质进行信号传递的。现在研究证实这两种猜测都是存在的，前者突触前膜与突触后膜间结合比较紧密，两者的离子通道紧密结合成一个跨单位的通道，离子可以由前神经元直接传递到后神经元中，

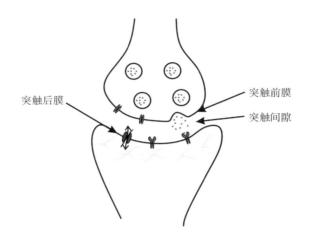

图4.1.1　突触主要由突触前膜、突触间隙、突触后膜三部分构成，神经递质以神经囊泡的形态储存在神经元轴突膨大的末端，当神经元兴奋时神经递质释放到突触间隙，可以与突触后膜上的特异性受体结合，突触前膜上也有一定的受体，也可以与神经递质结合

被称为电突触。后者突触前膜与突触后膜间结合相对疏松，中间有一个间隙，前膜上会释放一些化学物质与后膜上的特异受体结合，与受体结合后使通道蛋白结构发生改变，从而打开离子通道，离子进入突触后神经元引起神经元电位的变化，从而完成电－化学－电的信息传递过程，称为化学突触。在神经系统中化学突触最多见。

　　化学突触是哺乳动物中最常见的神经元信号传递方式，主要是由轴突与树突、轴突与胞体形成突触。此外，也有胞体与胞体、树突与树突间形成突触。突触前神经元的轴突末端膨大处存有许多的神经递质（neurotransmitter）（神经递质将在下面详细讲到）的囊泡，囊泡直径在30~150nm，现在研究发现囊泡直径与储存在里面的神经递质的性质有关，如囊泡直径在20~50nm，囊泡清亮往往含有兴奋性神经递质，大的囊泡往往含有胺类神经递质。扁平囊泡含有的往往是抑制性神经递质。目前研究发现有的神经元突触前膜中有两种不同性质的神经递质囊泡的存在，甚至是兴奋性神经递质与抑制性神经递质共存。在囊泡周围还有大量的线粒体，可以提供能量。当突触前神经元兴奋性，电信号沿着轴突传导到轴突末端的突触部位，这时膜上的钙离子通道开放，进入细胞内，并且与囊泡上的相应蛋白结合，囊泡在钙离子作用下移动到突触前膜，并且与前膜融合，将位于囊泡中的神经递质释放到突触间隙中，释放到突触间隙中的神经递质可以与突触后膜上的受体结合，打开相应的通道，离子进出突触后神经元，并引起突触后神经元的兴奋或抑制作用。突触的兴奋或抑制决定于神经递质及其受体的种类。比如同一个神经递质的相结合的受体中可能有兴奋性的，也可能是抑制性的。兴奋性神经递质或与兴奋性受体结合的神经递质可以引起钠、钙等离子的内流，细胞去极化，产生一定的膜电位的局部变化，这一电位被称为兴奋性突触后电位（Excitatory postsynaptic potential，EPSP）。 如果是抑制性神经递质与受体结合后往往打开的是钾离子或氯离子通道，这时突触后膜就会产生一个超极化的电位，称为抑制性突触后电位（Inhibitory postsynaptic potential, IPSP），一个神经元有很多的树突，可以同时与很多神经元的轴突形成突触，这其中既有EPSP又有IPSP，单个突触后电位是不够引起神经元产生动作电位，但许多EPSP叠加在一起就可以达到神经元的阈值，从而产生动作电位。而在这个过程中IPSP则起到相反的作用，使突触后神经元的膜电位趋向低于触发动作电位的阈值。一个神经元将所有EPSP与IPSP整合，最后看是否能达到神经元阈值，这其中就包括整合不同位置传来的电位，称为空间总和。还有整合来自不同时间的电位，称为时间总和。通常将一次突触事件在突触后细胞所产生的突触后电位的幅度大小称为突触强度。突触强度与许多因素有关，首先与突触前膜中神经递质的储备量有关，还与突触前膜兴奋—分泌偶合的强度有关，也就是释放递质的难易度有关，另外还与突触后膜上的受体多寡有关，最后还与神经递质释放后的重吸收快慢有关。为了信号结束，突触间隙必须及时清除神经递质，其中一条途径是神经递质可以被相应的酶消除，或被转运体重新转运回突触前神经元轴突末端中重新转运到囊泡中存贮，以备下次使用，这一信号传递过程比较容易受到干扰，临床上一些药物就是通过影响这一过程中的某些环节产生作用。化学突触相比电突触有优势也有缺点。优势在于化学突触更灵活，突触后神经元可以通过改变细胞膜上的受体的数量响应来自其他神经元的信号输入，化学突触的传递只能是单向的，从而使整个神经系统的活动能够有规律地进行。中枢神经系统中任何反射活动，都需经过突触传递才能完成。突触前和突触后细胞可以根据其内部状态或从其他细胞接受到的信号动态地改变其信号行为。

这种突触的可塑性成为改变神经回路的核心部位，在许多行为中起到关键的作用，如在学习和记忆，也和药物成瘾等行为有关。

4.2　缝隙连接

缝隙连接是电突触前神经元与突触后神经元之间直接的物理联系位点，两侧的神经元膜非常紧密，大概只有4nm，远远低于化学突触的20nm，突触前膜与突触后膜上各有半个离子通道或连接子相互对接成一个完整的离子通道，通道的孔径约为1.5 nm，允许无机离子和小的有机分子以及荧光染料等实验标记物在两个细胞之间通过。每个半通道或连接子由6个相同的亚基组成，不同组织中的连接蛋白由一个包含20多个成员的大基因家族编码。所有连接蛋白亚基的N端和C端位于胞内，细胞膜中有四段螺旋组成（如图4.1.2所示）。

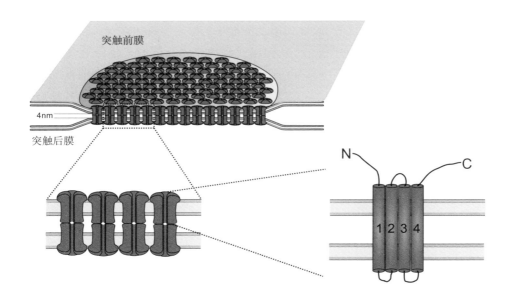

图4.1.2　缝隙连接结构示意图。缝隙连接是前后两个神经元的膜紧密相接，两者间缝隙只有4nm左右，位于突触前膜与突触后膜上的离子通道紧密连接构成一个通道，离子可以直接通过

突触前神经元和突触后神经元通过缝隙连接这种信息传递方式要比化学突触速度更快，在机体遇到一些紧急情况下如动物逃脱捕食者的神经信息的传递，需要在最短时间内做出最正确的行为，从而逃离危险。还有就是当我们走路不小心踩空的时候，会瞬时心跳加速，肌肉迅速收缩纠正身体姿势，防止损伤的发生，这些情况下电突触就是主要的参与信息处理的结构，缝隙连接允许众多细胞的同步活动，达到一个以小积多的效应，当达到神经元的阈值后可引起神经元的同步放电活动。例如，当受到严重干扰时，海蜗牛会瞬间释放大量的紫色墨水，提供一个保护环境。这种保护行为是由三个电偶联的运动神经元介导的，它们支配着墨水腺。一旦这些单元中超过了动作电位阈值，它们就会同步触发动作电位，从而释放物质保护自己。某些鱼类的快动眼是由缝隙连接参与。在哺乳动物中缝隙连接的重要性也越来越多地被认清。另外，缝隙连接信号可以双向传导，也就是突触后神经元的膜电位的变化同时也可以反过来影响突触前神经元的状态。缝隙连接的另一个优势在于其信息的传递过程不易受到外界的影响。除了介导快速的信号传递外，缝隙连接还可以介导细胞间的代谢信号传递，因为缝隙连接可以无选择性地让离子通道，这也包括钙离子，甚至是小一点的有机物通过，如第二信使肌醇、1,4,5-三磷酸腺苷（IP3），环磷酸腺苷（cAMP）等，这些物质可以传递代谢性信号。同时，缝隙连接也有其缺点，其作用往往没有化学突触的多功能性，比如化学突触的突触前神经元的信号可以产生突触后电位神经元的兴奋性增加，也可以产生抑制突触后神经元的信号。受体的多样性也丰富了神经元信号调控的功能的多样性、灵活性。化学突触可以通过神经递质将信号进行放大，起到信号增益作用，而电突触则缺乏这一作用。

目前研究表明，在神经元与神经胶质细胞间也存在着缝隙连接，在胶质细胞中，缝隙连接介导细胞间和细胞内的通讯。星形胶质细胞通过缝隙连接相互连接，并调节它们之间的交流，形成一个胶质细胞网络。构成髓鞘的施旺细胞在构成髓鞘时也是通过缝隙连接将连续的髓磷脂层连接在一起保护神经元轴突。

4.3 信号传递

在人类大脑中大概有 10^{11} 个神经元，而每个神经元平均通过1000个突触接受来自其他神经元的信号传入，因此，整个中枢神经系统通过突触连接成一个庞大而复杂的神经网络。解密这个复杂网络的信号传递机制为临床神经系统疾病治疗提供了理论基础。在信号传递过程中最重要的环节就是神经元与神经元相接触的地方，也就是突触处的信号传递过程。

化学突触传递是神经系统中信号传递的主要方式，神经递质又是化学突触的核心，其释放过程在整个信号传递中起着重要作用。下面先介绍一下神经递质的释放过程。上面提到当突触前神经元去极化后，信号传导到突触前膜，引起钙通道的开放，钙离子的进入又引起囊泡释放神经递质，这个过程中存在着0.5ms的延迟（不同物种间这一延迟有一些差异），这一延迟主要是钙通道的开放时间及囊泡释放神经递质所需的时间之和。神经递质以小泡（量子）方式集体释放，每一个囊泡中有上千个神经递质，一个动作电位往往可以引起突触前膜同时释放上百个囊泡中的神经递质。在静息状态下，仍有少量的囊泡释放神经递质。不同突触的囊泡分布部位、释放数量和递质释放的速度各不相同，但不同突触神经递质释放的机制基本相同，其释放过程都依赖于钙离子，递质释放后，再通过重摄取和囊泡合成，为下一次信号传递做好准备。

神经肌肉接头（neuromuscular junction）是一个非常理想的研究突触结构及信号传递的位点，原因在于这一位点结构相对简单，易于开展实验。主要体现在神经肌肉接头与中枢神经系统中的突触相比较而言，肌细胞体积足够大，可以同时允许两个或两个以上的微电极进行电测量。另外，一个肌细胞通常只接受来自一个突触前轴突的信号，相对比较简单。因此神经肌肉接头也是最早被研究清楚的一个突触。20世纪50年代的实验表明，神经肌肉接头处神经递质主要是乙酰胆碱，并且是以量子方式进行释放的。所谓量子式释放是指每个囊泡含有大体数量相同的神经递质，一个囊泡大概含有7000个乙酰胆碱分子，在释放时以囊泡为单位同时释放。因为所含有的神经递质的数量基本相同，所以每个囊泡所释放的神经递质可引起的突触后膜去极化的程度也是相似的，大概是0.5mV左右。静息状态下，神经肌肉接头处可记录到微弱电位，后被证实是个别囊泡自发性量子式释放导致的微小终板电位。正常情况下，运动神经元动作电位引起的囊泡释放神经递质足够引起肌细胞产生动作电位，从而产生肌肉收缩。神经元与神经元之间突触囊泡释放的效率较神经-肌肉接头要低，一般一次只引起一个囊泡的释放，所以要引起突触后神经元的兴奋往往需要从空间、时间上整合大量突触才能引发神经元的兴奋。

前面提到神经递质释放依赖于钙离子，早期研究发现当逐步降低细胞外液中钙离子浓度时，神经肌肉接头处释放的乙酰胆碱的量明显减少直至消失，向神经末梢内注射钙离子螯合剂乙二醇二（β–氨基乙醚）四乙酸（EGTA）或用镁离子、铬离子阻断钙离子通道后同样可以减少乙酰胆碱的释放，这充分证实了钙离子在神经递质释放中的作用。到目前为止发现不只是神经肌肉接头处乙酰胆碱的释放需要钙离子的参与，其他神经递质的释放同样需要。随着光敏性钙离子螯合剂、钙离子指示剂及膜片钳技术的应用进一步对钙离子与神经递质释放间的关系进行了研究。由于电压门控钙离子通道又可以分成不同的亚型，到底哪些亚型参与了神经递质的释放？目前研究发现不同物种间也有一些区别，如蛙神经肌肉接头处递质依赖于N型钙离子通道，但在哺乳动物中N型和L型钙离子通道均不是主要参与通道，而P型钙离子通道阻断剂则可以阻断哺乳动物神经肌肉接头神经递质的释放。在神经元与神经元形成的突触中N型钙离子阻断剂则可以部分阻断神经递质的释放，而L型钙通道与神经递质释放无关，进一步研究表明除了N型钙离子通道与神经递质释放有关之外，P型、Q/R型同样参与了神经递质的释放过程。囊泡在与突触前膜融合前经过了集聚（recruitment）、锚定（docking）和预激（priming）三个过程，之后与前膜融合后释放神经递质，这些过程中对钙离子的依赖程度不同。除了钙离子通道在神经递质释放中起到主要作用之外，研究发现突触前受体也参与神经递质释放调节过程，它们是一类G蛋白偶联受体，这类受体与释放在突触间隙中的神经递质结合，从而通过作用于胞内的第二信使继而产生作用，调节突触前膜神经递质的释放。

当运动神经元动作电位沿轴突传导到接头后引起突触前膜上的钙通道激活，钙离子进入促使含有乙酰胆碱的囊泡释放神经递质到突触间隙，神经递质与突触后膜上的受体相结合从而引发一系列的电位变化，包括突触前后神经元。根据受体依据工作机制不同可以分成离子型和代谢型两种，进而可以将信号在突触传递分为神经递质与离子型受体结合的直接型信号传递和与代谢型受体结合的间接型信号传递两类（如图4.3.1所示）。

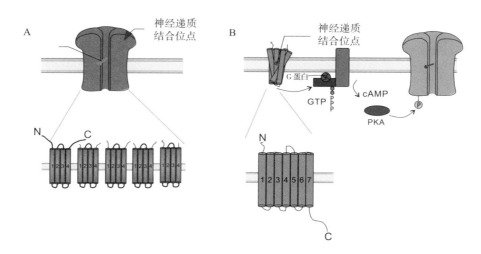

图 4.3.1　离子型受体与代谢型受体作用机制示意图。A: 离子型受体上有与神经递质相结合的位点，当与神经递质结合后可引起通道结构的改变，阻挡离子通过的门打开，从而相应的离子可以通过。离子型受体一般由 5 个结构域构成，每个结构域又分别由 4 次跨膜单位构成。B: 代谢型受体与神经递质结合后，并不是直接打开通道使离子通过，而是通过激活相应的 G 蛋白发挥作用，继而再引起偶联的离子通道的开放

　　直接型信号传递前面已经多次提到，总结起来就是神经递质与本身就是离子通道的受体结合，引起受体构象变化，离子通道打开，离子进出神经元引起局部电位的变化，这些过程速度非常快，通常是毫秒级的。兴奋性神经递质与受体结合后往往打开的是钠离子和钙离子通道，则在突触后膜上产生一个向内的兴奋性突触后电流，而抑制性神经递质与受体结合后产生一个抑制性突触后电流，继而兴奋或抑制突触后神经元。神经肌肉接头处释放的主要是乙酰胆碱，主要与 N 型乙酰胆碱受体结合，而中枢神经系统突触中释放的主要神经递质有谷氨酸，5-羟色胺等兴奋性神经递质和甘氨酸、GABA 等抑制性神经递质。代谢型受体结合的间接型信号传递相对于直接信号传递速度要慢一些，因为神经递质作为第一信使首先与代谢型受体结合，这类受体没有直接离子通道，而是在蛋白构象发生改变后继而影响位于胞内的第二信使，再去影响别的离子通道的开放，完成信号的传递。大部分代谢型受体属于 G 蛋白偶联受体（G Protein-Coupled Receptors，GPCRs），G 蛋白偶联受体是一大类膜蛋白受体的统称。G 蛋白偶联受体由 7 个跨膜 α 螺旋构成，在其肽链的 C 端和连接第五和第

六个跨膜螺旋的胞内环上都有G蛋白（鸟苷酸结合蛋白）的结合位点。G蛋白主要由 α 、 β 和 γ 3个亚基构成，与配体结合的G蛋白偶联受体会发生构象变化，从而暴露出鸟苷酸结合蛋白位点，通过以三磷酸鸟苷（GTP）交换G蛋白上本来结合着的二磷酸鸟苷（GDP）使G蛋白的 α 亚基与 β 、 γ 亚基分离。α 亚基又分成G_s、$G_{i/o}$、G_q 3种不同类型，不同的分类介导的传递通道不同，主要通过激活第二信使环磷酸腺苷（cAMP）和肌醇三磷酸（IP3）等，继而作用于离子通道，使离子通道开放，完成信号传递作用。如最早发现乙酰胆碱的释放可以使心脏跳动变慢，变弱，就是因为乙酰胆碱与毒蕈碱型受体结合，继而使钾离子通道开放，从而使心脏跳动变慢。相比作用于离子通道型受体而言，神经递质与代谢型受体结合作用速度较慢，但作用时间相对持久。

4.4　神经递质与兴奋性调节

神经递质（neurotransmitter），是神经系统信号传导中的重要物质，也有人称之为神经传递物质，在神经元与神经元、神经元与肌细胞或与感受器间的化学突触中充当信使的一类特殊的化学物质。神经递质在神经系统中分布广泛，是维持正常生理功能的重要一环。大多数神经递质是小分子胺、氨基酸或神经肽。目前，上百种不同的神经递质已被确认。下面将重点介绍几种在行进运动控制中发挥重要作用的神经递质。

（一）乙酰胆碱

乙酰胆碱是最早被发现和研究清楚的一种神经递质。它在周围神经系统中起主要作用，由运动神经元和自主神经系统神经元释放，对运动起到关键的作用。在大脑中胆碱能神经元主要分布在基底前脑和脑干等多个脑区，其轴突投射广泛，调控皮层和皮层下核团的神经活动，主要参与运动、睡眠以及情感与记忆等重要脑功能活动。华中科技大学骆清铭团队于2017年通过全自动显微成像方法——精准成像fMOST技术，在单神经元水平解析了胆碱能神经元在全脑定位分布。

乙酰胆碱是由乙酰辅酶A和胆碱乙酰转移酶（ChAT）的作用下生成。ChAT主要在粗面内质网内合成，是一种单亚型的球状蛋白，是乙酰胆碱合成中的重要的酶，由于ChAT主要存在于突触前神经元的胞体和轴突末梢，因此在进行研究时可以用ChAT来特异性标记胆碱能神经元。在胆碱能神经元轴突末梢突触前膜内侧还存在着一种囊泡乙酰胆碱转运体（VAChT），其作用是把合成的乙酰胆碱转运到囊泡中，因为VAChT特异性存在于胆碱能神经元的树突处，因此可以用标记VAChT的方式特异性标记胆碱能神经元的突触。

与乙酰胆碱结合的受体可以分成两种类型，分别是烟碱胆碱能受体（nAChR）和毒蕈碱胆碱能受体（mAChR）。nAChR是一个由五聚体构成的配体门控离子通道，包含2个α、β、γ和δ 4种亚单位。每一个亚单位包含4个高度保守的疏水域，形成4次跨膜同源域（如图4.4.1所示）。每个亚单位中的第二个跨膜域相互靠近形成离子孔道。当乙酰胆碱与受体结合后，离子通道打开，钠离子和钙离子内流进入神经元，钾离子流出神经元，导致神经元膜电位去极化，增加神经元的兴奋性。nAChR中有两个乙酰胆碱结合位点，且必须同时绑定乙酰胆碱时，这一通道才可以被打开。nAChR孔道中排列着阴离子，可以阻止通道开放时阴离子的进入。生物体内存着非常多的nAChR亚型，在哺乳动物的神经元上发现了11种亚型。很多研究发现nAChR不仅分布于突触后膜上，还分布于突触前膜上，位于突触前膜的nAChR具有调节神经递质释放的作用。

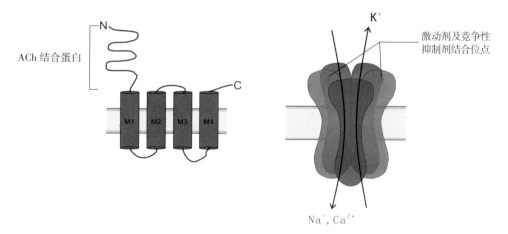

图4.4.1　nAChR结构示意图。nAChR属于离子型受体，与大多数离子型受体一致，主要由5个结构域构成，每个结构域由4个跨膜片段构成，在细胞膜膜外有一个长长的N端构成与ACh相结合的区域，与ACh结合后离子通道开放，钾离子、钙离子、钠离子可以自由出入通道

　　毒蕈硷胆碱能受体（mAChR）是一类代谢型受体（G-蛋白偶联受体）。神经递质乙酰胆碱与mAChR结合之后发挥作用的起始和结束过程较nAChR都较慢。阿托品（atropine）和莨菪碱（scopolamine）是所有的mAChR型受体的阻断剂，而muscarine则是这一类型受体的激动剂。mAChR与其他的代谢型受体结构类似，是具有7个跨膜单位的蛋白质，其N-与C-分别位于细胞内和细胞外，在细胞内存在磷酸化位点，是发挥作用的重要部位。根据目前药理学研究发现mAChR分为5个亚型，分别标记为M1-M5。对pirenzepine敏感的M1型受体最早被发现，随着研究的深入，又在心肌上发现对AF-DX116具有很高的亲和力的M2受体及在回肠中发现的对4-DAMP具有较高的亲合力的M3型受体。Methoctramine是M4型受体的特异性阻断剂，同时发现M4对pirenzepine、AF-DX116和4-DAMP也具有亲合力。最后被发现的是M5型mAChR关于这类受体的研究相对较少。M1、M3、M5受体通过作用于G_q蛋白，继而上调磷脂酶C，促进细胞内的内质网释放钙离子，导致细胞内的钙离子浓度增加，激活蛋白激酶C（PKC）和促分裂原活化蛋白激酶（MAPK），这些反应的结果导致神经元的兴奋性增强。M2、M4受体通过作用于$G_{i/o}$蛋白，导致细胞内cAMP减少，抑制电压门控Ca^{2+}通道，增加K^+外流，导致抑制型效应（如图4.4.2所示）。

　　中枢神经系统中M1受体的分布最为广泛，主要分布于大脑皮层、海马、纹状体和丘脑，在突触结构中分布于突触后膜，作用是参与学习和记忆，但不参与记忆的初始化稳定。M2受体在脑干和丘脑中大量分布，但在大脑皮层、海马和纹状体也有部分分布，在突触结

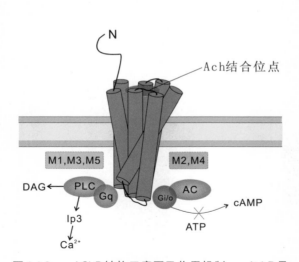

图4.4.2　mAChR结构示意图及作用机制。mAChR是代谢型受体，由7个跨膜片段构成，当与ACh结合后激活细胞内的G蛋白，M1,M3,M5型受体激活Gq，进而激活PLC再通过调节DAG及钙离子发挥作用，主要起到兴奋性作用。M2,M4受体则激Gi/o进而通过影响cAMD起到抑制性作用

构的前膜和后膜上均有分布，位于突触前膜的M2受体具有调节神经递质释放的作用，M2受体也参与学习和记忆过程并且参与体温保持，脊髓中的mAChR 80%~90%为M2受体，在M2受体敲除的实验中发现，敲除的小鼠表现出痛觉的不完全缺失。M3受体在中枢神经系统中的表达量远远小于M1和M2受体，其主要分布于大脑皮层和海马，突触结构中位于突触后膜，关于M3受体的功能目前研究较少。M4受体主要分布于纹状体，与M2受体的作用类似，M4受体也可分布于突触前膜，起到调节神经递质的作用，有研究发现位于纹状体的M4受体具有调节多巴胺神经元释放多巴胺的作用，并且有研究发现M4受体敲除的小鼠基础活动能力增强；M5受体主要位于腹侧被盖区和黑质区域，关于M5受体的作用目前研究较少，有研究认为M5受体参与调节奖励行为。

【乙酰胆碱成就的诺贝尔奖】

现在乙酰胆碱作为一种神经递质已经被我们所熟知，其被认识的漫长过程中走出了数位诺贝尔奖获得者。

奥地利的格拉茨大学，有一位药理学家叫奥托·洛伊（Otto Loewi，1873-1961），经过十多年的潜心研究，于1921年通过两只青蛙心脏实验，首次证实了迷走神经末梢可以释放一种可以使心脏跳动变慢的化学物质。他们首先电刺激迷走神经，发现心脏收缩减弱，跳动减慢，接下来他们将之前这只青蛙的心脏内的液体注入另外一只青蛙心脏中，发现这只青蛙的心脏不需要刺激迷走神经同样可以出现心脏收缩减弱，心跳减慢的现象，所以他们大胆地猜测是刺激第一只青蛙迷走神经时神经末梢释放的化学物质使心脏发生的这种变化。由于当时并不清楚这是什么物质，他们将其命名为迷走神经素，接下的几年研究中他一直探讨这到底是一种什么物质，终于在1926年证实了这种物质是乙酰胆碱。

英国生物学家亨利·哈雷·戴尔（Henry Hallett Dale，1875-1968）是奥托·洛伊在英国认识的好友，他的研究同样围绕着乙酰胆碱展开，首先证实了在动物组织中存在着乙酰胆碱，并随后研究证实副交感神经节后纤维末梢、交感神经、副交感神经的节前纤维，以及运动神经其末梢释放的神经递质都是乙酰胆碱，是肌肉收缩的主要参与者。1936年，奥托·洛伊和亨利·哈雷·戴尔凭借其在神经递质乙酰胆碱方面的出色研究，荣获诺贝尔奖。

前面这两位科学家证实了神经递质乙酰胆碱的重要作用，但一系列的问题随之而来，乙酰胆碱是从哪里来的？又是怎样存储和释放的？它是怎样发挥作用的？又是怎样被迅速灭活的？来自英国科学家巴纳德·卡兹（Bernhard Katz，1911–2003年）对这些问题进行深入研究。Katz记录到在静息状态下骨骼肌运动终板极小的1 mV左右的自发去极化，自发的频率大概在1 HZ，这种自发电位变化除了幅度小之外，其他的特征都与神经肌肉接头的终板电位相似。在深入研究的基础上Katz提出了关于乙酰胆碱的"量子式释放"假说。1955年，De Robertis 与 Bennett 通过电子显微镜观察发现，在神经肌肉接头的末梢中，存在大量直径约为50 nm的小泡，每个囊泡中有大概7000个乙酰胆碱分子。在此基础上，Katz又大胆地提出了突触囊泡假说，每一个囊泡中的乙酰胆碱为一个量子，终板电位是由多个量子同时释放的结果，而静息状态下的电位变化则由1个或几个量子释放引起的。Katz因乙酰胆碱量子释放以及突触囊泡释放假说获得了1970年度诺贝尔奖，其研究有效地促进了神经科学发展，为相关疾病的治疗提供了宝贵的理论基础。

（二）谷氨酸

谷氨酸是一种非常重要，并且非常广泛的兴奋性神经递质，几乎所有的脑兴奋性与谷氨酸有关，80%–90%的神经元以谷氨酸为神经递质，80%–90%的突触是谷氨酸能的，脑中80%的氧及能量的消耗与谷氨酸代谢有关。感觉信息、运动协调、情绪和认知、包括记忆形成均与谷氨酸有关。Kikunae 等人早在1908年就发现了谷氨酸，但那时还没有意识到它是一种重要的神经递质。直到1954年Hayashi等人将谷氨酸注射到大脑或颈动脉可引起抽搐，才将谷氨酸定性为中枢神经递质。20世纪70年代研究发现了离子型谷氨酸受体，根据其药理学特性分为AMPA、kainite、NMDA 3种类型。Sladeczek 等人于1985年克隆出代谢型谷氨酸受体，90年代起随着分子技术的进步，对于谷氨酸受体的研究出现了爆发，到目前为止，共发现了18种离子型谷氨酸受体及8种代谢型受体。

谷氨酸不能通过血脉屏障，因此，中枢神经系统内的谷氨酸完全是在脑内合成的。脑内合成谷氨酸主要原材料来自葡萄糖在代谢过程（主要是三羧酸循环）中产生的a–酮戊二酸，在转氨酶的作用下，将其他氨基酸（主要丙氨酸、天冬氨酸等）的氨基转移到a–酮戊二酸，生成谷氨酸。另外一条途径是星形胶质细胞释放的谷胺酰胺进入突触前膜在谷氨酰胺酶的作用下生成谷氨酸，这一途径占了神经元谷氨酸的40%，然后谷氨酸在谷氨酸囊泡转运体的作用下进入突触囊泡，当神经元兴奋后释放到突触间隙发挥作用。发挥完作用后谷氨酸主要被星形胶质细胞膜上的谷氨酸转运体摄取，在谷氨酰胺合成酶的作用下合成谷氨酰胺，谷氨酰胺合成酶是一种只存在胶质细胞（主要是星形和少突胶质细胞）中的一种ATP依赖的酶，神经元中没有这酶。接下来没有神经递质兴奋性的谷氨酰胺又被转运到神经元，在谷氨酰胺酶的作用下生成谷氨酸，这一过程被称为谷氨酸—谷氨酰胺循环，是中枢神经系统谷氨酸代谢的主要途径。另外，释放到突触间隙中的一部分谷氨酸经谷氨酸脱羧酶催化生成具有抑制作用的GABA，也可转变成谷胱甘肽，以及在脱氢酶作用下生成a-酮戊二酸。

根据受体结构及药理学特性的不同，谷氨酸受体可分为离子型受体与代谢型受体两大类，离子型受体主要分为NMDA、AMPA和Kainate 3种类型，其中每一类型又可分成不同的基因型，详细内容在第三章中进行了介绍。由于AMPA和Kainate 2种类型的受体的药理学特性相似，都可以被CNQX所阻断，因此又被称为非NMDA类谷氨酸受体。NMDA受体与前两者不同，其阻断剂是AP5。代谢型谷氨酸受体主要分为Group Ⅰ、Group Ⅱ、Group Ⅲ三大类，每一类同样可以分成不同的基因型。离子型谷氨酸受体与其他的配体门控离子通道受体其结构基本相似，由4~5个亚基组成一个跨膜有孔蛋白通道，每个亚基有4个跨膜片段，区别在于：有的是4次跨膜后N端及C端在同一侧，而有的是3次跨膜N端及C端位于细胞膜两侧。离子型谷氨酸受体结构属于第二种情况，N端在细胞外，C端在细胞内，有4个（TMI–IV）疏水区在细胞膜中，其中TMII在细胞膜中有一个折返，在细胞外的N端特别长，形成两个结构功能区，最外的是与氨基酸结合的区域ATD，下面是与配体结合的区域LBD，再就是4个跨膜片段（如图4.4.3所示）。

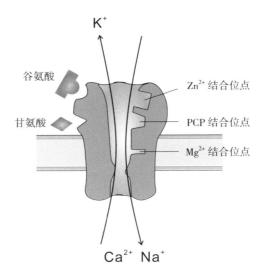

图4.4.3 NMDA受体结构示意图。NMDA受体结构比较复杂，有多个物质的结合位点，其中有谷氨酸、甘氨酸、锌离子、PCP及镁离子结合位点，当受体与谷氨酸结合后并不能直接打开通道，还需要在电压作用下，镁离子脱离位点后才能打开通道，钾离子、钙离子、钠离子可以通过离子通道

　　前面说过 AMPA 和 Kainate 与 NMDA 在药理学上有些不同，原因在于前两者的结构相对简单，只要与谷氨酸结合就可以打开通道，从而钠离子进入细胞内引起突触后膜电位的去极化。对 NMDA 受体的研究发现，受体上还有一个镁离子的结合位点，受体如果只结合谷氨酸并不能使通道开放，因为静息的时候结合镁离子后通道被阻塞，只有当膜电位去极化一定值以后镁离子被去除，这时通道才能开放，谷氨酸与 AMPA 和 Kainate 受体结合引起的膜的去极化正好提供了 NMDA 受体中镁离子去除的去极化电位的要求。代谢型谷氨酸受体的结构与其他代谢型受体基本相似，每个亚基主要由 7 个跨膜区域构成，主要通过激活细胞内的 G 蛋白发挥一系列的作用。不同类型的代谢型受体在突触中的分布位置有所不同，代谢型谷氨酸受体的作用与它的突触分布位置关系密切。即代谢型谷氨酸受体若是在突触前分布，其作用主要是调节递质的释放，而分布在突触后则作用是产生突触后效应，即 EPSP 或 IPSP。多数情况来看，I 型代谢型谷氨酸受体主要分布在突触后，而 II 型和 III 型代谢型谷氨酸受体主要分布在突触前，一些区域仍然有 II 型代谢型谷氨酸受体分布在突触后，但 III 型代谢型谷氨酸受体基本都分布在突触前，并且分布突触前膜中心区域，这一类受体的激活剂可以抑制突触前膜上的高电压依赖的钙通道，主要是 P/Q 型钙通道，从而减少神经递质的释放。II 型代谢型谷氨酸受体则主要分布在周边，只有强刺激才能发挥作用。

　　在谷氨酸代谢过程中，还存在着两类转运体，一类是高亲和力的转运蛋白 EAAT，目前发现的主要有 5 种亚型，EAAT2 是主要的一种，负责将突触间隙中的谷氨酸迅速转运到星形胶质细胞或突触前膜。另外一类是低亲和力的囊泡谷氨酸转运体 VGLUT 存在于突触前膜内，主要有 3 种亚型。有研究表明与运动节律有关的主要是 VGLUT2。VGLUT3 并不仅仅存在于谷氨酸能神经元，在 GABA 能神经元，胆碱能神经元和单胺类神经元中都有表达，所以不是一个很好的谷氨酸能神经元标记物。

　　中枢神经系统中谷氨酸功能的研究主要集中在它在突触再塑中的作用研究，主要涉及长时程增强作用（Long-term potentiation，LTP）与长时程抑制作用（Long-term depression，LTD），这与学习与记忆有密切关系。一朝被蛇咬，十年怕井绳讲的就是一个典型的长时程增强作用。这其中 NMDA 受体起到主要的作用，研究证明 NMDA 受体基因敲除的小鼠学习记忆能力下降。相反增加 NMDA 受体表达，长时程增强效应增强，学习记忆能力提高。此外，谷氨酸与运动之间的关系也非常密切。早在二十世纪七八十年代，Grillne研究发现，给离体脊髓加入0.1mM/L的NMA就可以引发虚拟行进运动。而NMDA受体阻断剂AAA就可以阻断由NMD引发的这种虚拟运动。这一实验结果是在新生动物中发现的。由于NMDA受体在发育过程中变化很大，Manuel验证了在成年鼠中这种作用是否依然存在，实验证实40um/L的NMDA就可以引发成年鼠虚拟行进运动，并且在实验中还发现了NMAD引发持续性内向电流（PIC）的现象，研究表明持续性内向电流主要由持续性钠离子通道和持续性钙离子通道组成，但当作者加入河豚毒素（Tetrodotoxin，TTX）阻断续性钠离子通道，再加入依拉地平（Isradipine）阻断持续性钙离子通道后再加入NMDA后，仍出现了一个持续性内向电流，而这个正是NMDA受体参与形成的持续性内向电流。上面的实验是通过外源性给药的方式，通过光遗传方式特异性激活脊髓谷氨酸能神经元同样可以引发虚拟行进运动，证明内源性谷氨酸同样在行进运动中起着重要的作用。

（三）5-羟色胺

　　5-羟色胺最早在血清中被发现，所以又称为血清素。95%的5-羟色胺存在于外周，只有5%在中枢中，但这5%的5-羟色胺确在许多脑功能活动中起着重要的作用。5-羟色胺是一类单胺类神经递质，由于其亲水性的原因，不易通过血脑屏障，因此，中枢神经系统中的5-羟色胺都是在中枢中合成的。主要是由色氨酸在羟化酶的作用下加羟基变成5-羟色氨酸，再在脱羧酶的作用下生成5-羟色胺。在细胞内合成的5-羟色胺在单胺类转运体（SERT）的作用下进入囊泡进行贮存，神经元激活后囊泡通过包吐方式将5-羟色胺释放到突触间隙，在间隙中的5-羟色胺可以与突触前膜及后膜上的受体结合发挥相应作用。接着一部分5-羟色胺在单胺类氧化酶的作用下变成5-羟基吲哚乙酸，另一部分在单胺类转运体（SERT）的作用下被重新吸收进入突触前膜，选择性血清素再吸收抑制剂可抑制这一过程，常被用来作为药物治疗一些精神类疾病（如抑郁）的靶点。

　　5-羟色胺神经元在中枢神经系统中的分布相对比较集中，主要位于脑干网状组织中。有一些神经元胞体位置相对集中，也有一些散布的，集中分布的主要可分成B1-B9个核团。其中B1-B3主要位于延髓，向脊髓投射。B4-B9位于脑桥及中脑，主要是向上投射。在中脑位置的5-羟色胺又可被分为中缝核中部核团（median raphe nucleus）和中缝核背部核团（dorsal raphe nucleus）。

中部神经元向上投射的轴突相对较粗，比较光滑。而中缝核背侧神经元向上投射的轴突则较细，且有许多静脉曲线样的小结节，静脉曲张样结构有利于5-羟色胺的释放，并且通过旁分泌的方式作用于周围组织，这类神经元更易受到神经毒害药物的攻击。5-羟色胺受体也分为离子型受体与代谢型受体，只有5HT3家族受体属于离子型，其余都是代谢型受体。其中5HT1受体主要是与$G_{i/o}$蛋白偶联，抑制腺苷酸环化酶，引起cAMP减少，起到抑制作用。5HT2受体主要是与$G_{q/11}$蛋白偶联，最终导致IP3增加。5HT4-7则主要是与G_s蛋白偶联，增加cAMP发挥作用。

　　位置不同的5-羟色胺神经元其结构及功能也有所不同，位于中脑中缝核的5-羟色胺神经元研究得比较多，这一部位的5-羟色胺神经元主要与情绪、奖赏有关。光遗传实验研究发现，当一些奖赏行为发生时，如喝糖水，吃食物时小鼠中脑中缝核群中的5-HT神经元的活动明显增强。位于低位脑干的3个核团，即位于延髓的B1（中缝苍白核）、B2核团（中缝隐核），与位于延髓和脑桥交界处的B3（中缝大核）主要向下投射至脊髓，通过免疫组化的方法发现，这些5-HT能神经元同时投射到位于脊髓腹侧角（ventral horn）的中间神经元和脊髓运动神经元，在行进运动控制中起到重要的作用。行进运动是脊椎动物运动的一种重要形式，它的特点是具有周期性，左右肢（或躯体）交替，并且产生位移。例如，鱼的游泳、龟的爬行、鸟的飞翔、马的奔跑和人的行走等。中枢模式发生器（Central Pattern Generator，CPG）是位于脊髓的控制行进运动的神经网络。从20世纪80年代开始，多位学者通过离体脊髓实验进行了神经递质与行进运动的研究。他们发现，虽然多种神经递质施加于离体脊髓都能引发行进运动，但是只有5-羟色胺、多巴胺，或者联合施用5-羟色胺和NMDA所引发的节律性的交替信号，与健康成年动物行走和游泳时出现的左右肢交替，伸肌与屈肌协同的电信号最为相像。5-羟色胺是引发行进运动，至少是在离体脊髓实验中，引发行进运动最为可靠的手段，这表明5-羟色胺作用于控制行进运动的CPG。Larry M. Jordan等人通过电刺激锥体旁的5-羟色胺神经元可以引发虚拟行进运动，并且证实$5HT_7$和$5HT_{2A}$受体参与了行进运动的产生。5-羟色胺对运动神经元有直接调控作用，在较早的研究中发现，5-羟色胺或者5-羟色胺前体能引起运动神经元的兴奋。最近有关人体的实验证明，增加中枢神经系统5-羟色胺的浓度，能够增强单突触脊髓反射的幅度，从而导致活动力度的增加，这也表明5-羟色胺增强了运动神经元的兴奋性。在用切片进行的实验中发现，5-羟色胺能够使运动神经元膜电位升高，并且增大运动神经元的输入电阻。而这种增加运动神经元兴奋性的效果是通过抑制了漏电流，以及由钙激活的钾电流所介导的动作电位后超极化实现的。Yue Dai 等人利用Cfos-EGFP动物模型研究了5-羟色胺对脊髓中间神经元超极化激活电流（Hyperpolarization-activated inward current，I_h）的影响，发现5-羟色胺对I_h影响呈现多样性。此外，5-羟色胺还可引起中枢疲劳，起到保护性抑制作用。有学者研究了5-羟色胺引起的中枢性疲劳的可能机制。瞬时刺激下行5-羟色胺神经元能够触发运动神经元放电，而持续的刺激反而抑制了运动神经元的放电。这种兴奋性的作用，是通过位于运动神经元树突上的5-HT$_2$和5-HT$_7$受体介导的。抑制性作用是通过位于轴突轴丘上的5-HT$_1$受体介导的，于是很可能的一种情况是，适度运动引发的5-羟色胺释放仅仅激活了5-HT$_2$和5-HT$_7$受体，对运动神经元产生兴奋性的作用。而在大强度运动中，过多释放的5-HT将会从突触间隙溢出，从而激活5-HT$_1$受体，对运动神经元产生抑制性的作用。利用5-羟色胺选择性再吸收抑制剂（SSRIs）进行的相关研究也得到了相似的结果和结论。在高强度运动中，运动神经元受到外界的神经输入，能使运动神经元产生较少的放电，相应地，引起肌肉收缩程度的降低。因为这种中枢性疲劳在大强度运动中产生，所以，它的一个重要作用可能就是避免肌肉收缩过大过强而引发肌肉的损伤。

（四）儿茶酚胺类神经递质

儿茶酚胺类神经递质属于单胺类神经递质中的一类。儿茶酚胺类物质均包含一个儿茶酚基核团，即一个带有两个相邻羟基的苯群。儿茶酚胺类神经递质在大脑中的含量很低，主要包括多巴胺、去甲肾上腺素和肾上腺素，其中多巴胺和去甲肾上腺素是主要的儿茶酚胺类神经递质。儿茶酚胺类神经递质的生成过程：L-酪氨酸在酪氨酸羟化酶的作用下生成L-DOPA，L-DOPA在DOPA脱羧酶的作用下生成多巴胺，多巴胺进一步在多巴胺β-羟化酶催化作用下生成去甲肾上腺素，最终在苯乙醇胺N-甲基转移酶的作用下，利用去甲肾上腺素生成肾上腺素。

很多的研究认为，多巴胺神经递质对动物的内分泌系统（下丘脑神经元）、运动行为、动机产生、学习、情感行为和意识产生具有一定的调节作用，并且有研究发现，当神经系统中的多巴胺通路被干扰时，会引起一系列的精神疾病，如：帕金森氏综合征、药物成瘾等等。所有的儿茶酚胺类受体均为G–蛋白偶联受体，这一类受体都包含7个疏水基，形成7次跨膜，N–端位于胞外，C–端位于胞内。儿茶酚胺类受体的作用都需要通过激活神经元内具有催化作用的酶或者间接激活离子通道来发挥作用。

大脑中的多巴胺能神经元主要分布在黑质、腹侧背盖区，也有少部分分布于弓状核、嗅球和视网膜。根据多巴胺能神经元分布位置的不同，可将其分为A8–A17共10个核团。多巴胺能神经元的轴突主要投射于新纹状体、大脑皮层和边缘结构以及下丘脑。多巴胺能受体共分为5个亚型，分别为D1、D2、D3、D4和D5，其中D1和D5具有相似的药理学特性。D1类受体在与相应的激动剂结合之后，通过G_s蛋白起到激活腺苷酸环化酶的作用，从而激活蛋白激酶A，最终导致神经元的兴奋性增强。D1受体主要分布于尾状核、伏隔核、嗅结节和大脑皮层，D5受体主要分布于海马、下丘脑和大脑皮层。D2、D3、D4 3种受体亚型具有相似的药理学特性，D2类受体的作用是通过$G_{i/o}$蛋白发挥作用，导致腺苷酸环化酶活性降低，促进钾离子通道开放，抑制电压敏感的钙通道，最终导致神经元兴奋性降低。D2受体主要分布于尾状核、伏隔核和中脑，多位于突触前膜，起到调节多巴胺或其他神经递质的释放作用。D3受体在神经系统主要分布于嗅结节和下丘脑，D3受体与D2受体类似，也可分布于突触前膜起到调节神经递质释放的作用。D4受体主要分布于额叶皮质、延髓、中脑和伏隔核。

多巴胺能神经元在运动过程中的作用已经在之前的研究中得到广泛的探究。最近利用光遗传的方法，刺激投射于多巴胺能神经元的胆碱能神经元，在这一实验中发现，当位于黑质（SNc）的多巴胺能神经元在接受内源性的乙酰胆碱刺激时，对运动的调节作用并不统一。实验结果发现，内源性的乙酰胆碱作用在黑质多巴胺能神经元核团的边缘区域时，会导致运动行为的增强，而当内源性的乙酰胆碱作用于黑质多巴胺能神经元核团的中央区域时，则会抑制运动行为。这一研究结果证实了多巴胺神经元对运动的调节作用，并且在解剖学的基础上解释了不同区域的多巴胺神经元在运动过程中起到的调节作用。

多巴胺等离子膜转运体（DAT）是一个12次跨膜蛋白，其作用是将突触间隙的多巴胺重吸收至突触前膜。DAT属于Na^+–Cl^-偶联转运体，是SLC6–基因家族中的一员。多巴胺的吸收过程具有能量依赖性，因此低温或代谢抑制都会使这一过程受到抑制。很多治疗抑郁症的药物将DAT的转运过程作为靶点，如 ouabain 通过抑制钠钾泵，进而抑制 DAP 的转运作用，最终起到抗抑郁的作用。Amphetamine 对 DAP 起到竞争性抑制作用，methylphenidate、nomifensine、amfonelic 的作用则是直接阻断多巴胺的重吸收，从而起到抗抑郁的作用。还有一些抗抑郁的药物作用于神经元上的钠通道，如 veratridine 可以促进钠通道开放，导致膜电位去极化，多巴胺释放增加进而抑制 DAP 的作用，同样起到抗抑郁的效果。

肾上腺素是主要由肾上腺髓质分泌的一种激素及神经递质，同时少量位于延髓的神经元也可以分泌这类物质。肾上腺素主要在一些应激反应中发挥重要的作用，如防御或逃跑反应等情景，能增加肌肉的血流量、心输出量、促使瞳孔放大和血糖上升。临床上也将其作为一种治疗药物，主要应用过敏反应、心搏停止、哮喘等疾病的治疗。

运动可以使肾上腺素分泌增加这一现象最早在猫的去神经支配的瞳孔实验中被证实。随后许多新的方法被应用到肾上腺素测定中。运动期间血液中肾上腺素浓度升高，其原因主要有以下两个方面：首先运动过程肾上腺髓质的分泌增加，其次，运动过程中由于血液的重分配，肝脏中血流减少进而引起肾上腺素在肝脏中的代谢减少。随着研究的不断进行，发现肾上腺素与运动过程中的气道扩张有关，进而适应运动过程中对氧气的需求。这一过程主要是由迷走神经支配的。

肾上腺素还与情绪有关，每个情绪反应中的激素成分就包括肾上腺素的释放，在交感神经系统控制下，肾上腺髓质在反应压力下释放肾上腺素。在诸多的情绪反应中恐惧是肾上腺素作用最大的一种，通过实验研究发现，在看恐惧电影过程中注射肾上腺素的受试者较未注射的对照组受试者相比表现出更多的负面情绪，以及更少的正面情绪的面部表情，从而证实负性情绪和肾上腺素水平之间有密切相关性。总体而言，肾上腺素分泌增多与具有负面情绪的唤醒状态呈正相关。这些发现部分可归因于肾上腺素引起生理性交感反应增加的作用，包括心率的增加和血液流动加快，可以造成对恐惧的情绪感觉增加。

此外，实验研究证实肾上腺素还与人类长时记忆有关。情绪压力增加可以导致肾上腺素释放增多，内源性肾上腺素增加可以调节对某事件的记忆的巩固程度，确保记忆力，这对记忆是非常重要的。有研究表明肾上腺素确实有长期压力适应和情绪记忆编码的作用。在一些特定的条件下，肾上腺素与增加觉醒和恐惧的记忆有关。研究还发现肾上腺素这种作用主要依赖于 β 肾上腺素受体的机制。肾上腺素不容易穿过血脑屏障，因此其对记忆巩固的影响至少部分由外周 β 肾上腺素受体引发。

去甲肾上腺素在中枢神经系统中扮演着重要的角色，主要参与唤醒和警惕行为。去甲肾上腺素主要由交感节后神经元和脑内肾上腺素能神经元合成和分泌。去甲肾上腺素主要通过多巴胺在多巴胺 β 羟化酶催化作用下生成。根据肾上腺素能神经元在脑内的分布位置，可以将其分为 A1–A7 7 个核团，主要分布于蓝斑、侧盖系统和背髓质。肾上腺素能受体分为 3 个不同类型，分别为 α1、α2 和 β，而每一类中又包含 3 个不同的亚型。α1 中包含 α1A、α1B、α1D，这一类肾上腺素能受体在与激动剂结合后，通过 $G_{q/11}$ 蛋白一方面激活磷酸激酶 C 导致细胞内钙离子的释放增加，蛋白激酶 C 的活性增加；$G_{q/11}$ 蛋白在另一方面还可激活磷酸激酶 D 并激活促细胞分裂的 MAPK 的活性，最终起到促进神经元兴奋性的作用。α2 中包含 α2A、α2B、α2C，这一类受体被激活后通过 $G_{i/o}$ 蛋白介导，从而降低腺苷酸环化酶和磷脂酶 A2 的活性，进而激活钾离子通道和抑制钙离子通道（N– 和 P/Q– 型钙通道），最终导致神经元的兴奋性降低。α2 受体与 D2 受体类似，可以分布于突触前膜，作为自受体调节神经递质的释放。β 受体包括 β1、β2 和 β3，这类受体在被激活之后，通过 G_s 蛋白激活腺苷酸环化酶，这一类受体与 α1 受体一样多分布于突触后膜，其作用是增强神经元的兴奋性。目前有研究利用转基因和免疫组化的方法证实了肾上腺素能神经元参与行进运动（游泳）。在胶质细胞中激活 β 受体可以起到降低谷氨酸的吸收以及调节葡萄糖活化，调节炎症级联反应的作用。而关于肾上腺素能神经元在行进运动中的作用仍需要今后的研究进行探讨和证实。

（五）抑制性神经递质

中枢神经系统功能的正常实现依赖于兴奋与抑制的相互制约与平衡，而抑制则主要由抑制性神经递质参与，中枢神经系统内抑制性神经递质主要包括氨基丁酸（GABA）和甘氨酸（Glycine）两类。

GABA 的合成过程：首先是由葡萄糖经三羧酸循环生成酮戊二酸，进一步经谷氨酸脱羧酶（GAD）的代谢生成 GABA。代谢生成的 GABA 在突触前膜处释放至突触间隙，发挥作用之后的 GABA 可被突触前膜和胶质细胞吸收。GABA 在胶质细胞内可被代谢成为谷氨酸盐，因胶质细胞内无 GAD 的表达故其无法生成 GABA。胶质细胞将其代谢生成的谷氨酸盐运输至 GABAergic 神经元内重新生成GABA。GABA受体分为GABAA和GABAB两类：GABAA受体由5个亚单位组成，每个亚单位又包含4个跨膜结构域（图4.4.4），其中每个亚单位的第二个跨膜结构域共同组成GABAA受体的离子通道，该通道选择性地对氯离子通透，该类型受体与GABA结合后通道对氯离子内流使得细胞膜电位超极化。B型GABA受体为代谢型，该类型通道与GABA结合后可激活G蛋白，进而增强细胞膜表面的钾离子通道的通透率并抑制钙离子通道活性以达到抑制神经元兴奋性的目的。

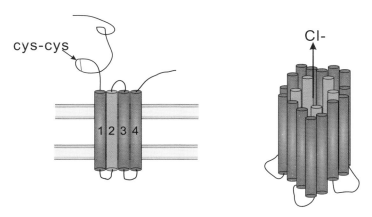

图4.4.4　GABA A受体示意图。GABAA受体由5个亚单位组成，每个亚单位又包含4个跨膜结构域，其中每个亚单位的第二个跨膜结构域共同组成GABAA受体的离子通道，该通道选择性地对氯离子通透，该类型受体与GABA结合后通道对氯离子内流使得细胞膜电位超极化

　　GABA在行进运动中肢体左右交替控制中起到重要的作用，研究表明NMA、5-HT以及多巴胺引发的虚拟行进运动中的左右交替现象可以被GABA受体的阻断剂所阻断，由左右交替变成左右同步放电，由此可以证明GABA在行进运动控制中起到重要的作用。

　　Gly是神经系统中另外一类抑制性神经递质，其受体和GABA受体相对简单。Gly受体与GABAA受体同是离子型，与神经递质结合后对氯离子通透性增强，氯离子内流使得细胞膜电位超极化，进而达到抑制神经元的效果。Gly受体同GABAA受体相同也是一个五聚体，组成Gly受体的亚单位包括α和β两类；全部由α亚单位组成的Gly受体被称为同源型受体，由α和β亚单位共同组成的Gly受体被称为异源型受体。由不同的亚单位组成的Gly受体的电生理特性呈现差异性。Gly受体对神经系统内的不同物质的亲和性不同，HEK细胞以及蟾蜍神经元膜表面的Gly受体对于Gly的亲和性最高，对taurine的亲和力最低。现有的研究表明钙离子、锌离子以及各种磷酸化作用均能对Gly受体产生调节。值得一提的是，锌离子对Gly受体的调节作用具有浓度依赖性，当细胞外锌离子浓度在（0.01~10μM）之间时可增强Gly受体的功能，而当细胞外的锌离子浓度高于10μM时则发挥相反的作用。研究还发现NMDA也可增加Gly受体的通透性，而当细胞外的钙离子被置换后，相同浓度的NMDA不再能改变Gly受体的通透性。同时在神经元胞内使用钙离子螯合剂也能抑制NMDA对Gly受体的增强作用。最后，研究人员使用了电压依赖的钙离子通道的阻断剂，发现NMDA依然能够增强Gly受体的通透性，由此可以说明NMDA通道开放后进入的钙是引起Gly受体通透性增加的主要原因。

　　研究发现有的神经元可以同时合成以上两种抑制性神经递质。GABA和Gly被合成后弥散在神经元胞质内，需要相应的囊泡转运体将其转运至突触小泡内才可以释放至突触间隙发挥作用。研究表明GABA和Gly使用同一种囊泡转运体——VIAAT（vesicle inhibitory amino acid transporter），当突触前膜细胞质内既有GABA同时也有Gly存在时，VIAAT根据两种抑制性神经递质的浓度选择性地对其转运，所以会出现一个神经元同时释放GABA和Gly的情况。研究人员使用膜片钳技术同时测量抑制性中间神经元以及受到该中间神经元支配的运动神经元，前者的记录模式为电流钳，后者的记录模式为电压钳。发现中间神经元受到刺激后产生的动作电位以及运动神经元表现的抑制性突触后电流（IPSC），该实验中使用的是反转电流，故其IPSC的方向与正常情况下的EPSC相同。研究人员首先在细胞外液中加入Gly受体的阻断剂strychnine，发现IPSC并未被完全阻断；随后又在细胞外液中加入GABA受体的阻断剂bicuculine，此时运动神经元上的IPSC被完全阻断。通过以上实验进一步证明单个神经元可同时释放GABA和Gly两种抑制性神经递质。

　　另外，研究发现GABA受体和Gly特性随动物的生长发育而发生改变。随着生长发育，GABA和Gly受体经历了由兴奋性受体转变为抑制性受体的过程。我们都知道GABAA和Gly受体都是离子型受体，与相应的配体结合后通道开放使氯离子通透性增加，进而影响神经元膜电位。但是，通道开放以后氯离子的流动方向受到细胞膜两侧氯离子浓度梯度的影响：胚胎期中枢神经元细胞内氯离子浓度远高于细胞外，此时GABAA和Gly受体兴奋后通道开放，氯离子外流使得细胞膜去极化甚至可以产生动作电位；随着动物的不断发育，至胚胎末期时细胞膜表面的氯离子转运体（KCC2）表达增加，将细胞内的氯离子转运出去，此时神经元细胞膜两侧的氯离子浓度梯度减小，GABAA和Gly受体兴奋后产生了兴奋作用也大幅减小；等到动物成年，神经元胞内氯离子浓度显著低于胞外，此时GABAA和Gly受体兴奋后氯离子内流，可显著抑制神经元兴奋性。由此可见，随着细胞内外氯离子浓度的变化，GABAA和Gly受体起到的兴奋性调节作用也随之在改变。

脊髓神经元在行进运动控制中起到重要的作用，而能够释放GABA和Gly的抑制性神经元在行进运动节律、左右肢协调中起到关键作用，接下来介绍几类脊髓中的抑制性神经元。在神经系统的发育过程中，不同的神经元在不同的生长阶段表达不同的转录因子，研究人员根据这一特征对其进行分类。脊髓腹侧区域的中间神经元被划分为V0—V3五类，其中V1和V2b是抑制性神经元，而V1神经元又被认为在行进运动发挥重要作用，可影响步行周期的持续时间。V1神经元中特异性表达的一种物质LacZ，通常被用来标记V1神经元，通过免疫荧光标记技术研究发现，V1神经元主要分布在脊髓第九板层周围，而这一区域是运动神经元集中存在的区域，这种位置关系暗示我们可能V1神经元与运动神经元关系密切，进一步的研究证实了V1神经元与运动神经元之间存在着突触联系，并且发现V1神经元可以通过释放Glycine起到抑制运动神经元的作用，也可以通过释放GABA来实现抑制作用。通过基因敲除实验研究发现，敲除V1神经元后行进运动的节律虽然存在，但是单个步行周期显著增加。

Renshaw细胞（RC）最早由Renshaw在1941年发现，1952年Eccles等人将其命名为Renshaw cell。Renshaw细胞（RC）是最早被发现的抑制性神经元。Renshaw细胞主要通过反馈性抑制与之相联系的运动神经元起到运动调节作用。Renshaw细胞在动物胚胎发育期直至成年后也经历了一系列变化：在胚胎期的第9至12天，V1神经元开始分化形成；胚胎期第13至15天，V1神经元分化形成Renshaw细胞和IaIN，此时由于神经元膜两侧氯离子浓度梯度为内高外低，所以RC以及IaIN和运动神经元形成的是兴奋性的突触联系；胚胎期第16至19天时，运动神经元轴突末梢开始和骨骼肌形成神经肌肉接头，同时感觉传入纤维形成并投射至IaIN，此时RC以及IaIN和运动神经元形成的是突触联系由兴奋转为抑制；动物出生后两周内，感觉传入纤维和RC之间还存在联系；等到动物成年，感觉传入纤维和RC之间的突触联系消失。

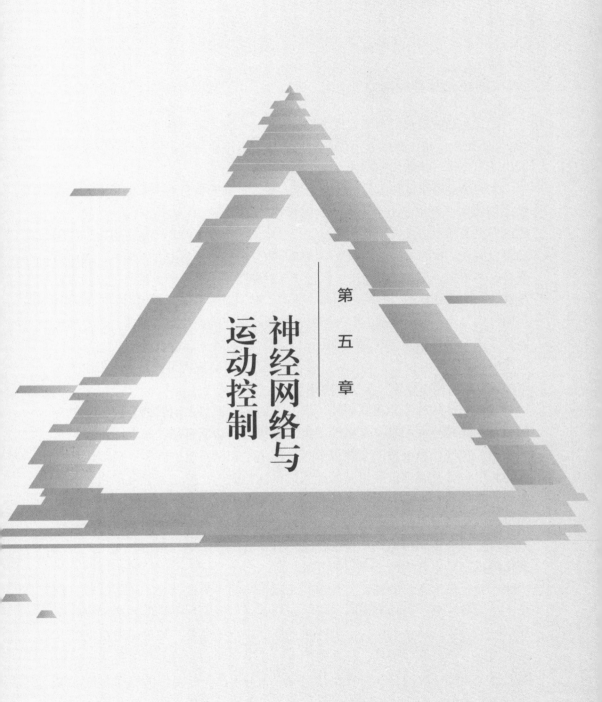

第五章

神经网络与
运动控制

5.1　神经元与神经网络

神经元是中枢神经系统的最小功能单位，人类大脑中神经元的数量达到了 10^{11} 的数量级。单个神经元可以产生信号也可以传递信号，但是只有形成复杂网络通力合作，才能发挥功能。

人类神经系统依靠电信号传递信息，单个神经元就是一个个的导电体。神经元细胞膜内外离子分布不均匀，其膜电位保持在 –70 mV~–90 mV 之间，当膜内外离子相对浓度发生变化后，这一电压值还会发生改变，使得电信号的传递得以实现。神经元的细胞膜是一层磷脂双分子层，其本身并不导电，表面镶嵌有许多不同种类的孔状通道，可特异性对钾离子、钙离子、钠离子以及氯离子通透，这些孔状蛋白被称之为离子通道。离子通道根据其开放和关闭的机制不同可以分为不同的类型，有一类离子通道对电压的变化十分敏感，在安静状态下，膜电位保持在 –70 mV~–90 mV 之间，这些离子通道呈关闭状态，神经元受到刺激，膜电位发生变化后，离子通道开放，造成大量的离子流出或流入神经元，使得膜电压进一步发生变化。

一个完整的神经元包含胞体、树突、轴突和轴突末梢四部分，其中树突部分与上级神经元的轴突末梢形成突触连接，其功能是接受来自上级神经元的刺激。神经元膜电位的变化可分为局部信号和动作电位两类：局部信号产生时膜电位变化幅度依赖于其所受到的刺激的大小；但是当膜电位超过临界值后，膜电位会迅速去极化并迅速恢复到静息电位，其变化幅度不再因刺激强度的改变而发生变化，此时的膜电位变化被称为动作电位，该临界值被称为动作电位的电压阈值。动作电位发生时膜电位会大幅且迅速的变化，这一变化的机制是大量的离子通道的开放，所以动作电位产生的位置是神经元离子通道分布最为密集的轴丘，是神经元胞体与轴突的接缝处。局部信号一般发生在树突部分，当神经网络处于活跃状态时，树突的不同位置都可能有局部信号的产生。动作电位的一大特征是全有或全无现象，如果刺激强度低于阈值，则不产生脉冲信号，反之则产生一连串幅度相似的动作电位。无论刺激的强度和持续时间存在何种差异，所产生的单个动作电位的幅度和持续时间都十分类似。动作电位在传导过程中不会随距离的增加而发生衰减，这是因为动作电位可以被重新触发（产生）。动作电位的最大传导距离可达 2 m，传导速度最快可达100 m/s。局部信号产生后沿着神经元膜表面被动传导，但是面临着幅度随传导距离的增加而迅速衰减的问题。不同类型的神经元信号沿轴突传递的速度不同，有的神经元在信号沿着轴突传导1 mm后的幅度就只有产生时的1/3。单个的局部信号不足以使膜电位去极化到其电压阈值水平，但是发生在不同时间和不同空间的局部信号整合后，量变可以引发质变，最终引发动作电位产生，这一现象被称为空间综合和时间综合。

膝跳反射与神经网络

动作电位携带着向下级神经元传递的信号，其中动作电位的数量和动作电位之间的时间间隔（频率）是动作电位所携带的两个重要的信息。例如，对于传递触觉信息的神经冲动，动作电位密集出现则感觉强烈，如果动作电位的时间间隔较长，则感觉就会比较微弱。同样的，感觉持续的时间也依赖于动作电位的放电时长。除动作电位的频率外，动作电位的模式也能传递重要的信息。比如，有些神经元在没有任何刺激的情况下也可以自发放电，而放电模式既有均匀模式也有簇发模式。神经系统的组织原则是：单个神经元必须与其他个体相互联系，在解剖学层面和功能层面组成不同的传导通路，来传递具体的信息。比如，视网膜上的感光细胞所激活的信号传导通路和皮肤触觉信息的传导通路完全不同。互相孤立的神经元就像一盘散沙，没有网络就没有功能。

我们的每一个动作都是由一组特定的神经元以某种连接模式所组成的神经网络所控制，而单个神经元的功能由与之相联系的神经元决定。当我们端坐在椅子上，腿部保持放松状态，如果有人拿小锤在髌骨下方的位置轻轻敲击，我们的小腿会不受控制地向上弹起，这一现象被称为膝跳反射（见图5.1.1）。膝跳反射的完成需要感觉神经元和运动神经元的参与，其中感觉神经元的胞体位于一个靠近脊髓被称为背根神经节的核团内，它的轴突分为两支，一支伸到股四头肌，与分布在那里的感受器相连接，另外一支伸到脊髓内部，控制与之形成突触联系的支配股四头肌的运动神经元。小锤敲击腿部，激活腿部感受器，携带这一感觉信息的电信号沿着感觉神经元轴突直达股四头肌运动神经元。感受器、感觉神经元以及感觉神经元和股四头肌运动神经元之间的突触联系均为兴奋性连接，确保感受器兴奋后小腿伸直。但是在膝跳反射过程中并非仅有兴奋性神经元参与，感觉神经元同时还激活了抑制性中间神经元以抑制股四头肌拮抗肌的活动。这一反射活动的成功执行，需要感觉神经元、中间神经元和运动神经元协同配合方可完成。

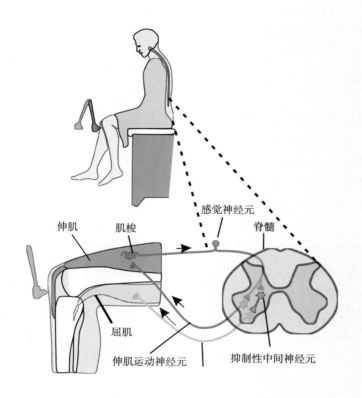

图5.1.1　膝跳反射。图中上半部分是健康受试者被小锤敲击髌骨下方位置时，小腿反射性抬起的情形，下半部分为完成这一反射活动的完整反射网络。小锤敲击位置是股四头肌肌腱位置，这里有感受张力的感受器腱器官，该感受器被激活后将感觉信息传入神经，从脊髓背侧进入中枢神经系统。传入感觉纤维激活控制股四头肌的运动神经元和Ia型抑制性中间神经元，通过Ia型抑制性中间神经元抑制股四肌抑制的活动，使得膝关节得以顺利伸展

5.2　脊髓神经元与中枢模式发生器

脊髓神经元可以分为四类：1. 运动神经元，直接支配骨骼肌；2. 上行束神经元（ascending tract neuron）：将皮肤触觉、骨骼肌本体感觉信息向上传递

至大脑以供分析做出决定；3. 脊髓固有束（propriospinal neuron），负责分布在不同脊髓节段的神经元之间的沟通联络的神经元，是脊髓中的通信兵；4. 脊髓中间神经元，是除去前面三类后剩下的部分，其功能复杂分类困难，暂时归为一类。所有这些神经元集中分布在脊髓的中央部分，周围被各种神经纤维束包围。包围着脊髓神经元的神经纤维束由脑干至脊髓的下行纤维束、脊髓至脑干的上行纤维束以及脊髓不同阶段之间的联络纤维束组成。这些纤维束因为有髓鞘包裹，在脊髓横截面上看起来其颜色要比聚集于脊髓中央的神经元更白，所以研究人员将位于脊髓中央的神经元聚集处称为灰质，包裹在周围的神经纤维束称为白质。

运动神经元是脊髓中主要负责输出信号的神经元，位于脊髓灰质的最靠近腹侧的位置。运动神经元通常聚集在一起，被称为运动神经元核。位于不同神经元核的运动神经元支配不同的骨骼肌。运动神经元的轴突通过脊髓腹侧神经根离开脊髓，然后沿着外周神经纤维到达所支配的骨骼肌。

其余的三类脊髓神经元分布在脊髓灰质剩下的位置里，这些神经元并不像运动神经元聚集成运动神经核，而是混合分布在一起。上行束神经元负责将各类感觉信息传递至大脑，这些信息来自骨骼肌、关节、皮肤以及身体的其他任何部位的感觉信息。这些神经元的轴突长度和运动神经元差不多长，从脊髓出发，沿着位于脊髓白质内的纤维束上行至脑干。脊髓固有束神经元，扮演脊髓"通信兵"的角色。位于脊髓不同阶段的中间神经元需要互通信息，但是自身的轴突长度不够，无法建立直接的突触联系，此时就可以通过脊髓固有束神经元来完成信息传递的任务。脊髓固有束神经元的轴突较长，其投射目标通常在一定的距离之外，比如位于脊髓颈段的脊髓固有束神经元可能投射至脊髓胸段、腰段甚至尾椎节段等。形态学和功能学研究表明，脊髓中间神经元是异质程度最高的一类神经元：该类神经元无论是胞体尺寸、树突形态和分布位置以及轴突投射目标等都存在巨大的差异。按照脊髓中间神经元在一个反射通路中的位置，可以将其划分为初级中间神经元（first order interneuron）、二级中间神经元（second order interneuron）……末级中间神经元（last order interneuron）。初级中间神经元是接受感觉信息的第一站，被感觉传入纤维直接激活。末级中间神经元是投射至脊髓运动神经元的最后一级中间神经元（见图5.2.1）。

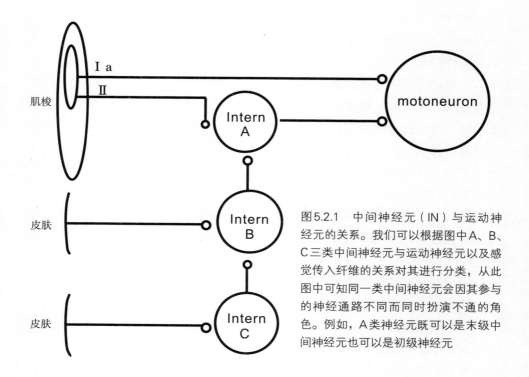

图5.2.1 中间神经元（IN）与运动神经元的关系。我们可以根据图中A、B、C三类中间神经元与运动神经元以及感觉传入纤维的关系对其进行分类，从此图中可知同一类中间神经元会因其参与的神经通路不同而同时扮演不通的角色。例如，A类神经元既可以是末级中间神经元也可以是初级神经元

标记不同种类中间神经元的方法

最为直观的标记中间神经元的方法是逆向染色法，将小分子的染料注入骨骼肌内，这些染料会被运动神经元吸收，而后与运动神经元存在突触联系的末级中间神经元也会被染料标记。另外使用电刺激也是标记中间神经元的有效方式。根据初级中间神经元与感觉传入纤维结构上的联系，在感觉纤维处给予适当的电刺激，能够记录到兴奋性突触后电位的中间神经元便是初级中间神经元。同理，若刺激某一类中间神经元后，能够在运动神经元上记录到膜电位变化，则该中间神经元为末级中间神经元。

中枢模式发生器

行进运动特指人或其他动物通过有规律的肢体活动以产生躯体位移的运动，比如人类的行走奔跑、鸟类的飞翔，以及水生动物的游泳行为均在此类。这是保证人或是动物探索生存环境、觅食、逃避天敌等的重要运动功能。中枢

神经系统作为生命活动的指挥中心控制所有的肢体运动，行进运动自然也不例外。为此，中枢神经系统拥有一套属于自己的控制网络，即中枢模式发生器，它是位于脊髓中控制行进运动的一套神经网络，是由英文词汇central pattern generator翻译而来。

行进运动一旦开始，中枢模式发生器也被激活，且这一活跃状态在上级神经中枢（脑干和中脑）的信号刺激之下一直保持，直至行进运动停止。研究人员将猫的脊髓截断，同时剪除传递感觉信息的感觉神经纤维，这样就切断了上级神经中枢对脊髓神经网络的控制，也排除了感觉信息的干扰。实验结果表明，脊髓神经网络在被孤立的情况下，依然可以控制动物的四肢产生有节律的左右肢交替的运动。这说明，脑干和中脑处神经网络并不决定行进运动的节律和模式，脊髓神经网络完全有能力完成这项工作。关于中枢模式发生器究竟通过何种机制来保证屈伸肌在正确的时间、正确的顺序控制肢体产生行进运动是一个从19世纪以来就一直困扰着科研工作者的问题，直到今天我们仍然没有弄清楚中枢模式发生器具体的网络组成以及不同神经元之间的连接关系。下面我们向大家介绍几种已经被证实参与了脊髓行进运动的中间神经元，这些神经元很可能是组成中枢模式发生器的重要组成部分。

Ia 型抑制性中间神经元

Ia型抑制性中间神经元（见图5.2.2）之所以叫这个名字，是因为其接受了Ia型感觉传入纤维的投射，能够被Ia类型的感觉传入纤维激活（注：I是罗马数字1。传入神经纤维有四种类型：I、II、III和IV，通常用罗马数字表示）。每一块骨骼肌都有一组属于自己的Ia型感觉传入纤维，收集该肌肉收缩时产生的感觉信息。骨骼肌收缩时，相应的Ia型感觉传入纤维被激活，随后激活Ia型抑制性中间神经元。Ia型抑制性中间神经元是支配运动神经元的最后一级中间神经元，同时也是接受感觉传入信息的初级神经元。当伸肌运动神经元（Extensor MN）兴奋时，相应的伸肌（Extensor）发生收缩，激活Ia型传入感觉纤维，Ia型抑制性中间神经元（IaIN）被激活，释放抑制性神经递质，抑制与伸肌运动神经元相拮抗的屈肌运动神经元（Flexor MN），导致屈肌（Flexor）放松。交互抑制的结构使得伸肌与屈肌运动神经形成兴奋与抑制的交替，带动骨关节的左右移动（图5.2.2）。

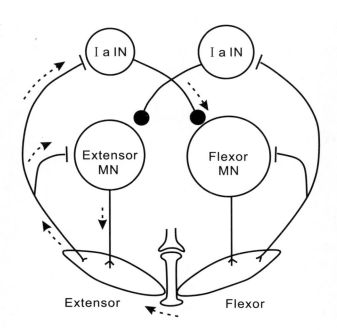

图5.2.2 Ia型抑制性中间神经元（IaIN）与交互抑制。一组互相拮抗的屈肌（flexor）与伸肌（extensor）被对应的运动神经元所支配。当控制伸肌的运动神经元兴奋（Extensor MN），相应的肌肉发生收缩，激活Ia型传入感觉纤维。传入感觉纤维将信息传递到相应的运动神经元和IaIN，而Ia型抑制性中间神经元与控制拮抗肌的屈肌运动神经元（Flexor MN）之间为抑制性突触联系，这一结构保证了一侧骨骼肌收缩时拮抗肌保持舒张状态。

闰绍（Renshaw）细胞

　　闰绍细胞（见图5.2.3）和Ia型抑制性中间神经元一样，将轴突末梢投射至运动神经元，是一类抑制性的末级中间神经元。与Ia神经元不同，闰绍细胞主要接受运动神经元的兴奋性刺激，和感觉传入纤维的关系十分微弱。另外，闰绍细胞的主要抑制对象是激活该闰绍细胞的运动神经元的协同肌运动神经元，不涉及拮抗肌运动神经元的活动。闰绍细胞对运动神经元的抑制作用是通过回返抑制通路实现的，其主要功能是抑制对其自身具有激活作用的运动神经元。

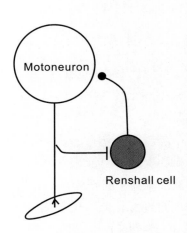

图5.2.3 闰绍细胞（Renshall cell）与运动神经元。运动神经元向闰绍细胞投射兴奋性突触，闰绍细胞被运动神经元激活后，通过抑制性突触连接反馈性抑制运动神经元

联合中间神经元

联合中间神经元是脊髓中横向跨越区域比较大的一类神经元，其胞体在脊髓的一侧，轴突则投射到对侧区域，联系左右两侧中枢模式发生器的信号，协调两侧肢体的配合。联合中间神经元有兴奋性的神经元也有抑制性的神经元，由于分布不同，它们的功能与兴奋性也不尽相同（图5.2.4）。

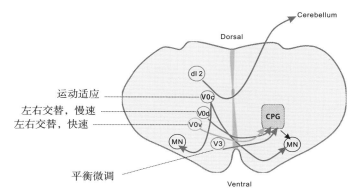

图5.2.4 脊髓雷氏板层分布式示意图。雷氏板层划分法将脊髓灰质部分划分成10个不同板层，靠近脊髓背侧的神经元被认为是感觉信息的中继站，因为传入感觉纤维大部分投射到背侧，即感觉传入纤维。运动神经元主要分布在腹侧第十板层，图中数字3代表运动神经元，绿色神经纤维是运动神经元的轴突

半中心理论

控制同一个关节屈曲和伸展的肌肉在功能上是相互拮抗的关系，每一个关节每一次成功的屈曲或伸展都是屈肌与伸肌之间一次成功的合作。如果屈肌与伸肌的"战争"胶着不下，那么其后果就是关节发生强直，无法发挥其正常功能。回想一下我们在步行的过程中，左右腿总是交替伸直承担身体重量，以保证另一侧肢体屈曲摆动向前迈出，这一动作虽然十分简单，但是需要全身多处骨骼肌在正确的时间和合适的顺序里完成收缩或保持舒张状态。这一流畅密切的配合过程即使在我们发呆出神时也不会出现差错，我们也从来没有为应该先迈哪一条腿这样的问题而操心忧愁过，这些都要归功于中枢模式发生器。

苏格兰科学家托马斯·格雷汉姆·布朗在1914年提出了半中心模型的假说，推测同侧肢体相互拮抗的屈肌肌群和伸肌肌群分别拥有属于自己半个中枢

模式发生器（故称为半中心，half center），两者通过中间神经元组合成完整神经网络。该模型认为在控制一组互相拮抗的骨骼肌的两个半中心之间存在交互抑制的关系，且这种对对方神经元的抑制作用总是在己方发生兴奋的同时发生的。交互抑制的存在，保证了控制一对相互拮抗的肌肉的两组神经元，在同一个时间段内只有一组发生兴奋。Ia型抑制性中间神经元在交互抑制过程中扮演着重要角色。

半中心模型成为我们今天认识行进运动产生的神经生理学基础。今天我们把分布于脊髓、控制肢体产生行进运动的神经网络称为中枢模式发生器（central pattern generator，CPG），不管CPG的结构随着我们对脊髓运动系统认识水平的提高而变得有多么复杂，半中心模型依然是GPC控制肢体运动的核心和基础。最初研究人员猜想，有一个单层结构的中枢模式发生器决定了行进运动的节律和模式，这一信号经由运动神经元传递至骨骼肌，肌肉收缩带动肢体移动产生位移。随后在实验过程中，研究人员发现实验动物左右肢体移动的模式发生变化时，并不会影响行进运动的节律。这一结果挑战了单层结构CPG的猜想，因为如果CPG只有一层，那么就无法保证在行进运动模式发生改变时不影响运动节律。行进运动的节律和模式互不影响，预示着有互相独立的两套神经元分别产生节律信号和模式信号，目前的研究假说认为CPG分为节律产生层和模式发生层两层。

5.3　CPG 与脊髓反射

脊髓反射指脊髓固有反射，反射弧不经过大脑。一个完整的反射弧包括感受器、效应器以及中间神经元三部分。虽然中枢模式发生器可以独立完成行进运动任务，但是在实际环境中，人或者动物在觅食或是逃避天敌时，都需要根据实际情况对行进运动进行调整，而脊髓反射通路是躯体感觉信息对行进运动进行修饰和调节的实现途径。

有研究表明脊髓离断的猫在经过3周的跑台训练后，可以轻松地根据跑台速度调整其步态。在脊髓离断的动物模型中，唯一的外周感觉来自于行进运动过程中肢体移动所产生的本体感觉，步态的改变说明本体感觉传入能够对中枢模式发生器的输出信号产生影响。另外还有许多证据可以证明感觉传入对中枢模式发生器的调节作用：将实验动物的四肢分别放置在不同的跑台上，当几个跑台的速度发生改变且不同跑台的速度不相同时，实验动物的四肢仍然可以协调配合以完成行进运动，这一实验不仅能在完整的动物身上实现，去大脑的动物模型甚至在较低位置实施了脊髓离断的动物模型也能完成这一实验。

骨骼肌在运动神经元的控制下发生收缩，此时肌肉张力、肌纤维长度等一系列指标均发生改变，肌肉本体感受器感知这些变化并通过感觉传入纤维传递至上级神经网络并对运动进行修饰和调节。骨骼肌的感受器主要指肌梭和腱器官（tendon organs），肌肉本体感觉传入纤维可分为五类：Ia、Ib、II、III、IV。Ia、II型传入感觉纤维主要接收肌梭产生感觉信息，负责感知肌肉收缩速度和肌肉长度；Ib型感觉传入纤维主要接收腱器官产生的感觉信息，负责感知肌肉张力；III型和IV型感觉传入纤维主要负责关节感觉。激活不同的传入感觉纤维所需要的刺激大小不同，其顺序为II>Ib>Ia。一般认为关节感受器反映极限的关节活动范围，只在关节极端伸曲状态下才被激活，以起到对关节的保护作用，在实验条件下单独激活这两类传入感觉纤维十分的困难，故关于这两类感觉传入神经的研究较少。

腱器官与肌梭有明显不同的反应特性。小幅度的被动牵拉即可使肌梭的放电明显增多，而引起腱器官放电则需要幅度较大的牵拉。当肌肉主动收缩时，腱器官的放电增多，而肌梭的放电减少或停止，这一现象是两种感受器官和梭外肌纤维的相互关系不同而导致。肌梭与骨骼肌纤维并联，所以骨骼肌纤维收缩时梭内肌纤维变得松弛，肌梭的传入便减少放电；而腱器官与梭外肌纤维则是串联关系，肌肉在向心收缩时腱器官受到牵拉而放电增加。肌梭和腱器官对肌肉被动牵拉和主动收缩产生不同的放电反应，说明他们所传递的信息是不同的。肌梭是检测肌肉长度和长度变化速度的器官，而腱器官主要负责感知肌肉的张力。

传入感觉能够调控行进运动过程中的步态变化，在实验室里，研究人员选择不同类型传入感觉神经给予刺激，所引起的步态变化不尽相同；而在日常生活中，如果你试着给自己的宠物猫或是宠物狗穿上鞋子，阻隔这些动物足部肉垫和地面的直接接触，会发现它们的行走会发生意想不到的改变。无论是在实验室里对传入感觉纤维施加精准的刺激，还是在日常生活中给宠物们穿上鞋子，都扰乱了正常的感知，这一现象说明感觉传入纤维通过不同的神经通路对中枢模式发生器产生影响。对于不同的感觉传入神经在脊髓内投射位置的研究也证实了这一观点。

　　初级传入纤维经随脊神经进入脊髓背根后分成上升支和下降支，这些上升支和下降支在脊髓中上行或下行途中，发出许多侧支进入脊髓灰质，这些侧支与脊髓灰质神经元发生突触联系，构成脊髓反射活动的传入结构基础（图5.3.1）。

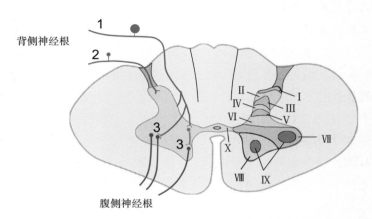

背侧神经根

腹侧神经根

图5.3.1　脊髓神经系统中分布的不同类型的联合中间神经元。联合中间神经元的胞体在脊髓的一侧，轴突则投射到对侧区域，传递左右两侧中枢模式发生器的信号。腹侧分布的联合中间神经元对行进运动起到左右肢协调的作用；背侧分布的联合中间神经元通常传递与感觉信号相关的信息

　　在神经生理学中，脊髓灰质按照雷氏板层划分法可以分为10个板层，如图5.2.4所示。从脊髓背侧角到腹侧角依次为1–10板层。Ia型传入纤维进入脊髓背侧后分出的侧支主要终止于灰质的第V–VI板层、第VII板层和第IX板层，与这三个部位的神经元形成兴奋性的突触联系。细胞内记录技术的发展，为人们发现传入感觉纤维和运动神经元间的单突触联系做出重要贡献。Eccles首次观察到，电刺激肌肉I型传入纤维能在运动神经元上测量到膜电位的变化。科研人员通过比较刺激传入纤维的时间与记录到运动神经元上的膜电位变化的时间，推测感觉纤维与运动神经元之间的距离。研究表明，单根Ia类传入纤维可同时与脊髓灰质内许多运动神经元形成单突触联系，例如，支配猫的腓肠肌的Ia型传入纤维可与支配腓肠肌的所有的300个运动神经元形成单突触联系。统计学结果显示，负责某一肌肉的Ia型传入感觉纤维可以与支配该肌肉的80%~100%的运动神经元产生联系。与此同时，Ia型传入感觉纤维还与支配该肌肉的协同肌的运动神经元产生单突触联系，不过支配协同肌的运动神经

元的膜电位变化幅度较小。

Ia 型传入感觉纤维除了投射至第 IX 板层与运动神经元形成单突触联系外，还投射至第 VII 板层。Ia 型传入感觉纤维主要与位于这一板层的 Ia 抑制性中间神经元形成单突触连接，通过 Ia 抑制性中间神经元抑制与 Ia 型传入感觉纤维支配的肌肉相拮抗的拮抗肌运动神经元，这一现象称为交互抑制。

Ib 型传入感觉纤维的主要投射位置在第 V–VII 板层，在第 IX 板层并无投射，该类型传入纤维主要通过多突触连接与调控运动神经元的兴奋性。Ib 型传入感觉纤维主要与支配同一肌肉的运动神经元形成抑制性的突触连接，可引发支配同一肌肉的运动神经元产生抑制性突触后电位（inhibitory postsynaptic potential），同时兴奋与之相拮抗的拮抗肌。Ib 型传入感觉纤维与许多运动神经元都通过多突触连接相联系，并非所有的多突触连接都遵循这一交互抑制的原则。

II 型传入感觉纤维在脊髓的投射位置主要包括第 IV–VI 板层以及第 IX 板层，II 型传入感觉纤维在第 IX 板层的投射提示其可能与运动神经元产生单突触连接，但大部分的 II 型传入感觉纤维投射位置位于第 IV–VI 板层，通过脊髓中间神经元与运动神经元形成多突触连接。II 型传入感觉纤维与运动神经元形成的单突触连接均是兴奋性突触连接，而与运动神经元形成的多突触连接则因运动神经元所控制的肌肉功能而不同。通常，刺激 II 型传入感觉纤维可兴奋屈肌运动神经元抑制伸肌运动神经元。

5.4　CPG 与行进运动

关于行进运动究竟是自主运动还是自动机械运动的争论一直没有间断，对于人类来说，我们可以依靠意志启动行进运动，而且学习可以不断调整行进运动。

19 世纪关于行进运动的假说比较流行的有两种：一种以英国神经学家和澳大利亚神经学家为一派，认为大脑皮层具有思考的能力，当外界的感觉信息汇集到大脑时触发行进运动产生；另外一种有关运动控制的理论是由一个从未在神经控制领域工作过的老师在他一堂特别著名的课堂上提出的，他指出行进运动是一类需要后天学习而后变成自动机械模式的行为。他猜测，在大脑皮层和脊髓内，零散储存着行进运动的记忆（partial memories），大脑皮层负责发送行进运动的指令到脊髓，接受到大脑皮层的信息后，脊髓开始调动备用记忆以完成复杂的运动行为。这一假设在1960年代由Shik等三位苏联科学家得到了证实。他们发现将猫大脑皮层和脊髓在丘脑位置切断后，刺激离断横截面依然可以使得实验动物产生行进运动，他们的发现证实并扩展了这一理论。

在19世纪，大家对控制行进运动的网络的了解还非常有限。Eadweard Muybridge和Etienne-Jules Marey将动物的行进运动过程录制成影像资料，引发了当时人们对行进运动的兴趣。这两位分别录下了马和狗在不同速度下行走的录像，Muybridge主要是想弄清楚是否有这么一段时间，马的四肢全部腾空。Marey把他记录下来的狗在漫步、小跑以及飞驰等不同速度下的高速录像寄给了一位比利时生理学家Maurice Philippson，后者仔细分析了髋、膝和踝关节的位移情况，他对于一个步行周期的不同相位的划分方法一直沿用至今。脊髓损伤能够导致动物瘫痪，但是如果按照一定的方法将受伤后的动物悬吊起来，使其在四肢不用负担身体重力的情况下保持站立姿势，其受伤节段以下的肢体仍然可以有节律地按照一定的顺序运动。Philippson对脊髓损伤的动物在悬空状态下的肢体运动进行了分析，认为行进运动的执行需要中枢神经系统和外周反射活动的共同参与。

Sherrington在他1910年发表的一篇长达93页的文章中，尝试使用各种不同的刺激引发脊髓反射活动，记录了反射活动强度与实验动物后肢骨骼肌收缩情况之间的关系，同时他还比较了完整的动物和脊髓损伤的动物模型在这些关系上的异同。基于这些实验结果，Sherrington并不认同Philippson关于行进运动的控制网络的结论，前者认为外周感觉器官在行进运动的引发过程中扮演更重要的角色，行进运动作为一种反射性运动，是骨骼肌本体感受器被激活后产生的信号传入脊髓，引发的一系列脊髓反射活动导致了行进运动的发生（即必须激活外周感受器才能引发行进运动）。不过关于这一点，Sherrington似乎也产生过动摇，他曾经在一篇文章中写下"节律的产生显然并不由外周感受器决定，刺激皮肤或者骨骼肌本体感受器引发的各种反射活动并非节律产生的机制"，但是他否定了这些结论，并在之后的学术生涯里坚持外周感受器以及脊髓反射活动对行进运动的引发作用。

托马斯·格雷汉姆·布朗，是一位苏格兰神经生理学家，在1910–1913年间，在英国利物浦大学谢灵顿（Sherrington）的实验室工作，布朗与谢灵顿既是同事也是很好的朋友，在此期间布朗独立研究行进运动的神经控制系统。

在行进运动的神经控制面，布朗与好友的观点并不一致。布朗的研究方法与
谢灵顿不同，他把猫的大脑和脊髓在大脑丘脑位置进行了分离，同时将猫的
后肢负责感觉传入的神经纤维做了切除，然后记录猫的后肢屈伸肌的电信号。
在布朗的实验条件下，动物失去了大脑对行进运动的控制，同时外周感觉信
息也不再能传递至脊髓中，在脊髓处于孤立状态情况下记录得到的后肢屈伸
肌的节律性收缩活动，指向行进运动的指令中枢位于脊髓这一结论。根据这
一实验结果，布朗提出了半中心的概念（half center）（见图5.4.1）。"控制行
进运动的功能单位应当不是人们所认为的脊髓反射，负责执行运动指令的神
经元显然是独立的，行进运动应该是连接在一起的互相拮抗的两组输出神经
元（efferent neuron）相互作用的结果，这两组神经元共同组成控制行进运动
的中心"。但是半中心理论在当时并未受到主流观点的支持，直至1960年，
安德斯·伦德贝格（Anders Lundberg）才证实了这一推论。这期间，主流的
观点坚持行进运动是一种反射性运动，刺激外周感觉器便可以引发。

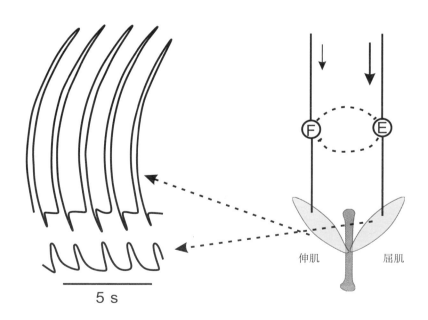

图5.4.1　布朗在1914年发表的论文中提出的半中心理论模型。布朗的模型猜想支配的一对
互相拮抗的骨骼肌的神经元之间是互相抑制的关系，图中左半部分是其在实验中测量得到的
骨骼肌肌电图呈现出的交互兴奋的结果证实了这一猜想

5.5 中脑运动区（MLR）与行进运动

MLR（mesencephalic locomotor region）是中脑运动区的英文简称，位于中脑位置（见图5.5.1A），通过手术方法破坏动物的大脑皮层而保存该区域，可通过电刺激该区域使动物重新开始行走。中脑运动区在脊髓中枢模式发生器的上游，如果说脊髓中枢模式发生器是行进运动的执行官，则中脑运动区可以称得上是行进运动的指挥部。中脑运动区兴奋后，其信号通过经延髓腹侧的下行投射纤维和脊髓腹侧的神经纤维传递至脊髓中枢模式发生器。这一区域最早在20世纪60年代由三位苏联科学家发现，随后的研究表明中脑运动区广泛存在于不同物种的中枢神经系统之中。研究人员发现电刺激以及化学刺激该区域均可以引发行进运动，而且可以对行进运动的模式和速度起到调节作用。在这一区域有两个重要的神经核团：PPN核团和CnF核团（见图5.5.1B），该处神经元类型包括谷氨酸能神经元、胆碱能神经元、肽能神经元以及抑制性的伽马氨基丁酸能神经元。研究结果表明，CnF核团的谷氨酸能神经元是引发行进运动的重要角色担当，同时调节快速的行进运动；而PPN核团的谷氨酸能神经元兴奋则主要是对慢速行进运动进行调节。研究人员使用细胞外记录技术，发现PPN区域胆碱能神经元在行进运动过程中呈现持续放电模式，且放电频率在行进过程中产生变化。帕金森病是老年人群中发病率较高的一类神经退行性疾病，著名的拳王阿里便是在晚年被确诊为帕金森病。临床研究表明帕金森患者重要特征表现为姿势和步态的异常，该类患者大脑PPN区域胆碱能神经元的大量丢失提示PPN区域神经元在行进运动中的重要作用。使用深脑刺激技术（deep brain stimulation）直接刺激帕金森患者PPN区域胆碱能神经元可显著改善其姿势和步态异常，这一结果提示PPN区域胆碱能神经元可能参与步态调整及肌张力调节。啮齿类动物和灵长类动物PPN区域损伤模型和帕金森病理模型的发展为进一步研究PPN区域内胆碱能神经元对行进运动调节提供可靠的手段。刺激大鼠中脑位置PPN区域的胆碱能神经元可使得行进运动终止，脊髓内支配大鼠后肢骨骼肌的运动神经元的持续放电活动停止。

我们实验室最新的研究结果表明，除上述传统观点提出的神经元类型之外，MLR区域还有5-HT神经元的分布，鉴于5-HT神经递质在引发虚拟行进运动中的重要作用，或许中脑运动区的5-HT神经元在行进运动的引发和调节过程中也扮演某种间接角色，但是这一猜想需要进一步的研究结果证实。

图5.5.1　A：中脑运动区位置示意图；B：CnF核团和PPN核团的位置示意图

托马斯－布朗其人

托马斯·格雷汉姆·布朗（Graham Brown）1882年出生于爱丁堡，他的父亲是爱丁堡大学的医学生，随后成为神经科的讲师和爱丁堡皇家医学院的院长。布朗16岁时，因为视力问题（eye condition）被送往德国威斯巴登接受治疗并学习德语。1906年，布朗以优异的成绩从爱丁堡大学医学院毕业，随后到德国跟随当时著名的生理学家和耳鼻喉科专家朱利叶斯·艾瓦尔德（Julius Ewald1856－1921）继续深造，在那里研究青蛙后肢力量的发展。1907年，布朗在英国格拉斯哥大学（University of Glasgow）做助理教授，1910–1913年，他在利物浦大学工作，获得卡耐基奖学金资助开展研究。在利物浦大学工作期间，布朗在他的老朋友查尔斯·谢灵顿（Charles Sherrington）的部门工作，不过两人的研究内容是独立开展的。谢灵顿是1932年的诺贝尔奖获得者。1913年布朗离开谢灵顿的实验室，到英国曼彻斯特大学做实验生理学的讲师。1914年"一战"爆发，1915年，布朗应征入伍进入皇家陆军医疗队，参与了许多方面的工作，1918年他在希腊时，负责为在战争中损伤了神经系统的士兵提供治疗。"一战"结束后，由于身体原因，布朗并没有随军一起撤回，直至1919年9月才回到曼彻斯特继续他在学校的工作。1920年布朗成为加的夫（University of Cardiff）大学生理系主席，他在这所学校一直工作到65岁，于1947年退休。不过布朗在1924年之后便不再发表任何有关生理学、神经科学方面的文章，总之他开始在学术界沉默，转而投身于登山事业。

虽然布朗后半部分学术生涯算得上默默无为，但是在1909–1920年，他的论文发表量却高产得惊人。在这11年，他累计发表的论文和摘要达69篇，包括（1）脊髓反射，当时的科研普遍认为行进运动是由一系列的脊髓反射和大脑皮层运动中枢共同完成的;（2）他当时关于脊髓对行进运动的控制的一些想法;（3）他和谢灵顿的合作内容;（4）与Stewart合作的有关康复的工作;（5）在皇家陆军医疗队时有关脊髓损伤的内容;（6）他作为独立作者发表的有关大脑感觉运动皮层（sensorimotor cortex）的论文;（7）生理与基底节;（8）呼吸与运动控制;（9）大脑的精神功能。

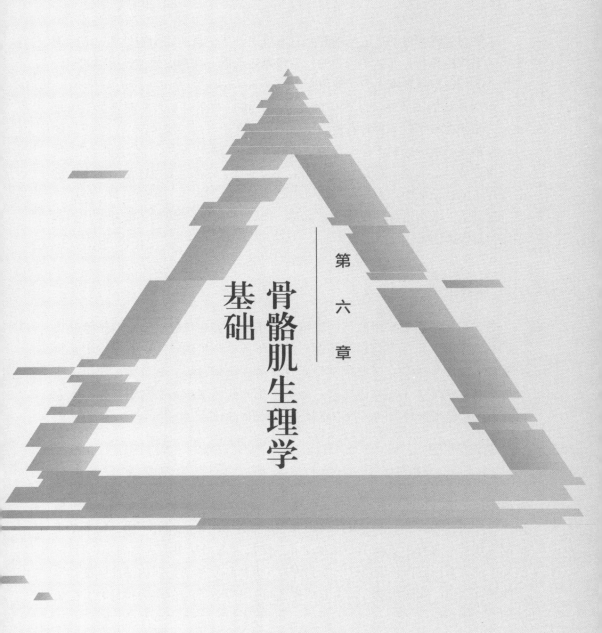

第 六 章

骨骼肌生理学基础

动物对外界环境的适应依赖其感觉系统对外界信息的感知与处理，通常需要运动系统的参与，而运动行为的发生依赖运动器官和相应的神经通路的配合工作，我们将这两者称之为运动系统（motor systems）。

运动系统的主要功能是产生肢体活动，这一功能对于人和动物都至关重要，以至于古希腊哲学家曾有著名格言"生命在于运动"流传至今。更重要的是，在神经系统的控制下移动自身或是对所处环境做出反应，是动物区别于植物的重要特征。在漫长的进化过程中，不同种系/类别的动物进化出了不同的适应环境的运动能力。人类在进化过程中逐渐学会了生火、制作工具、使用武器打猎到最后学会耕种，发展农耕文明，都离不开对自然界的不断探索，而运动能力是探索的基础。

6.1　肌肉分类

骨骼肌、心肌和平滑肌共同组成运动系统。其中骨骼肌指附着于骨骼之上的肌肉组织，可受意志自主控制，是肢体运动产生的动力；心肌主要负责心脏的收缩泵血功能，其收缩和舒张具有高度节律特征，其节律主要由窦房结放电情况决定，不随意志转移；肠道系统的肌肉组织为平滑肌，也不受意志控制。围绕着肢体运动的特点本章重点介绍骨骼肌的各项特征。

肌肉的特性

静息状态下的肌肉，可受外力作用被拉长，当外力消失后，又可以逐渐恢复原本的长度，在此过程中表现出肌肉的伸展性和弹性两种物理特性。虽然肌肉具有伸展性和弹性，但是其伸展程度与所受外力大小之间并不遵循物理学中的胡克定律。当外力负荷不断增加时，肌肉长度的增加幅度逐渐缩小。另外，当外力消失后，肌肉长度也并非立刻恢复，其原因在于骨骼肌内部的微细结构之间相互摩擦。肌肉活动时其内部结构之间互相摩擦形成的阻力被称为骨骼肌的粘滞物理特性。

除物理特性外，骨骼肌还表现出兴奋性和收缩性两种生理特性。肌肉在刺激作用下产生兴奋的特性，称兴奋性。肌肉兴奋后产生收缩反应的特性称为收缩性。兴奋性是指生物体具有对刺激发生反应的能力。例如在实验条件下，将制备好的青蛙的坐骨神经–腓肠肌标本置于一定的环境下，刺激坐骨神经几乎可引起腓肠肌的收缩，这一实验结果表明神经肌肉具有兴奋性。进一步的研究结果表明，不同的组织细胞兴奋时，一个共同的反应是细胞膜两侧会发生电位变化，且这一电位变化可以传播到其他的位置，被称之为动作电位。因此，兴奋性又特指组织细胞在接受刺激时产生动作电位的能力。

6.2　骨骼肌结构

　　骨骼肌是指附着于骨骼之上的肌肉组织，与骨骼肌相连的部分称为肌腱，中间部分被称为肌腹。所有的骨骼肌从功能上都可以分为两部分：负责感受肌肉收缩时的各种信息的梭内肌和负责产生力量的梭外肌。肌梭是位于梭外肌内的感受器，呈梭状，典型的肌梭直径约1mm，长度约0.05~13mm，外层为结缔组织，内部是梭内肌纤维。肌梭与骨骼肌是串联关系，当梭外肌被牵拉时，肌梭的形状也发生改变，可以感受肌肉收缩的快慢情况和收缩产生的力量大小。

　　梭外肌由肌细胞组成，因其形态呈纤维状又被称为肌纤维。多根肌纤维聚集成束，众多肌束组成肌肉分布于身体的不同位置。肌细胞由肌原纤维组成，肌细胞内分布有大量的线粒体，为肌肉收缩提供能量。

　　肌原纤维呈细丝状，其长度纵贯肌纤维全长，直径约$1~2\,\mu m$。肌原纤维的结构基础是平行排列的粗细肌丝。在纤维镜下观察可发现骨骼肌的颜色呈现明暗交替的状态，被称之为明带和暗带，明带和暗带分布在同一水平面上使得骨骼肌表面出现横纹，所以骨骼肌又被称为横纹肌。在肌原纤维上暗带长度较为固定，其中间有一段较为透明的区域，被称为H区，H区的中线被称为M线；明带长度可变，其中线被称为Z线。两条Z线之间的区域被称之为肌小节，故每个肌小节包括完整的暗带和两侧各一半的明带，是骨骼肌收缩的最小功能单位（见图6.2.1）。

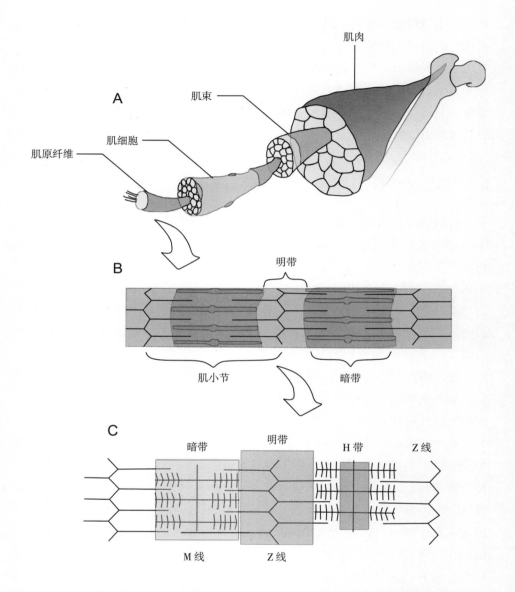

图6.2.1　肌肉结构的模式图。A: 组成骨骼肌的肌束被放大后，可以看到若干肌束，继续放大可看到肌束由若干肌纤维（肌细胞）组成，肌纤维表面覆盖有毛细血管。单个肌纤维的基础结构是肌原纤维。B: 肌原纤维的表面呈现颜色明暗不一的条带，一条完整的暗带加上两旁各1/2 的明带组成肌小节。C: 肌小节进一步放大，可以看到被M线固定的粗肌丝和被Z线固定的细肌丝，粗细肌丝交错排列使得骨骼肌颜色深浅出现差异。粗肌丝和细肌丝重叠部分颜色更深，是为暗带，仅有细肌丝的部分颜色最浅是为明带，仅有粗肌丝的部分被称为H带

粗肌丝和细肌丝

粗细肌丝在直径和分子组成上均具有区别。粗肌丝直径约10nm，其长度与暗带相同，成束的粗肌丝被M线固定在一定的位置上。细肌丝直径约为5nm，被Z线固定向两侧的明带伸出，末端部分伸入暗带中。如果两侧Z线固定的细肌丝伸入暗带时未能相遇，则暗带中央部分因为只有粗肌丝颜色较为明亮，该区域即为H区。所以，骨骼肌静息状态下，仅有细肌丝而无粗肌丝的部分组成明带，粗肌丝部分组成暗带，又因为粗细肌丝并非完全重叠，故暗带又分为仅有粗肌丝的H区和H区两侧粗细肌丝重叠的部分（图6.2.1C）。

肌丝的分子组成

粗肌丝主要由肌球蛋白组成，其分子量很大，在电子显微镜下它由一个具有双球状头部和与之相连的双螺旋长链尾部构成。在组成粗肌丝时，这些肌球蛋白分子的长链状尾部朝M线聚合形成粗肌丝主干，而球状的尾部则有规则地在粗肌丝主干的表面形成突起，即所谓的横桥。横桥上存在的ATP的结合位点且具有ATP酶的活性，且活性仅在横桥与细肌丝结合时方被激活，随后ATP水解释，为横桥头部发生摆动提供能量。

与粗肌丝不同，细肌丝至少由肌动蛋白、原肌球蛋白和肌钙蛋白三种蛋

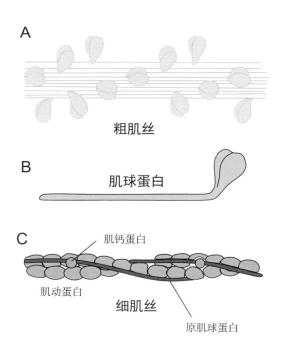

图6.2.2　粗肌丝与细肌丝。A：粗肌丝的主要成分是肌球蛋白丝，其上有一端游离的横桥；B：肌球蛋白的一端是杆状结构，另外一端可旋转的双球状头部即横桥；C：三种不同的肌蛋白共同组成细肌丝。单个的肌动蛋白分子呈球状，纵向聚集形成前后两列并扭缠呈双螺旋状，构成细肌丝的主干；原肌球蛋白拧成细丝状，覆盖在双螺旋的沟沿上；肌钙蛋白覆盖着横桥结合位点

白分子构成。其中肌动蛋白组成细肌丝的主体，单个的肌动蛋白分子呈球状，纵向聚集形成前后两列并扭缠呈双螺旋状。原肌球蛋白蛋白是双螺旋结构的细丝，安静时位于肌动蛋白扭缠的双螺旋链的沟边沿，将横桥与细肌丝的结合位点遮盖住。肌钙蛋白不直接与肌动蛋白连接，而是以一定的间隔出现在原肌球蛋白上，防止原肌球蛋白移动（见图6.2.2）。

骨骼肌收缩机制

骨骼肌收缩可以分为向心收缩、离心收缩和等长收缩三种方式，顾名思义这三类收缩方式发生时骨骼肌的长度变化有所不同。向心收缩时，骨骼肌长度缩短；离心收缩时骨骼肌长度被拉长，肌肉在恢复原有长度时收缩产生力量；等长收缩时骨骼肌长度不发生变化。要理解这三种不同的肌肉收缩方式，可以回想我们进行引体向上锻炼时的发力情况：当我们双手抓握横杆努力使身体向上的过程中，肱二头肌长度缩短，这是向心收缩；而在控制身体向下的过程中，肱二头肌被拉长，但此时仍然产生力量控制身体平稳匀速向下，这一过程即为离心收缩；当我们以某一姿势稳定在单杠之上时，骨骼肌长度并未发生改变，这是等长收缩。

肌丝滑行理论

由骨骼肌的三种不同收缩方式可以看出，骨骼肌的长度可以发生改变，并且这一长度变化伴随着力量的产生。骨骼肌的最小不可划分结构是规则排列的粗细肌丝，其长度并不会真的发生变化，肌丝滑行理论认为肌丝收缩是因为粗细肌丝产生相对位移，使得骨骼肌长度缩短即所谓肌肉收缩。值得一提的是，这一理论最早是由两组独立的研究人员在1954年同时提出的，分别是伦敦的Hugh Huxley & Jean Hanson 和剑桥的 Andrew Huxley & Robert Niedergerke。

我们在水平面上平行移动时靠的是足底与地面的摩擦力；我们爬树上墙做垂直位移时，依靠的是双手抓握时产生的摩擦力。肌丝之间的相对移动也需要找到着力点，粗细肌丝的结构特征完美解决这一需要。粗细肌丝都是细丝状的组织，粗细肌丝相间分布，且有一部分重叠。粗肌丝上分布有横桥，横桥的一端与粗肌丝牢牢相连，另一端则游离于肌丝之外；细肌丝上则分布有横桥结合位点，这些结合位点平常被遮盖，需要发力时，遮盖物会移开暴露出结合位点。粗细肌丝相间分布，方便横桥的游离端与细肌丝上的凹槽结合，当结合完成后，粗肌丝上手柄游离端发生摆动，拖拽细肌丝朝着粗肌丝滑行（见图6.2.3A）。这样，粗细肌丝的长度均未发生变化，但是因为粗细肌丝相对移动，重叠部分增加，使得骨骼肌整体长度缩短，完成肌肉收缩和力量发生（见图6.2.3B）。

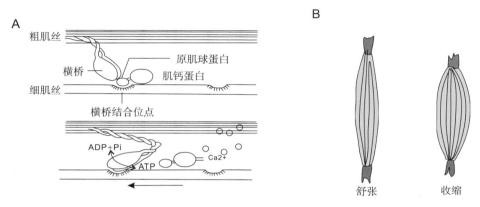

图6.2.3　肌丝滑行理论。A：肌丝滑行时横桥的摆动情况；B：骨骼肌收缩时的外观变化

6.3　骨骼肌力量的产生机制

所有的肌肉活动都依赖于神经系统的控制，每一根肌纤维都受到特定的运动神经元的支配。神经系统传递信息依赖于电信号的传导，而肌肉收缩则是一个机械过程，成功完成电信号到机械运动的转化才可以产生力量。

运动神经元兴奋后在胞体处产生动作电位，该动作电位顺着轴突一路向下直至与骨骼肌衔接的神经末梢处，即所谓神经-肌肉节点。但是这一电信号并不能直接传递到骨骼肌纤维，因为神经末梢与骨骼肌纤维之间存在着小小的缝隙，在突触前膜中存在着一种很小的囊泡，其中包含着化学递质。当神经元兴奋后囊泡移动至末梢细胞膜处，与细胞膜融合使得神经递质释放到间隙对面的骨骼肌上，与上面特定的受体结合。运动神经元释放的神经递质穿越突触间隙到达骨骼肌纤维以后，与骨骼肌上的受体结合，使得肌细胞膜电位发生去极化，引发肌肉的兴奋与收缩。

神经-肌肉接点类似于突触（见图6.3.1），包括突触前膜、突触间隙和突触后膜三部分。该处突触前膜即运动神经元轴突末梢的增厚部分，突触后膜即是相对应的肌细胞的细胞膜。运动神经元能够合成乙酰胆碱，所以神经－肌肉接点处为乙酰胆碱能突触，肌细胞膜表面分布有乙酰胆碱受体，因此运动终板对乙酰胆碱十分敏感，而对电刺激不敏感。此外，终板处还有大量的胆碱酯酶，可以水解乙酰胆碱使其失活。

兴奋在神经－肌肉接点的传递机制

兴奋在神经－肌肉接点的传递是通过释放乙酰胆碱引发终板电位实现的，包括突触前和突触后两个过程。突触前过程是指乙酰胆碱的合成、储存和释放。任何一种神经递质的合成都需要底物和特定的催化酶，在运动神经元末梢处乙酰胆碱由乙酰辅酶A以胆碱为底物催化合成，其中乙酰辅酶A来源于线粒体，而胆碱则是从细胞外由特殊的载体转运而来，其中50%来源于突触间隙内的水解产物。合成和回收得到的乙酰胆碱被储存在囊泡内，当骨骼肌处于舒张状态时，运动神经元也处于静息状态，此时突触前膜会随机地向突触间隙释放极少量的乙酰胆碱，几乎不会对肌细胞产生影响。突触后过程指乙酰胆碱进入突触间隙并扩散至突触后膜与乙酰胆碱受体结合，引发突触后膜对钠离子、钾离子的通透性改变进而使得突触后膜电位去极化形成终板电位的过程。终板电位属于局部电位，它通过局部电流的作用使得临近的膜电位发生去极化进而

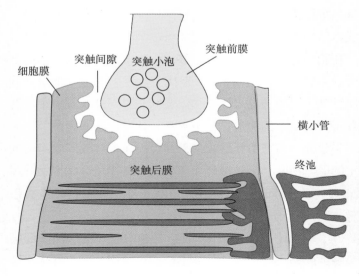

图6.3.1　神经－肌肉接点。此处突触前膜为运动神经元轴突末梢，突触后膜为肌细胞膜。从此图中可以看出肌细胞膜向内凹陷形成横小管，膜下即是交错排列的粗细肌丝

产生可以传播的动作电位，实现了兴奋性从神经系统到肌肉系统的传递。

肌细胞的兴奋过程是以膜的电位变化为特征的，但是肌丝的主要成分是蛋白质，对电信号并不敏感，所以必定存在某种中间过程将两者联系起来。细肌丝上有专门的肌钙蛋白，静息状态时肌钙蛋白掩盖横桥结合位点，粗细肌丝相对静止，粗细肌丝相对滑行以细肌丝构象发生变化以暴露横桥结合位点开始，这一过程的启动需要钙离子的参与。钙离子被释放至肌细胞内后，与肌钙蛋白结合触发其构象变化，肌钙蛋白构象发生变化其在细肌丝上位置也发生变化，横桥结合位点得以暴露。虽然肌丝的构象变化并不依赖于肌细胞的膜电位变化，但是钙离子的释放却需要膜电位达到电压依赖的钙离子通道的阈值，这一特性使得电信号与机械信号的转化提供的可能。在肌原纤维的表面分布有肌管系统（见图6.3.2），这些管道纵列盘绕，官腔内储存着大量的钙离子，当肌细胞膜电位去极化时，肌管系统发生变化，钙离子通道被激活开放，储存在横管内的钙离子进入肌原纤维，待到肌肉收缩过程结束，钙离子被转运回收至肌浆网内（见图6.3.3）。

肌管系统

肌管系统是包绕在肌原纤维外侧的管状结构，由两组功能不同且互相独立的管道系统组成。横管系统由肌细胞膜向内凹陷形成，又称T管，其位置与Z线水平，方向与肌原纤维垂直，呈环状包绕在每条肌原纤维周围。横管内腔与细胞外液相通，这样便使得肌细胞兴奋时的膜电位的变化可以传递进入肌细胞的内部微细结构。纵管系统的走向与肌原纤维平行，又称L管。纵管包绕在每个肌节的中间位置，在靠近横管的位置形成膨大末端，称为终池，是钙离子的贮存库，骨骼肌收缩时粗细肌丝相对滑行所需的钙离子便由此处释放和回收。横管和两侧的终池结构形成所谓的三联管结构，是把肌细胞膜的电位变化过程与肌细胞收缩的机械过程耦连起来的关键部位。

肌肉活动的能量供应系统

人类的一切活动都需要消耗能量，而肌肉活动作为维持人类生存的重要基础，我们的心脏泵出血液要依赖心肌的收缩，呼吸的产生要依赖膈肌的收缩、咀嚼食物依赖咬肌收缩、食物在胃肠道内的消化和吸收则依赖胃肠道肌肉的收缩等，所以肌肉活动是消耗能量最多的人体活动。人体不能直接利用

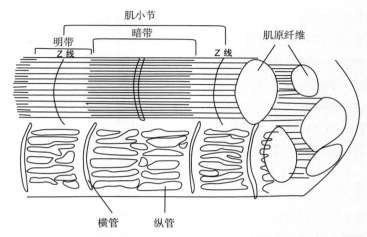

图6.3.2 肌管系统。横管系统由肌细胞膜向内凹陷形成，又称T管，其位置与Z线水平，方向与肌原纤维垂直，呈环状包绕在每条肌原纤维周围。纵管的走向与肌原纤维平行，又称L管

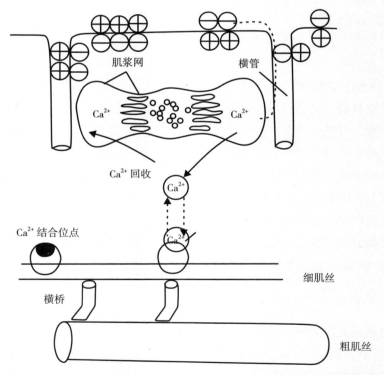

图6.3.3 骨骼肌力量产生机制示意图。肌纤维膜电位去极化，进而引发横管和终池膜电压去极化，钙离子通道打开，大量钙离子进入肌细胞内，触发肌丝滑行，完成电信号到机械过程的转化

电能、太阳能等各种物理形式的能量，只能使用储存在三磷酸腺苷（adenosine triphosphate, ATP）分子中储藏的化学能。ATP是一种存在于细胞内、由线粒体合成并可以迅速分解被直接利用的一种自由存在的化学能形式。它由一个大分子的腺苷和三个磷酸根组成，所以被称为三磷酸腺苷。ATP分子中三个磷酸根之间的结合键中储存大量的能量，比一般的化学结合键带有更多的能量，故被称为高能磷酸键。每克ATP分子的高能磷酸键断裂时，可以释放出29.2~50.2kj的能量。

磷酸原系统

磷酸原系统的供能特点是供能总量少，持续时间短，功率输出最快，不需要氧气也不产生乳酸等中间产物。磷酸原系统是一系列高功率输出运动项目的物质基础，如短跑、投掷、举重、跳跃等项目。测定磷酸原系统的输出功率情况，是评价以上项目训练效果的重要指标。

乳酸能系统

乳酸能系统是指葡萄糖或糖原在无氧条件下分解产生ATP同时产生乳酸为代谢废物的功能系统。其特点是供能总量较磷酸原系统多，持续时间较短，功率次之，不需要氧气供应。其代谢的最终产物是乳酸，这是一种可导致骨骼肌疲劳的物质，通过检测扩散进入血液的乳酸含量可以评估乳酸能系统的供能能力。乳酸是一种强酸，在体内大量积聚无法被缓冲消耗时，会导致体液pH的稳定状态被破坏，这一结果反馈性抑制葡萄糖的无氧酵解过程，使得ATP的合成减少，机体疲劳。

乳酸能系统供能的意义在于：保证磷酸原系统停止工作后，机体仍然可以有数十秒的快速功能，以满足短时间内的能量需要。400米跑和100米游泳等一分钟以内的运动项目主要依赖这一系统。

有氧氧化系统

有氧氧化系统指糖、脂肪和蛋白质在线粒体内彻底氧化产生能量的功能系统，其特点是产能过程中需要氧气，但是最终产物是水和二氧化碳，并无乳酸这类导致机体疲劳的中间产物。因为这一功能系统的底物是糖、脂肪和蛋白质，人体内储存充足，所以理论上分析，这一系统的功能能力是无限大的。

6.4　运动单位（motor unit）

任何动作的完成，不管是训练有素的体操运动员完成的高难度的技术动作，身体健康的成年人完成日常生活的行为细节，还是患有神经肌肉类疾病的患者的动作完成，所有的这些活动都包含神经系统和骨骼肌的交互作用。骨骼肌提供活动完成需要的力量；神经系统负责向骨骼肌发送信号，使得骨骼肌按照目标动作的需要收缩。激活骨骼肌的信号由中枢神经系统内的运动神经元提供，每一根肌纤维都由一个运动神经元激活，但是一个神经元可以激活成百上千的肌纤维。

运动单位指中枢神经系统和骨骼肌组成的产生力量的最基础单位，包括位于脊髓灰质腹侧的运动神经元、神经元轴突以及该轴突支配的骨骼肌纤维。中枢神经系统通过控制运动单位实现对骨骼肌收缩力量的控制。单个运动单位能够产生的力量取决于这个运动单位包含的肌纤维的数量以及支配这些肌纤维的运动神经元能够产生的动作电位的频率。

运动单位的分类

罗伯特·伯克（Robert Burke）和他在NIH的同事制订了一套用于划分运动单位类型的指标，他们使用电刺激的手段激活单个的运动神经元，并测量这个运动神经元支配的肌纤维收缩时产生的力量，发现最大收缩力量和抗疲劳程度在不同的神经元中并不相同，这两个指标被用来对运动单位分类。在强直收缩过程中，收缩力量不减小或只有轻微减小的运动单位被称为抗疲劳型，而在强直收缩过程中收缩力量显著减小的运动单位即是易疲劳型。研究人员分别测量运动单位在收缩初始和收缩后120s的力量，用后者除以前者得到运动单位的疲劳系数。若系数大于0.75，说明运动单位的收缩力量只发生了微小变化，判定为抗疲劳型；若系数小于0.25，说明力量随时间延长显著减小，则判定该运动单位是易疲劳型。

伯克依据抗疲劳能力和收缩力量等将运动单位划分为三类：

S型：收缩速度慢，极其不易疲劳；

FR型：收缩速度快，不易疲劳；

FF型：收缩速度快，易疲劳。

三种不同类型的运动单位包含的肌纤维类型不同，S型运动单位主要支配I型肌纤维，FR型运动单位主要支配IIa型肌纤维，FF型运动单位主要支配IIb型肌纤维（见图6.4.1）。

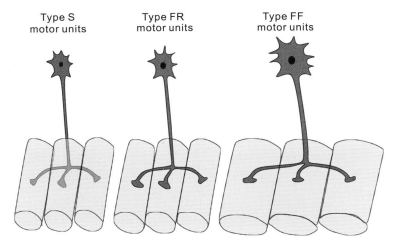

图6.4.1　运动神经元和其支配的肌纤维组成运动单位

6.5　运动单位的募集

运动神经元的主要功能是产生动作电位触发骨骼肌产生收缩，这一过程被称为运动单位的募集，被激活的运动单位的数量和运动神经元产生动作电位的频率是决定骨骼肌收缩时产生的力量大小的重要因素。尽管不同的运动神经元和骨骼肌的性质存在差异，但是不同的运动单位在组成运动神经元池的时候遵循的规则相当简单。其中最重要的是尺寸原理，在骨骼肌收缩过程中，运动神经元按照胞体尺寸从小到大依次兴奋，所以运动单位也按照这样的顺序开始收缩。

完成日常生活并不需要将全部的运动单位激活，我们的神经系统通常根据具体的任务选择运动单位，尽管如此，募集顺序并不发生改变。S型运动单位是所有的收缩中都会用到的运动单位，而FF型运动单位则不常用到。

中枢神经系统依靠增加对运动神经元池的突触输入来增强骨骼肌的收缩力量。当运动神经元池接受到更强烈的突触输入，新的运动单位被激活，原来就被激活的运动单位的放电频率增加。运动单位的放电频率不仅关系到骨骼肌收缩力量同时还会影响力量增加的速度。

6.6　尺寸原理

到目前为止，我们已经明白了神经信号到机械信号的转化过程，知道了力量产生的机制，那么问题来了，在实际的生活中，当我们完成具体的活动时，是所有的肌纤维都一起收缩吗？当我们端起水杯和举起几十斤的杠铃时，我们的大脑如何控制骨骼肌产生不同的力量？

弄懂这些问题之前，我们先要了解骨骼肌的性质。骨骼肌可以分为三类，快肌（IIb型骨骼肌）、慢肌（I型骨骼肌）和处于两者中间的过渡性肌肉（IIa型骨骼肌）。快肌收缩速度快，收缩时产生的力量大，需要消耗的能量多，但是快肌肌纤维中线粒体密度以及毛细血管的分布相对慢肌较少，所以容易疲劳，收缩时间不能持久。慢肌收缩速度慢、产生的力量小，又因其拥有密集的毛细血管和大量的线粒体保证了能量供应，所以慢肌可以长时间工作而不易疲劳。快肌和慢肌抵抗疲劳的能力不同是因为组成两者的肌纤维中的线粒体以及血管分布的差异造成。每一个肌细胞都有其对应的支配它的运动神经元，支配不同肌纤维的运动神经元之间也存在差异。相应的，运动神经元也分为快运动神经元和慢运动神经元。快运动神经元胞体较大，兴奋性较低，慢运动神经元胞体较小，只需要较小的刺激就可以兴奋。于是，慢运动神经元与它所支配的慢肌纤维组成慢运动单位，快运动神经元和它所支配的快肌纤维组成快运动单位。有了这些分类以后，神经系统在力量产生的过程中才能实现统筹安排，以达到效率最大化。

杀鸡焉用牛刀，说得是小事情不必花大力气，我们的神经系统通常遵循合理利用资源的原理。具体来讲，快运动单位和慢运动单位收缩时产生的力量大小不同，两者能够持续收缩的时长也不同，所以为了达到效率最大化，需要根据不同的力量需要来激活恰当的运动单位。研究人员发现不同的运动单位在激活时遵守尺寸原理，即胞体尺寸较小的慢运动神经元因为兴奋性较高，阈值较低，首先被激活，随着刺激信号的增加，尺寸较大的快运动神经元会在随后被激活。所以，如果需要被执行的任务只需要较小的力量，那么神经系统只需产生较小的刺激激活慢运动神经元，若需要较大的力量，产生较大的刺激，激活力量更大的快运动单位即可。

　　要理解三种不同的运动单位在被募集时遵守的尺寸原理，不妨将它们想象成一家的三兄弟：FF型运动单位是老大，块头大，力气也大，个性沉稳，不容易激动，一般不轻易出马；S型运动单位是最小的兄弟，个子小力气也小，但是灵活好动，精力充沛不知疲倦；FR型排行第二，因为夹在两个极端中间，比较中庸。日常生活小事一般不需要太大力气，只要最小的弟弟就可以完成；如果任务难度升级小弟无法完成，那肯定要回家找哥哥帮忙，首选当然是二哥，如果兄弟两个还解决不了，才会央求大哥出马。这么联想，尺寸原理是不是就容易理解多了。

　　理论上讲，骨骼肌在收缩时会按照尺寸原理按顺序激活不同的运动单位，但是这一顺序并非是不可打破的，在某些情况下我们的神经系统会根据实际情况激活恰当的运动单位。

　　综上所述，要增加肌肉产生的力量，通常通过两种方式：1.募集更多的运动单元参与力量输出，这种方式称为空间募集（spatial recruitment）；2.增加运动单元兴奋的频率，即放电频率，这种方式称为时间募集（temporal recruitment）。运动单元的募集遵循尺寸原理，募集的次序是：1.由最小的运动神经元到最大的运动神经元；2.由S、FR到FF型运动神经元；3.由收缩最慢的骨骼肌到收缩最快的骨骼肌。

第 七 章

神经元模型

7.1 神经元的被动膜特性

神经元是构成神经网络的基本单元，它接受上级神经系统的信号输入，然后对输入信息进行加工处理，再将信息传递或输出到下一级神经元。神经元由胞体（soma）、树突（dendrite）和轴突（axon）构成（图7.1），它是神经系统对信息进行处理的最小功能性单元。神经元对信息的处理是通过放电来完成的，就是在受到突触（synapse）电流的刺激之后，在胞体与突触的连接部分轴丘（axon hillock）产生动作电位，再将动作电位沿轴突传递到轴突末端，触发神经递质的释放。图7.1.1描述了神经元的基本结构以及两个神经元通过突触相互连接并将信息进行加工处理，再通过脉冲信号（动作电位）将信息传递到下一级神经元的过程。

神经元对信号处理的过程可以通过经典的物理学理论来进行描述，这就是对神经元的模型化，它包括神经元的被动膜特性和主动膜特性的模型化。所谓被动膜特性，就是指由神经元的外表尺寸所决定的特征，如胞体的半径；轴突、树突的分支数、长度、直径等等。神经元的细胞膜由双层脂类物质构成，它将神经元分为胞内与胞外两个部分，分隔了细胞内外的离子。因此，对分布于细胞膜内外的离子而言，细胞膜充当了物理学意义上的电容（capacitance），对流动于细胞膜内外的电流，细胞膜充当了物理学意义上的电阻（resistance）。对神经元被动膜特性的模型化，就用并行连接的电容与电阻（RC电路）对神经元的每一个局部进行电路描述。图7.1.2是将一个神经元的局部进行RC电路的描述。由于神经元内部充满着胞浆，它对电流的传导是有阻力的，所以每一个局部的RC电路必须通过内部的电阻再相互连接（图7.1.2，右）。

树突是神经元分支最多、表面积最大的部分，对神经元被动膜特性的模型化过程常常集中在对神经元树突分支的模型化描述。随着电子显微镜技术的发展，我们今天已经可以观测到神经元微观结构最精细的部分，其中包括分布于神经元表面的兴奋和抑制性突触的精确位置；在树突上对突触输入信号进行空间和时间综合处理的精确位置以及微观结构。树突与神经元胞体由多分支连接，每一个分支又进一步分化形成复杂的树形结构。猫的脊髓运动神经元胞体直径通常在30~80μm，由胞体发出的树突可在4~10个分支，长

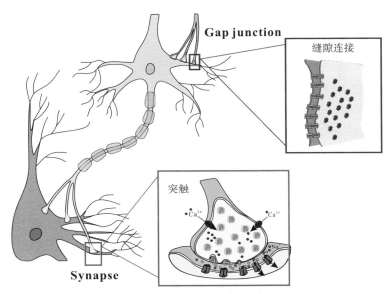

图 7.1.1　神经元的结构极其两种连接模式。左上图：神经元由胞体、树突和轴突构成，轴突
通常由髓鞘包裹，终端形成突触与下一级神经元相互连接。左下图：树突接受上级神经元的
信号输出，通过时间整合和空间整合对神经信号进行处理。神经元通过两种方式相互连接，
一种是突触连接（synapse），另一种是缝隙连接（gap junction）。绿色方框内显示的是两个
通过突触相互连接的神经元，当脉冲信号传递到突触终端时钙离子通道开放，流入细胞的钙
离子触发终端囊泡释放神经递质，引起下一级神经元的兴奋。蓝色方框显示的是缝隙连接，
神经元之间通过连接子对接形成的通道相互连接

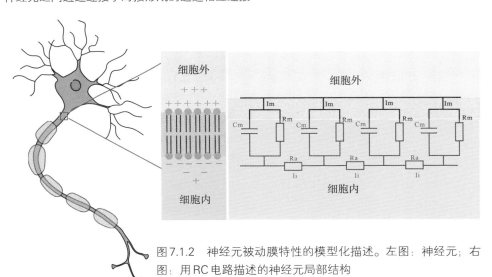

图 7.1.2　神经元被动膜特性的模型化描述。左图：神经元；右
图：用 RC 电路描述的神经元局部结构

度可以在500~2000μm。这些数据，提供了我们对神经元进行模型化的生理学依据。

7.2 细胞膜的RC电路计算

图7.2.1是细胞膜与其等价电路的示意图。由于细胞外与细胞内离子浓度的不同，导致离子在化学力与电场力的综合作用下流入或流出细胞，形成电流。这个过程等价于对一个并联的RC电路进行充电或放电，可以通过经典物理学的公式来进行描述。

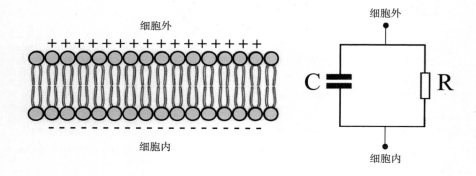

图7.2.1 细胞膜与电阻－电容（RC）电路。左图：细胞膜的双层磷脂结构将细胞内外的离子分隔开，形成电容；同时细胞膜对离子的流动形成阻力，因此细胞膜又具备电阻的作用。右图：与细胞膜双层磷脂结构等价的并联电阻（R）电容（C）电路，即RC电路

在RC电路两端输入电流，一部分电流对电容充电，另一部分流过电阻，引起电路两端的电压升高。当输入电流终止时，电容放电，电压回到充电前的水平，RC电路的充电与放电过程如图7.2.2所示。

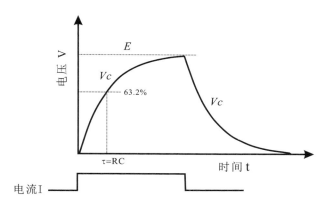

图7.2.2　电路的充电与放电。在RC电路两端输入电流，导致电容充电，电压升高。输入电流终止后，电容放电。这个过程可以通过一阶常微分方程来描述

根据基尔霍夫定律，这个过程可用以下方程描述：

$$E = RC\ \frac{dVc}{dt} + Vc \qquad (7.2.1)$$

求解此常微分方程我们得到：

$$Vc = E * (1 - e^{-t/\tau}) \qquad (7.2.2)$$

这里时间常数 τ =RC。这个解告诉我们，在充电过程中当时间t= τ 时，RC电路两端的电压恰好上升为总电压的63.2%，即：

$$Vc = E * (1 - e^{-1}) = 0.632 * E \qquad (7.2.3)$$

在后面的讨论中我们会谈到，细胞膜的时间常数是描述神经元被动膜特性的重要参数。对RC电路充电与放电过程的数学描述，为神经元的模型化奠定了基础。

7.3　电缆理论基础

树突是由细胞膜所包裹的细管，与细胞内和细胞外液的电阻相比，细胞膜是一个相对较好的绝缘体。由于膜电阻与轴向电阻的差异，对于局部的树

突而言，导体内的电流往往平行于轴向（沿 X 轴）流动，这就是为什么经典的电缆理论只考虑电缆轴线的一个空间维度（x），而忽略了 y 和 z 维度。因此，一维电缆理论的一个关键假设是：细胞膜上的电压 V 是时间 t 和树突轴向距离 x 的函数。经典的电缆理论还有几个基本的假设是：（1）细胞膜是被动的（passive），即不依赖于电压，并且是均质的（uniform）。（2）树突轴向导体具有恒定的横截面，细胞内液的电阻可以用欧姆值来表示。（3）细胞外电阻率可以忽略不计，即细胞外部是均匀的等电位。（4）输入树突的电流是不同节点的电流在树突中的线性综合，非线性综合的情况涉及突触电导的非线性机制，我们在这里不做讨论。为方便起见，我们假设膜电位是相对于静息膜电位为零的测量值（事实上，生理状态下神经元的静息膜电位在 –70 mV 左右）。

有了这些假设我们就可以方便地推导出树突上任何点 x 在时间 t 时刻的电压一维（被动）电缆方程 V（x, t）。这个方程可以对任意复杂的被动树突分支进行解析求解。被动树突的情况是非常重要的参考例子，它提供了我们理解树突中信号处理的基本原理。

7.4　电缆方程

在树突形成的圆柱体的任何一点，电流可以纵向（沿 x 轴）流动或跨膜流动。纵向电流 I_i（单位安培）遇到细胞质（胞浆）所形成的电阻而产生电压降。我们规定电流在往增加 x 值的方向流动时为正，并定义 R_i（Ω/cm）为细胞质电阻率（cytoplasm resistivity），即沿 x 轴的单位长度的电阻，于是根据欧姆定律我们得到：

$$\frac{1}{R_i}\frac{\partial V}{\partial x} = -I_i \tag{7.4.1}$$

膜电流既可以通过膜上的被动离子通道流过细胞膜，也可以对细胞膜所形成的电容进行充电。我们假设这个柱形电缆的长度为 l，直径为 d，我们用 R_m 表示单位长度上的膜电阻（Ω*cm），C_m 表示单位长度上的膜电容（F/cm），那么单位膜上的膜电流 I_m 可以表示为：

$$\frac{\partial I_i}{\partial x} = -I_m = -(\frac{V}{R_m} + c_m\frac{\partial V}{\partial t}) \tag{7.4.2}$$

结合等式（7.4.1）与（7.4.2）我们得到：

$$\frac{1}{R_i}\frac{\partial^2 V}{\partial^2 x} = c_m\frac{\partial v}{\partial t} + \frac{V}{R_m} \tag{7.4.3}$$

我们作参数代换：$\lambda = \sqrt{R_m/R_i}$ 和 $\tau_m = R_m C_m$，可以将等式（7.4.3）改写为：

$$\lambda^2\frac{\partial^2 V}{\partial^2 x} - \tau_m\frac{\partial v}{\partial t} - V = 0 \tag{7.4.4}$$

这里，λ 称为空间常数，τ_m 称为时间常数，它们具有不同的生物物理学含义。实际电缆的膜电容（C）、膜电阻（R）以及胞浆电阻（Ra）由公式 $C = C_m * l$，$R = R_m/l$ 和 $R_a = R_i * l$ 确定。

电缆方程（7.4.4）可以在几个特殊的状态下进行求解，得出具有不同电生理意义的解释。

7.5 电缆方程的求解问题

当电缆处于稳定状态（steady state），即电压不随电缆的延伸而变化时，我们有$\frac{\partial v}{\partial t} = 0$，方程（7.4.4）简化为一个常微分方程：

$$\lambda^2\frac{d^2 V}{d^2 x} - V = 0 \tag{7.5.1}$$

求解（7.5.1）得通解：

$$V(x) = Ae^x + Be^{-x} \tag{7.5.2}$$

这里A、B是常数，由边界条件来确定。我们假设电缆是一个无限长（infinite）的柱体，在初始点（x=0）的电位为V_0，即V（0）=V_0；在无穷远点（x=∞）为0，即V（∞）=0，那么满足方程（7.5.1）的解是：

$$V(x) = V_0 e^{-x/\lambda} \tag{7.5.3}$$

　　我们在前面已经假设电缆的长度为 l，这里我们定义 ，$L=l/\lambda$，L 称为电张长度（electrotonic length），它是一个刻画膜电位从初始点开始沿着电缆逐渐衰减的重要指标。

　　方程（7.5.1）还可以在另外两种"极端"状态下进行求解：一种是假设在 x= 的地方电缆开路（sealed），即 $\dfrac{\partial V}{\partial x}=0$，电路断开没有电流通过；另一种是在 x= 处电压被钳制在静息膜电位（clamped），这里假定静息电位为0。两种状态下可以分别求得（7.5.1）的解为：

　　开路状态（sealed end）：

$$V(x)=\frac{v_0\cosh(l/\lambda - x/\lambda)}{\cosh(l/\lambda)} \qquad (7.5.4)$$

　　钳制状态（clamped end）：

$$V(x)=\frac{v_0\sinh(l/\lambda - x/\lambda)}{\sinh(l/\lambda)} \qquad (7.5.5)$$

　　电缆方程（7.5.1）的以上三个解，精确地刻画了膜电位沿着树突电缆延伸的方向逐步衰减的过程，下图详解了这一过程。

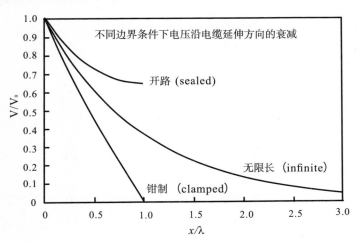

图7.5.1　三种不同边界条件下，膜电位沿树突电缆延伸方向的衰减状态。中间曲线是树突电缆为无限长的情况，其他两条曲线是电张长度 $x/\lambda = 1$ 的有限电缆的衰减状态（改变自《GENESIS》）

7.6 电压衰减问题

在上一节中，我们对稳态电压状态下的电缆方程（7.4.4）进行了求解，并对三种边界条件下电压沿电缆延伸方向的衰减情况进行了讨论。事实是电缆上的电压也会随着时间的变化而衰减，在这一节中我们就来讨论这个问题。如果我们假设电缆上的电位是均值的，即 $\frac{\partial^2 V}{\partial^2 x}=0$（电压不随电缆延伸的方向变化），那么电缆方程（7.4.4）将简化为一个依赖于时间变量的常微分方程：

$$\frac{dV}{dt} + V = 0 \qquad\qquad (7.6.1)$$

求解这个方程可以得到：

$$V(t) = Ae^{-t/\tau_m} \qquad\qquad (7.6.2)$$

这里 A 为常数，由电缆的初始条件决定。假设在时间 t=0 时电压等于 V_0，即 V（0）=V_0，那么：

$$V(t) = V_0 e^{-t/\tau_m} \qquad\qquad (7.6.3)$$

这个函数刻画了电压随时间在电缆中的衰减情况。

一般而言，电缆方程（7.4.4）的通解可以展开为一个无穷傅立叶级数：

$$V(x,t) = \sum_{k=0}^{\infty} B_k \cos(k\pi x/l)e^{-t/\tau_k} \qquad (7.6.4)$$

这里 B_k 是傅立叶系数，依赖于电缆长度 l、索引序数 k 和电缆的初始边界条件；时间常数 τk 与电缆分布的位置无关，对任意的 k 它们满足 $\tau_k < \tau_{k+1}$；对均质细胞膜而言，最慢的时间常数 $\tau_0 = \tau_m$。

7.7 时空常数与输入电阻

在前面的神经生理学基础中我们介绍过突出电流在树突上的整合服从于时间整合（spatial integration）和空间整合（temporal integration）原则，空间常数

λ 与时间常数 τ_m 在突出电流的整合中扮演重要的作用。一个时间常数大的神经元（例如 τ_m =100 ms）比一个时间常数小的神经元（例如 τ_m=10 ms）有更大的时间窗口来整合突出输入的电流。由于 $\tau_m = R_m\, C_m$，因此细胞膜的时间常数由细胞膜的电阻和电容所决定，而与细胞的形态无关。R_m 较小的神经元对突出输入的电流有较快的反应，同时这种反应也消失得比较快。相反的，R_m 较大的神经元由于膜电压衰减的时间相对慢，因此会有更长的时间来综合突出输入的电流。

与时间常数 τ_m 不同，空间常数不仅依赖于神经元的被动膜特性，也依赖于树突电缆的轴向电阻（即胞浆电阻 R_a）和树突的直径。一个空间常数较大的神经元（可能是 R_m 较大，直径较大，或者 R_a 较小），它的膜电压在树突分支上衰减的程度比一个空间常数较小的神经元相对较小，这样它对来自不同分支上的突出输入信号进行整合的能力就更强。由上面的讨论可知，神经元的时间常数和空间常数为我们提供了重要的信息，使我们能够深入地研究神经元在树突上对输入信号进行时间整合与空间整合的能力。

刻画神经元被动细胞膜特性的指标中有一个重要的参数叫输入电阻 R_{in}（input resistance），这个参数可以通过简单的实验方法来进行测量。通常用电极向神经元注入微量的电流 I_0（比如向小鼠的脊髓运动神经元中注入 –10 pA 的电流。注意：注入负电流使神经元膜电位超极化，通常不会引起电压门控离子通道的开放，因而可以提高 Rin 测量的精度），同时测量相应的膜电位 V_0，然后根据欧姆定律计算出输入电阻：$R_{in}=V_0/I_0$。图 7.7.1 详细说明了这个过程。

输入电阻的测量：$R_{in}=V_0/I_0$

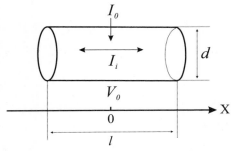

图 7.7.1　输入电阻的计算测量。在 X=0 点向电缆注入电流 I_0, 测得对应的电压为 V_0, 根据欧姆定律输入电阻 $R_{in}=V_0/I_0$。电缆的长度为 l，直径为 d，轴向电流（胞浆电流）为 I_i

事实上这个测量过程可以通过电缆方程进行推导。假设在X=0点我们向柱形树突电缆注入电流I_0，并且测得这一点的电压为V_0，那么根据方程（7.4.1）我们可以得到：

$$I_i = -\frac{1}{R_i}\frac{\partial V}{\partial x}|_{x=0} = I_0 \qquad (7.7.1)$$

从等式（7.5.3）$V(x) = V_0 e^{-x/\lambda}$ 我们有：

$$\left(\frac{\partial V}{\partial x}\right)|_{x=0} = \frac{dV}{dx}|_{x=0} = -V_0/\lambda \qquad (7.7.2)$$

根据上面的推导，我们可以得到：

$$R_{in} = \frac{V_0}{I_0} = \sqrt{R_m R_i} = \frac{1}{\pi}\left(d^{-3/2}\sqrt{RR_a}\right) \qquad (7.7.3)$$

从这里可以看出，输入电阻正比于总的膜电阻R和总的轴向（胞浆）电阻R_a，但是反比于树突直径d，这里$R = R_m/l$，$R_a = R_i l$。由于输入电阻的特殊性质，在实际的实验中我们可以利用它来研究神经元的细胞膜被动特性，比如估计神经元的电张长度、细胞尺寸等等，在神经元的建模过程中我们也可以对复杂的树突分支进行简化。

7.8　舱室模型

电缆理论为我们提供了对神经元的被动电生理特性进行模型化的数学方法，但是由于神经元的形态具有复杂的树突分支和千姿百态的形态，要将理想条件下推导出来的电缆理论应用于神经元的模型化，我们必须对神经元的形态进行物理结构上的离散化，这就是所谓的神经元的舱室模型化（compartment model）。这个方法的特点是首先将神经元按照其自然的物理形态进行分割，然后在每一个分割的节段上应用电缆理论进行数学描述，最后再将分割的节段按照神经元的形态和电缆性质重新组装起来，最终完成对神经元被动膜特性的模型化。这里，分割出来的不同节段都具有不同的电缆长度和不同的电缆直径，但每一个节段都可以用一个并联的RC电路来进行表述（如图7.2.1所示），而同一个节段中的电压是均等的，节段与节段之间通过耦合电阻相互连接。

图7.8.1是一个将神经元进行模型化的例子。这是一个小鼠脑干的神经元，从胞体发出四条分支，其中一条分支（右侧）进一步分化为两条分支。根据分支的结构可以运用电缆模型对每一条分支进行分段化，每个节段用一个柱形电缆来表达，它们有不同的长度和直径。电缆模型建立起来后，我们用RC电路来替代每一个柱体电缆的节段，其中电阻R和电容C的数值由电缆的长度和直径所决定。柱体与柱体之间的RC电路通过耦合电阻相互连接，最终完成对神经元的舱室模型化。

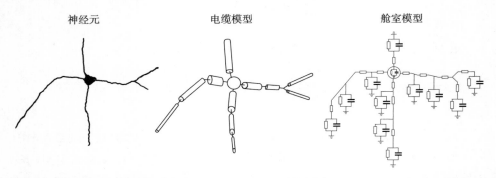

神经元　　　　　　　　电缆模型　　　　　　　　　　舱室模型

图7.8.1　神经元的电缆模型和舱室模型。这是一个取自小鼠脑干的神经元（左图），运用电缆模型将其进行分段化（中图）；再对每一个分段进行舱室模型化（右图）

神经元的模型化是我们研究神经系统进行信号处理的重要手段，发现并揭示神经系统所遵循的生物物理学原理与规律。一旦我们完成对神经元的舱室模型化，它所有的被动膜特性就可以通过数值计算的方法进行仿真模拟和求解计算。

7.9　二分之三次幂指数原则

根据输入电阻的定义，我们看到R_{in}的大小依赖于电缆直径的二分之三次幂$d^{3/2}$。Rall证明，如果一个直径为d_p的树突，其两个分支的直径d_1、d_2满足下面的等式：

$$d_p^{3/2} = d_1^{3/2} + d_2^{3/2} \qquad (7.9.1)$$

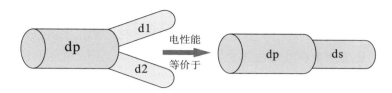

图7.9.1　树突分支的二分之三次幂指数原则。当直径为d_p的树突，其两个分支的直径d_1和d_2满足等式（7.9.1），那么两个分支在电学特性上可以等价于一个子树突ds

　　并且这个树突的膜电阻和胞浆电阻是均匀一致（均质）的，那么从电学特性上来说电流经过这两个分支就等价于流过一个与d_p树突彼此相连的子树突d_s。也就是说，如果一个树突两个分支的直径满足等式（7.9.1），那么这两个分支就可以在电学特性上简化为一个子分支，如下图所示：

　　运用二分之三次幂指数原则，我们可以根据研究的需要把一个神经元复杂的树突分支进行任意程度的简化，直到简化为一个在电学特性上等价的圆柱体（equivalent cylinder）或者圆球。这样的方法使我们可以对一个复杂的神经元进行任何程度的简化，并根据研究的需要在最为有利的程度上研究电信号在被动树突中的传递机制，揭示神经元中信号加码与解码的秘密。

　　图7.9.2演示了如何将神经元树突舱室逐步简化的过程。这里演示的是一个取自于大脑的神经元，胞体呈锥体形状，具有从胞体发出的三支树突和一支轴突。根据这样的结构我们可以首先建立一个在形态上足够相似的舱室模型

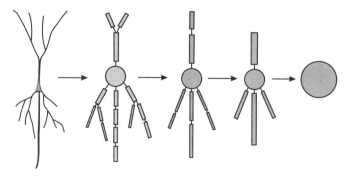

图7.9.2　神经元树突舱室模型的简化。图中最左端是一个取自于大脑的神经元，根据其形态可以建立起近似的舱室模型树，树中每个舱室都等价于一个均质的RC电缆。这里我们可以反复运用Rall二分之三次幂指数原则对树突电缆进行简化。理论上讲我们可以最终将这棵舱室模型树简化为一个在电学特性上与之等价的球。图中从左至右演示了这个简化的过程

树，树中每个舱室等价于一个均质的RC电路。然后我们对这棵树中的舱室电缆反复应用"Rall二分之三次幂指数原则"进行简化，理论上讲我们最终可以将这棵树简化为一个在电学性质上与之等价的圆球。上图从左至右演示了这个简化的过程。

　　对神经元树突模型的简化程度没有统一的标准，这取决于我们对研究问题所提出的需要。一般而言，对神经元突触输入电流的时间整合与空间整合特性的研究往往会要求保留相对复杂的树突结构；而与兴奋性相关的离子通道特性的研究则会采用相对简化的树突结构。在不损失研究精度的前提下，简化的神经元树突可以大大降低计算成本，加快系统运行的速度，这对实时控制的系统仿真模型来说非常重要。

7.10　神经元的主动膜特性

　　完成了神经元的舱室模型化，仅仅是对神经元的被动膜特性进行了生物物理学的描述，或者说仅仅是对神经元的形态进行了模型化，这样的模型尚不具备神经元最重要的功能——兴奋性。产生动作电位是神经元对信息传递进行编码与解码的重要能力，要使神经元模型具备这种能力，我们需要在模型中加入离子通道，这就是所谓的主动膜特性（active property）。

　　离子通道（ion channel）是一种镶嵌于细胞膜上的成孔蛋白，它允许特定类型的离子依靠电势和化学浓度的综合作用穿过通道，导致细胞内部电压的变化以及一系列生理生化的变化，对神经系统的信号传递产生作用。大约有300多种类型的离子通道存在于各种类型的细胞中，我们通常可以通过离子的种类、通道开关的控制机制以及构成通道蛋白质结构的性质来对离子通道进行分类。电压门控（voltage-gated）和配体门控（ligand-gated）是离子通道分类中的两个大类。

　　电压门控离子通道是靠电压活化（activation）而开放的离子通道，即通道的开放与关闭由膜电位的升高或降低所控制，诸如我们通常所说的电压门控Na^+通道、Ca^{2+}通道或K^+通道（图7.10.1左图）。这些通道在静息状态下处于关闭，当神经元受到刺激膜电位去极化时它们打开，引起膜电位的进一步升高甚至产生动作电位。

电压门控

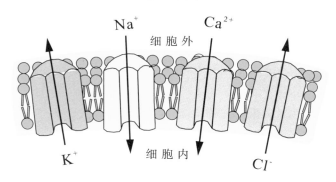

图 7.10.1　神经元细胞膜上的离子通道。向内流动的电压门控 Na^+ 和 Ca^{2+} 离子通道，以及向外流动的 K^+ 离子通道和 Cl^- 离子通道

其他类型的离子通道通过不同的机制控制通道的开关，比如通过细胞内部的分子机制如第二信使所控制的离子通道；通过环核苷控制的离子通道，还有对机械敏感的离子通道、光敏感的离子通道，以及温度敏感的离子通道，等等。在脊髓运动系统中，电压门控和配体门控离子通道是最重要的两类离子通道，我们对神经元主动膜特性的描述完全建立在这两类通道上。

如果说神经元的被动膜特性主要是指由细胞尺寸的大小所决定，那么神经元的主动膜特性就是由其包含的离子通道所决定。在实际实验中，我们通常使用神经元的静息膜电位（E_m）、输入电阻（R_{in}）、细胞膜电容（C_m）、时间常数（τ_m）、基强电流（I_{th}）等参数来表述神经元的被动膜特性。神经元的主动膜特性是描述神经元兴奋性的参数，因此与神经元的放电性质有关，通常包括神经元产生动作电位（AP: action potential）的电压阈值（V_{th}）、动作电位的幅度（AP height）、动作电位的宽度（AP width）、后超极化电位的深度（AHP depth）、超极化电位的宽度（AHP width）以及神经元的频率–电流关系（frequency–current relationship）等。关于这些参数的神经生理学意义，请参考第二章中的讨论。在实际的生理实验中对神经元主动膜特性的测量就是对这组与动作电位相关的数据的采集、分析与统计；在神经元模型化的过程中，我们通过对模型中离子通道的调节来匹配和校对模型与实验数据的一致性，使模型在功能和生理意义上与真实的神经元保持一致。

7.11　离子通道门控机制的数学描述

如果我们要对神经元的主动膜特性进行数学描述，即所谓的模型化，我们就必须首先了解霍奇金－赫胥黎模型。艾伦·霍奇金和安德鲁·赫胥黎是两位英国剑桥大学的科学家，他们从1946–1952年之间的合作，成为神经科学研究历史上最有成效和最有影响力的合作。他们的工作从根本上揭示了神经细胞兴奋的原理，这不仅仅让我们知道了电压门控的离子通道是如何让神经细胞产生动作电位并沿着轴突传递，而且更重要的是他们的工作为后人研究离子通道的动力学机制构建了坚实的框架与基础。他们的工作获得了1963年的诺贝尔生理学和医学奖。

早在1939年霍奇金和赫胥黎就在乌贼鱼的神经轴突组织上第一次测量到了动作电位，为他们在后来的合作研究中使用同样的制备对钠离子、钾离子通道进行数学模型化的工作奠定了基础（图7.11.1）。他们用充满海水的毛细管插入乌贼鱼的神经轴突，这根毛细管充当了电极，可以测量到轴突膜内与膜外的电位差。在轴突的另一端给电刺激引发细胞膜产生动作电位，膜电位的变化可以在示波仪上记录下来。

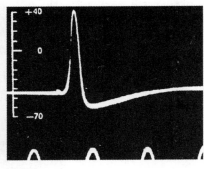

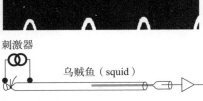

艾伦·霍奇金　　刺激器　　　　　　　　　　　　　　　　　　安德鲁·赫胥黎

图7.11.1　艾伦·霍奇金（左图）和安德鲁·赫胥黎（右上图）以及他们用乌贼鱼所做的实验。1939年他们在乌贼鱼的神经轴突上第一次测量到了动作电位（中图）。实验的设计非常简单（底图），但巧妙地利用了乌贼鱼神经轴突组织尺寸大、结构单一、操作容易的特点

为了研究动作电位产生的机制，霍奇金和赫胥黎需要知道是什么电流在乌贼鱼的神经轴突上引起了膜电位的变化。早在1949年霍奇金与 Katz 的研究就已经表明，钠离子与钾离子电流对膜电位的变化起到重要的作用，但如何测量这两种电流对他们是一种挑战。为此他们改进了实验方案，他们用两个电极来构建电压钳的实验。他们用轴向电极实现空间上的电压钳，用反馈放大器来调节电流以使膜电位Vm达到指令电位Vc。有了这样的设计，他们可以测量到引起细胞膜在任意电位上变化的电流（见图7.11.2 A）。

霍奇金和赫胥黎认为，动作电位的产生是由于细胞膜对钠、钾离子通透率的瞬间改变所导致。当膜电位升高时应该是钠离子通道开放的结果；而当膜电位降低时应该是钾离子通道开放所引起的。那么在动作电位上升的过程中膜电位应该向着钠离子电流的平衡电位E_{Na}（大约55 mV）逼近；而在动作电位降低的过程中，膜电位应该向着钾离子电流的平衡电位E_K（大约–75 mV）逼近。为此，他们认为只要改变细胞外液钠离子的浓度$[Na]_o$，他们就应该可以看到动作电位高度的改变。根据这一假设，他们成功地向世界展示了在乌贼鱼与轴突上产生动作电位的电流只有钠离子电流I_{Na}和钾离子电流I_K（见图7.11.2. B）。他们首先在轴突组织上测量到一个综合的电流$I_{Na}+I_K$，然后他们把细胞外液的钠离子浓度降低到10%，此时他们测量到的电流主要是钾离子电流I_K，最后他们从综合电流中减去钾离子电流，从而得到钠离子电流I_{Na}。运用电压钳技术，霍奇金和赫胥黎令人信服地证明了他们的假设，他们成功地将产生动作电位的钠离子、钾离子电流分离出来，这为他们随后完成钠离子、钾离子通道的数学模型化奠定了坚实的基础。

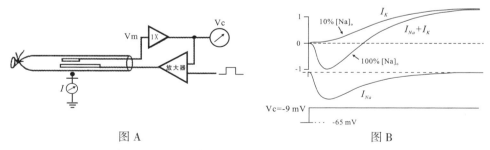

图A   图B

图7.11.2   用电压钳实验测量到的钠离子、钾离子电流。图A. 在乌贼鱼神经轴突上所进行的空间与电压钳实验设计方案。图B. 向轴突组织施加电压Vc，测得钠离子和钾离子组成的综合的电流$I_{Na}+I_K$，将记录溶液中的钠离子浓度降低到10%，此时测量到的电流主要由钾电流I_K构成，从综合电流中减去I_K得到I_{Na}电流

7.12　Hodgkin–Huxley（HH）模型

在神经元的被动膜特性中我们介绍过，从电缆理论上说神经元等于RC
电路，这里膜电阻R和膜电容C是由神经元的形态和胞质所决定的常数。
Hodgkin–Huxley 模型（HH模型）的核心也是将神经元转化为物理学上等价的
电路，但是此时的"膜电阻"不再是满足欧姆定律的常数电阻，而是阻值随
电压和时间变化的可变电阻。如图7.12.1所示，Hodgkin–Huxley 提出的乌贼鱼
神经轴突等价电路包括了膜电容（C_m）、钠离子通道（R_{Na}）、钾离子通道（R_K）
和渗漏电阻（R_l）。和这个电路等价的方程可以写成：

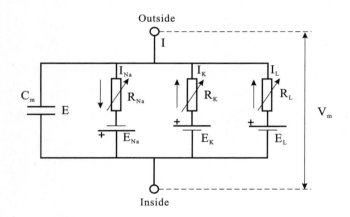

图7.12.1　霍奇金–赫胥黎提出的乌贼鱼神经轴突等价电路，包括膜电容（C_m）、钠离子通
道（R_{Na}）、钾离子通道（R_K）和渗漏电阻（R_l），E_{Na}、E_K和E_l分别是钠、钾和渗漏电流的平
衡电位

根据基尔霍夫定律，图7.12.1所表示的电路方程可以写成：

$$C_m \frac{dV}{dt} = I_{Na} + I_K + I_l = g_{Na}(V - E_{Na}) + g_K(V - E_K) + g_l(V - E_l) \quad (7.12.1)$$

这里g_{Na}、g_K和g_l代表钠、钾和渗漏电流的电导（conductance），它们分别
等于对应电阻的倒数：$1/R_{Na}$、$1/R_K$ 和$1/R_l$，Hodgkin 和 Huxley 所做的工作就是

在实验的基础上，给出g_{Na}和g_K的数学模型。应该指出，当Hodgkin和Huxley开始研究g_{Na}和g_K的数学特性的时候，离子通道的概念还没有提出来，今天我们使用这个概念来介绍HH模型完全是为了陈述的方便。

HH模型的建立首先是从离子通道门控机制的假设开始的。所谓离子通道就是细胞膜上所形成的一个孔，这个孔（通道）可以通过门（gate）的开放或关闭来控制离子的流动。一个通道可以由一道门来控制，也可以由多道门来控制，而门的状态始终只有两种：开放（open）或者关闭（close）。当离子流进或流出通道时，控制该通道的所有门都必须是开放的；而当控制该通道的一道门（或者几道门）关闭时，离子经由该通道的跨膜流动就停止了。

电压门控离子通道的门控机制可以用一阶常微分方程所描述的随机过程来刻画：假设控制某种离子通道的一扇门为G_m，它处于开放的概率是m，（$0 \leqslant m \leqslant 1$），那么处于关闭的概率就是（1–m）。我们再进一步假设：这扇门由关闭到开放的过程可以由一个速率常数（rate constant）α_m来描述，同时由开放到关闭的过程可以由另一个速率常数β_m来描述，如图7.12.2所示：

$$C \underset{\beta_m}{\overset{\alpha_m}{\rightleftharpoons}} O$$

$$1\text{-}m \qquad m$$

图7.12.2　HH模型的门控假设。假设一扇门开放（O）的概率为m，那么关闭（C）的概率就是1–m；这扇门从关闭到开放的过程服从速率常数α_m；同时从开放到关闭的过程服从速率常数β_m。

那么描述这扇门开放或关闭的概率方程可以写为：

$$\frac{dm}{dt} = \alpha_m(V)(1-m) - \beta_m(V)m \qquad (7.12.2)$$

我们这里把m称为状态变量（state variable），假设t=0时有$m(0) = m_0$

那么求解方程（7.12.2）可得：

$$m(t) = m_\infty - (m_\infty - m_0)e^{-t/\tau_m} \qquad (7.12.3)$$

这里：

$$m_\infty = \frac{\alpha_m(V)}{\alpha_m(V)+\beta_m(V)}, \quad \tau_m = \frac{1}{\alpha_m(V)+\beta_m(V)} \qquad (7.12.4)$$

方程（7.12.2）所刻画的门控机制表明，通道的开放或关闭取决于两个变量：膜电压 V 和时间 t。当通道处于稳定状态时（steady-state），即 $\frac{dm}{dt} = 0$ 时，（7.12.3）可以容易地推导出，此时通道仅仅依赖于膜电位，而通道开放的时间常数由 τ_m 确定。

霍奇金–赫胥黎发现，钠离子电导 g_{Na} 受两扇门的控制，一扇称为活化门（activation），我们上面用 Gm 表示，它的状态变量是 m；另一扇门称为钝化门（inactivation），我们用 Gh 表示，状态变量用 h 表示。h 由形式上与（7.12.2）完全相同的随机方程描述：

$$\frac{dh}{dt} = \alpha_h(V)(1-h) - \beta_h(V)h \qquad (7.12.5)$$

假设 t=0 时有 $h(0) = h_0$，求解方程（7.12.5）我们得到：

$$h(t) = h_\infty - (h_\infty - h_0)e^{-t/\tau_h} \qquad (7.12.6)$$

这里：

$$h_\infty = \frac{\alpha_h(V)}{\alpha_h(V)+\beta_h(V)}, \quad \tau_h = \frac{1}{\alpha_h(V)+\beta_h(V)} \qquad (7.12.7)$$

Hodgkin–Huxley 最终给出的钠离子通道的数学模型是：

$$g_{Na} = m^3 h \bar{g}_{Na} \qquad (7.12.8)$$

其中 $\bar{g}_K$ 为钠离子通道的最大电导。这个公式是霍奇金–赫胥黎根据实验数据拟合得来的，他们发现活化状态变量 m 的三次幂 m^3 拟合的曲线最接近实验数据，而钝化变量 h 的一次幂拟合效果最好。他们当时从粒子组合概率的意义上对曲线拟合所表达的门控含义给出了解释，当然这些解释今天看来已经不重要了，因为在他们那个时代离子通道的分子结构尚不为人知。HH模型最重要的是对离子通道的门控机制给出了精确的数学描述，这个模型是划时代的，它开启了神经科学研究中一个新纪元。

霍奇金–赫胥黎用同样的方法对钾离子电导进行了模型化，他们发现只需要一道活化门控制，没有钝化门，它由下面的公式定义：

$$g_K = n^4 \bar{g}_K \tag{7.12.9}$$

其中$\bar{g}_K$为钾离子通道的最大电导，n为状态变量，满足微分方程：

$$\frac{dn}{dt} = \alpha_n(V)(1-n) - \beta_n(V)n \tag{7.12.10}$$

假设t=0时有$n(0) = n_0$，求解方程（7.12.10）可得：

$$n(t) = n_\infty - (n - n_0)e^{-t/\tau_n} \tag{7.12.11}$$

这里：

$$n_\infty = \frac{\alpha_n(V)}{\alpha_n(V)+\beta_n(V)}, \quad \tau_n = \frac{1}{\alpha_n(V)+\beta_n(V)} \tag{7.12.12}$$

速率常数（α和β）、时间常数（τ）以及状态变量（m、h和n）是HH模型的核心，它们刻画了电压门控离子通道对电压和时间依赖的特性。图7.12.3取自于Hodgkin–Huxley的实验数据，它们清晰地描述了钠离子通道和钾离子通道的动力学特性。其中钠离子通道由活化（activation，图7.12.3红色曲线）和钝化（inactivation，图7.12.3绿色曲线）两道门控制，而钾离子通道仅有一道活化门控制（activation，图7.12.3蓝色曲线）。

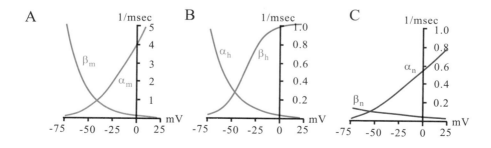

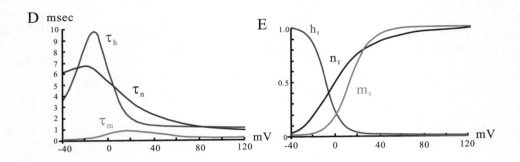

图7.12.3 HH模型的三个核心参数。A–C：速率常数；D：时间常数；E：状态变量m、h和n。红色曲线表示钠离子通道的活化状态参数；绿色曲线表示钠离子通道的钝化状态常数；蓝色曲线表示钾离子通道的活化状态参数

HH模型深刻地揭示了神经元脉冲信号产生的机制和沿轴突传递的原理，它在离子通道的水平上为我们提供了研究神经元兴奋性最本质、最核心的手段。从20世纪50年代初模型的建立到今天已经60多年过去了，HH模型不仅深刻地影响了生命科学中有关离子通道机制研究的所有方面，而且在当今人工智能研究风起云涌的时代大潮下，HH模型还将进一步成为我们对神经系统进行类脑高智能仿生系统研究的重要方法和基础。

7.13 突触电流

我们在第三章介绍过，配体门控离子通道是通过化学递质（神经递质）与通道受体结合而开放或关闭的通道（见图7.13.1）。不同的受体所控制的通道具有完全不同的兴奋性，我们通常看到的5–羟色胺受体、乙酰胆碱受体、谷氨酸受体、甘氨酸等受体都是中枢神经系统中重要的受体，控制着功能迥异的离子通道。比如谷氨酸受体所调控的离子通道通常引起神经元的兴奋，而甘氨酸受体所调控的离子通道通常引起神经元的抑制。

我们知道神经元的信号传递有两种方式，一种是树突传递，另一种是缝隙连接传递。缝隙连接传递相对简单，电流通过连接子对接形成的通道在两个神经元之间进行信号传递。对缝隙连接的模型化就是将连接两个神经元的通道表

征为一个具有恒定阻值的耦合电阻，用欧姆定律可以计算出流过通道的电流或两端的电压。突触传递涉及配体门控的离子通道机制，模型化的过程类似HH模型中的离子通道（图7.12.1），此时突触调控的离子通道可以表示为一个可调电阻Rsyn（如图7.13.1所示），我们下面给出电路方程的推导。

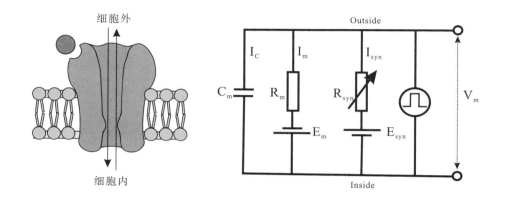

图7.13.1　突触连接与RC电路。左图：细胞膜上的配体门控离子通道。当配体与通道外的受体结合后通道开放。右图：等价的RC电路：细胞膜的双层磷脂结构等价于一个并联的电阻（R_m）与电容（C_m）电路；神经元突触调控的离子通道等价于一个可变电阻R_{syn}；电路两端可以注入电流；细胞膜内外两端的电压为V_m

图7.13.1表示的是一个配体门控的离子通道以及与之等价的电路。在经典的突触传递理论中，神经递质经由上级细胞的突触终端（presynaptic terminal）释放后，直接与下级树突细胞膜上的受体结合，引发离子通道开放，产生后细胞膜突触电流（post synaptic current）I_{syn}以及后突触膜电位PSP（post synaptic potential）的变化，根据欧姆定律这个电流可以写为：

$$I_{syn}(t) = g_{syn}(t)(V_m - E_{syn}) \qquad (7.13.1)$$

这里$g_{syn} = 1/R_{syn}$是突触电流的电导，E_{syn}是突触电流的平衡的电位，它决定着突触电流对下级神经元的兴奋或抑制性。在没有电流注入细胞的状态下，根据基尔霍夫定律，图7.13.1所示的电路有：

$$I_C + I_m + I_{syn} = 0 \qquad (7.13.2)$$

或

$$C_m \frac{dV_m}{dt} + g_m V_m + g_{syn}(V_m - E_{syn}) = 0 \qquad (7.13.3)$$

这里 $g_m = 1/R_m$。如果我们将突触电导 g_{syn} 简单地处理为方波形状，即通道只有开放与关闭两种状态，中间没有过渡的形态，那么求解方程（7.13.3）可得如下的解：

$$V_m(t) = \frac{g_{syn}}{g_{syn}+g_m} E_{syn} \left(1 - e^{-t(g_{syn}+g_m)/C_m}\right) \qquad (7.13.4)$$

但在实际的生理实验中突触电导通常用光滑函数来描述，即所谓的 α 函数：

$$g_{syn}(t) = \bar{g}_{syn} \frac{t}{\tau_{syn}} e^{(1-t/\tau_{syn})} \qquad (7.13.5)$$

这里 $\bar{g}_{syn}$ 为突触电导的最大值。可以看出当 $t = \tau_{syn}$ 时，突触电导达到最大值。在更一般的情况下，突触电导用双指数函数来描述：

$$g_{syn}(t) = C_{syn} \frac{\bar{g}_{syn}}{\tau_1 - \tau_2} \left(e^{-t/\tau_1} - e^{-t/\tau_2}\right) \qquad (7.13.6)$$

这里 C_{syn} 是标准化常数，它的选择条件是：当 $\tau_1 = \tau_2 = \tau_{syn}$ 时，C_{syn} 以使 $g_{syn}(t) = \bar{g}_{syn}$。

在配体门控的离子通道中有一个重要通道是NMDA受体控制的通道，它即有电压门控的特点，又有配体门控的特性，Jahr 和 Stevens 在 1990 年给出了这个通道的一般数学表达式：

$$g_{NMDA}(v, t) = \bar{g}_{NMDA} \frac{e^{-t/\tau_1} - e^{-t/\tau_2}}{1 + \eta[Mg^{++}]e^{-\gamma v}} \qquad (7.13.7)$$

其中，$\bar{g}_{NMDA}$ 为NMDA通道的最大电导，η、γ 为比例常数，$[Mg^{++}]$ 为记录溶液中镁离子的浓度。在对大脑海马神经元的仿真实验中，以上参数的取值为： $\bar{g}_{NMDA}$=0.2 nS； τ_l=80 ms; τ_2=0.67 ms; $\eta = 0.33/mM$；$\gamma = 0.06/mV$；[Mg^{++}]= 2 mM。

突触电流的模型化是神经元模型化的重要组成部分，尽管在某些模型仿真实验中突触电流可以用电极注入的电流来代替，但是必须指出的是，注入细胞的电流对神经元的输入电阻不产生影响，但突触电流会引起细胞膜对离子的通透率发生变化，导致输入电阻的变化进而影响神经元的兴奋性。

7.14 运动神经元模型

在上面的讨论中我们介绍了如何将神经元被动膜特性和主动膜特性进行模型化的过程，其中电缆方程是被动膜特性模型化的关键，HH模型则是对主动膜特性——离子通道模型化的核心。但是如何运用这两种方法对神经元进行模型化是一个涉及神经生理和物理学的问题。在这一节中我们以猫的脊髓运动神经元为例，介绍如何对神经元进行模型化，本节使用的数据主要来源于笔者过去的研究（Dai 2018; Dai 2002）。

在第六章中我们介绍过哺乳动物支配骨骼肌的运动单元可以分为三种类型：1. 慢速收缩不易疲劳型（S）；2. 快速收缩不易疲劳型（FR）；3. 快度收缩易疲劳型（FF）。与骨骼肌类型相对应的运动神经元也可以分为S、FR和FF三种类型。生理学研究表明，猫的三种脊髓运动神经元在胞体尺寸上没有明显的区别，但在树突的尺寸上（树突分支的总数和长度方面）是有显著区别的，通常S型运动神经元树突尺寸最小，而FF最大，FR介于其中。这三种神经元不仅在尺寸上有区别，它们在细胞膜的内源特性上也有区别，这些特性包含了神经元的被动和主动膜特性。

神经元的模型化可以分为三个基本的步骤：1. 根据神经元的细胞形态建立基于电缆理论的舱室模型；2. 根据神经元的兴奋特性，在舱室模型中插入基于HH模型的离子通道；3. 根据已知的实验数据，对神经元模型的细胞膜特性进行校对和调试。只有经过真实数据校对和调试的神经元模型，才能在有限的生理范围内等价于真实的神经元，能够应用于模型仿真的研究中。

这里需要特别指出的是，第三个步骤是神经元建模工作的核心。很多神经元的模型仅仅把神经元当作能够产生动作电位的脉冲器，神经元被简化为兴奋与抑制的状态开关，完全忽略了神经元本身所具有的细胞膜内源特性以及由此所决定的独特的兴奋性。神经元的内源特性是由神经元的被动与主动膜特性所决定，它们使得不同类型的神经元在兴奋性上可能截然不同，正如脊髓运动神经元在功能和兴奋性上与位于中脑运动区域的5–羟色胺神经元完全不同。因此在神经元的建模过程中，第三步骤的校对和调试工作是不可或缺的建模规程。作为案例，我们这里选择下面的一组参数作为神经元模型化的目标参数，它们包括输入电阻（R_{in}）、基强电流（rheobase）、时间常数（τ）、后超极化宽度（AHP duration）、后超极化深度（AHP depth）、动作电位高度（AP height）、动作电位宽度（AP width）、电压阈值（V_{th}）以及静息膜电位（E_m）。根据以上三个步骤，我们下面介绍如何对猫的脊髓运动神经元进行模型化：

第一步　舱室模型

在生理实验数据的基础上，我们对三类运动神经元建立相应的舱室模型，然后我们对这三种模型运用Rall的二分之三次幂指数原则进行简化，最后得到三种模型，它们在结构上完全一样（五舱室模型），其特点是高度简化，但保留了神经元最基本的四个结构：胞体（soma）、轴丘（initial segment，axon hillock）、轴突（axon）和树突（dendrite）。这里我们将树突简化为近端（proximal）和远端（distal）树突，而轴丘（IS）是动作电位产生的地方。运动神经元五舱室模型如下图所示：

神经元模型

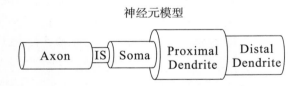

图7.14.1　猫的五舱室脊髓运动神经元模型。模型保留了神经元最基本的四个部分：胞体（soma）、轴丘（initial segment）、轴突（axon）和树突（dendrite）。树突被简化为近端（proximal）和远端（distal）树突，轴丘（IS）是动作电位产生的地方

　　S、FR和FF三种模型具有相同的形态结构，但它们的物理尺寸和被动膜特性不同，因此模型复制产生的细胞膜特性也各不相同，但三种模型与其所对应的真实的运动神经元膜特性非常接近。

表7.14.1（Table 1）是S、FR和FF三种模型的被动膜特性参数设置表。

Table 1. Structural characteristics of the motoneurone models and their cable parameters

MN type	diameter (μm)	length (μm)	R_M (Ωcm^2)	R_A (Ωcm)	C_M ($\mu F/cm^2$)
S-type					
Axon	10	400	7000	20	1.0
Initial segment	6	100	7000	20	1.0
Soma	10	360	7000	20	1.0
Proximal dendrite	40	500	7000	60	1.0
Distal dendrite	30	400	7000	60	1.0
FR-type					
Axon	10	400	5000	20	1.0
Initial segment	6	100	5000	20	1.0
Soma	10	360	5000	20	1.0
Proximal dendrite	40	700	5000	60	1.0
Distal dendrite	30	500	5000	60	1.0
FF-type					
Axon	10	400	4000	20	1.0
Initial segment	6	100	4000	20	1.0
Soma	10	360	4000	20	1.0
Proximal dendrite	40	700	4000	60	1.0
Distal dendrite	30	500	4000	60	1.0

第二步 HH模型

建立了上面的舱室模型，神经元还不具备产生动作电位的能力，为此我们需要在舱室模型中插入离子通道。我们首先需要在舱室模型的结构上给出电缆方程的表达式。

假设舱室K与两个相邻的舱室相连，一个是舱室K-1，另一个是K+1，这里K=2,3,4，那么流入舱室K的电流包括四个部分：（1）从舱室K-1流进来的电流I_{k-1}；（2）从舱室K+1流进来的电流I_{k+1}；（3）在舱室K中分布的离子通道电流$I_{ionic,k}$；（4）通过电极注入舱室K的电流$I_{injected,k}$；于是，根据基尔霍夫定律舱室K的电流方程可以写为：

$$C_k \frac{dV_k}{dt} = g_{k-1,k}(V_{k-1} - V_k) + g_{k,k+1}(V_{k+1} - V_k) - I_{ionic,k} + I_{injected,k}, \qquad (7.14.1)$$

这里，$g_{k-1,k}$ 和 $g_{k,k+1}$ 是舱室K与舱室K-1和K+1之间的耦合电导。在这个模型中我们引入了九种离子通道，它们分布于不同的舱室中（参见Table 2），这些离子通道在过去的研究中被证明广泛存在于哺乳动物的运动神经元中。我们在胞体舱室 soma 中插入了九种离子通道，它们由下面的等式定义：

$$I_{\text{ionic,soma}} = g_{\text{Na}}m^3h(V_m - E_{\text{Na}}) + g_{\text{K(DR)}}n^4(V_m - E_K) + g_{\text{K(AHP)}}q(V_m - E_K) \quad (7.14.2)$$
$$+ g_{\text{K(A)}}m_A{}^4h_A(V_m - E_K) + g_{\text{leak}}(V_m - E_K) + g_h m_h(V_m - E_h)$$
$$+ g_{\text{Ca,L}}m_L(V_m - E_{\text{Ca}}) + g_{\text{Ca,T}}m_T{}^3h_T(V_m - E_{\text{Ca}})$$
$$+ g_{\text{Ca,N}}m_N{}^2h_N(V_m - E_{\text{Ca}}),$$

其中，g_{Na}、$g_{\text{K（DR）}}$、$g_{\text{K（AHP）}}$、$g_{\text{K（A）}}$、g_{leak}、g_h、$g_{\text{Ca,L}}$、$g_{\text{Ca,T}}$ 和 $g_{\text{Ca,N}}$ 分别是快速钠离子、延迟整流钾离子、AHP 钾离子、A 型钾离子、渗漏钾离子、H–电流、L 型钙、T 型钙和 N 型钙离子通道的电导；m、n 和 q 是离子通道的活化状态变量，h 是钝化状态变量（m 和 h 的下标代表对应的离子通道）；E_{Na}、E_K、E_{Ca} 和 E_h 是钠、钾、钙离子通道以及 H–电流的平衡电位，分别设置为 55、–75 、80 和 –55 mV。这里 gK（AHP）是依赖于细胞内液钙离子浓度度 $[Ca^{++}]_i$ 的钾离子通道的电导，$[Ca^{++}]_i$ 满足一阶常微分方程：

$$\frac{d[Ca^{++}]_i}{dt} = BI_{Ca} - \frac{[Ca^{++}]_i}{\tau_{Ca}} \quad (7.14.3)$$

这里 B 是比例常数，在胞体舱室中设置为 –17.402，在树突舱室中设置为 –10.769；是浓度 $[Ca^{++}]_i$ 下降速率的时间常数，设置为 13.33 ms，I_{Ca} 是 N 型钙离子通道所介导的电流。表 2（Table 2）是速率常数设置表，给出了离子通道在各个舱室中的分布情况以及以电压为变量的速率常数 α 和 β 的表达式。

Table 2. Rate constants in Hodgkin-Huxley equations

Conductance	Compartment	Forward (α)	Backward (β)
g_{Na}	Initial segment		
	S- & FR- type:	$\alpha_m = \frac{0.4(5-V)}{\exp(\frac{5-V}{5})-1}$	$\beta_m = \frac{0.4(V-30)}{\exp(\frac{V-30}{5})-1}$
		$\alpha_h = 0.28\exp(\frac{25-V}{20})$	$\beta_h = \frac{4}{\exp(\frac{25-V}{10})+1}$
	FF-type:	$\alpha_m = \frac{0.4(4-V)}{\exp(\frac{4-V}{5})-1}$	$\beta_m = \frac{0.4(V-29)}{\exp(\frac{V-29}{5})-1}$
		$\alpha_h = 0.28\exp(\frac{24-V}{20})$	$\beta_h = \frac{4}{\exp(\frac{24-V}{10})+1}$

		α	β
	Axon and soma	$\alpha_m = \dfrac{0.4(17.5-V)}{\exp(\frac{17.5-V}{5})-1}$	$\beta_m = \dfrac{0.4(V-45)}{\exp(\frac{V-45}{5})-1}$
		$\alpha_h = 0.28\exp(\frac{25-V}{20})$	$\beta_h = \dfrac{4}{\exp(\frac{40-V}{10})+1}$
g_{NaP}	initial segment and soma	$\alpha_m = \dfrac{0.4(7.5-V)}{\exp(\frac{7.5-V}{5})-1}$	$\beta_m = \dfrac{0.4(V-35)}{\exp(\frac{V-35}{5})-1}$
$g_{k(DR)}$	initial segment	$\alpha_n = \dfrac{0.02(10-V)}{\exp(\frac{10-V}{10})-1}$	$\beta_n = 0.25\exp(\frac{-V}{80})$
	Axon and soma	$\alpha_n = \dfrac{0.02(20-V)}{\exp(\frac{20-V}{10})-1}$	$\beta_n = 0.25\exp(\frac{10-V}{80})$
$g_{k(A)}$	soma	$\alpha_{m_A} = \dfrac{0.032(V+54)}{1-\exp(\frac{V+54}{-6})}$	$\beta_{m_A} = \dfrac{0.203}{\exp(\frac{V+30}{24})}$
		$\alpha_{h_A} = \dfrac{0.05}{1+\exp(\frac{V+76}{10})}$	$\beta_{h_A} = \dfrac{0.05}{1+\exp(\frac{V+76}{-10})}$
g_h	Soma	$\alpha_{m_h} = \dfrac{0.06}{1+\exp(\frac{V+75}{5.3})}$	$\beta_{m_h} = \dfrac{0.06}{1+\exp(\frac{V+75}{-5.3})}$
g_{Ca_T}	Soma	$\alpha_{m_T} = \dfrac{0.02(V+38)}{1-\exp(\frac{V+38}{-4.5})}$	$\beta_{m_T} = \dfrac{-0.05(V+41)}{1-\exp(\frac{V+41}{4.5})}$
		$\alpha_{h_T} = \dfrac{-0.0001(V+43)}{1-\exp(\frac{V+43}{7.8})}$	$\beta_{h_T} = \dfrac{0.03}{1+\exp(\frac{V+41}{-4.8})}$
g_{Ca_N}	Soma and dendrite	$\alpha_{m_N} = \dfrac{0.25}{1+\exp(\frac{V+20}{-5})}$	$\beta_{m_N} = \dfrac{0.25}{1+\exp(\frac{V+20}{5})}$
		$\alpha_{h_N} = \dfrac{0.025}{1+\exp(\frac{V+35}{5})}$	$\beta_{h_N} = \dfrac{0.025}{1+\exp(\frac{V+35}{-5})}$
g_{Ca_L}	Soma and dendrite	$\alpha_{m_L} = \dfrac{0.025}{1+\exp(\frac{V+30}{-7})}$	$\beta_{m_L} = \dfrac{0.025}{1+\exp(\frac{V+30}{7})}$
$g_{k(AHP)}$	Soma	$\alpha_q = 10^{-3}[Ca^{2+}]_{in}$	$\beta_q = 0.04$
	Dendrite	$\alpha_q = 10^{-4}[Ca^{2+}]_{in}$	$\beta_q = 0.04$

第三步　模型校对

在完成了神经元模型的被动与主动膜特性的建模后，神经元模型具备了产生的动作电位的能力，也就是说具有了兴奋性，但是这样的模型并不能用于脊髓运动神经元的研究中，因为它们的细胞膜特性与实验中所测量到的数据相去甚远。因此我们必须在实验数据的基础上对模型进行校对，使三种模型与其对应的运动神经元的电生理参数一致。

　　模型参数的校对涉及对被动与主动膜特性参数的调试及修正，对复杂的神经元模型来说这可能涉及几十甚至上百个参数的调试工作。这项工作可以通过软件算法来自动完成，也可以用人工调试的方法来达到目标，其本质就是以神经元细胞膜的实验参数为目标值，在合理的范围内修改、调试模型中的参数（包括主动与被动膜特性参数），使神经元模型的输出数据与生理实验采集到的数据最大限度地接近或一致。这里需要强调的是，模型参数的调试必须在合理的电生理范围内进行，否则即便模型在某些数据上可以复制生理实验的宏观指标，但模型运行的稳定性与数据预测的可靠性将大大降低，失去了生理研究的意义。

　　经过对以上三种运动神经元模型进行校对与调试，模型最终可以在合理的范围内复制生理实验中测量到的数据。图（7.14.2）是由模型仿真模拟的动作电位、频率-电流（F-I）关系、后超极化电位（AHP）以及膜电位对注入负电流的超极化反应，这些反应都符合生理实验中测量到的数据。

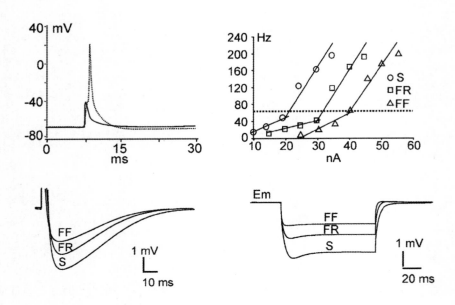

图7.14.2　S、FR和FF三种运动神经元模型仿真模拟的实验数据。左上图：由S模型反向刺激轴突产生的轴丘动作电位（虚线）和胞体动作电位（实线）；右上图：频率-电流关系；左下图：后超极化电位AHP；右下图：膜电位对注入负电流的超极化反应，这里可以看到H电流引发的凹型去极化电位（sag voltage）

除了图7.14.2所演示的数据外，我们还在更多的细胞膜参数上仿真模拟了三种运动神经元的生理实验数据，表3（Table 3）给出了S、FR和FF模型参数与实验数据的对照表，其中括号外的数据是模型仿真数据，括号内的数据是生理实验采集的数据均值。从表中罗列的九个参数可以看出，神经元模型在被动与主动膜特性上与真实的神经元相差无几，这样的模型可以在有限的生理范围内用于脊髓运动神经元的仿真模拟研究。

Table 3. Membrane properties of three motoneuron types produced by the models

经神元参数	S 型	FR 型	FF 型
Rin (MΩ) [*]	1.6 (1.77±0.7)	1.0 (0.91±0.2)	0.6 (0.62±0.1)
Rheobase (nA) [*]	6.0 (4.3±2.5)	13.0 (11.6±3.1)	23.0 (19.7±5.1)
τ_m (ms) [*]	7.0 (7.0±2.0)	5.0 (5.1±1.1)	4.0 (4.4±0.9)
AHP duration (ms) [*]	100 (110.5±31.5)	85.0 (81.9±17.1)	80.0 (79.5±21.4)
AHP amplitude (mV) [*]	4.0 (4.8±2.0)	3.0 (3.1±1.1)	2.0 (2.3±0.9)
AP Height (mV) [†]	67.0 (58.5±9.7)	62.4 (58.5±9.7)	68.0 (58.5±9.7)
AP Width (ms) [†]	3.7 (2.2±0.4)	3.4 (2.2±0.4)	3.3 (2.2±0.4)
Vth (mV) [†]	-47.2 (-44.1±9.3)	-46.7 (-44.1±9.3)	-49.0 (-44.1±9.3)
Resting Em (mV) [†]	-65.0 (-66.8±6.2)	-67.0 (-66.8±6.2)	-70.0 (-66.8±6.2)

注释：括弧内数值为生理实验数据。

事实上这三种模型曾经被用于研究运动状态中神经元膜特性动态变化的机制，取得了非常有意义的研究成果。

7.15 模型仿真与应用

建立神经元模型的目的是为了运用模型去仿真模拟复杂的神经系统，认识和了解神经系统信号处理的机制和原理；对未知的神经生理现象做出预测；揭示神经系统所依赖的生物物理学基础。

这里我们列举几个应用单细胞神经元模型预测、解决神经生理研究中未知的问题。

生理实验观测到，猫在行进运动（locomotion）过程中，脊髓运动神经元的兴奋性出现大幅提升，其中包括：1. 产生动作电位的电压阈值Vth下降；2.

输入电阻 Rin 下降；3. 后超极化电位 AHP 减小；4. 膜电位随电压升高出现非线性跃升；5. 频率–电流关系（F–I relationship）向左移动。导致运动神经元出现上述动态变化的原因尚不清楚。

　　例1.运用神经元模型研究运动状态中电压阈值下降的原因。图 7.15.1 显示，运动状态下脊髓运动神经元产生动作电位的电压阈值从 –46.5 mV 下降到 –55.2 mV，下降了 8.7 mV。

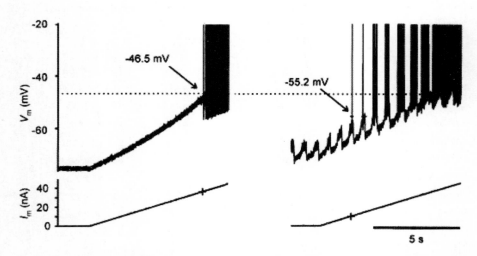

图 7.15.1　运动状态下脊髓运动神经元产生动作电位的电压阈值下降。静息状态中测得动作电位的阈值是 –46.5 mV（左图），运动状态中同一个神经元的电压阈值下降到 –55.2 mV，下降了 8.7 mV（右图）。上图为测量到的动作电位序列，下图为注入神经元的坡形电流

　　运用运动神经元模型，我们研究行进运动中电压阈值 V_{th} 下降的机制。模型仿真显示，上调瞬时钠离子通道 g_{Na} 或下调延迟整流钾离子通道 $g_{K（DR）}$ 可以降低动作电位产生的阈值 V_{th}。利用上面建立的三种脊髓运动神经元模型，我们显示：V_{th} 可以通过调节 g_{Na} 或 $g_{K（DR）}$ 进行控制。如图 7.15.2 显示，上调 g_{Na} 包括：增加 g_{Na} 电导 50% 或向左移动 g_{Na} 状态变量 m 和 h，可以降低神经元产生动作电位的电压 5.6 mV。同样下调 $g_{K（DR）}$ 包括：降低 gK（DR）电导 87% 或向右移动 $g_{K（DR）}$ 状态变量 n，可以降低神经元产生动作电位的电压 3.2 mV。

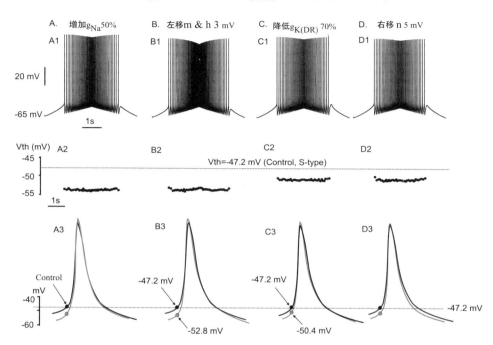

图7.15.2　上调钠离子通道（g_{Na}）或下调钾离子通道（$g_{K(DR)}$）可以降低神经元模型产生动作。电位的电压阈值V_{th}。A：增加g_{Na}电导50%，B：左移g_{Na}状态变量m & h 3 mV；C：降低$g_{K(DR)}$）电导70%；D：右移$g_{K(DR)}$状态变量n 5 mV。仿真结果显示：上调g_{Na}（A、B）可以降低V_{th} 5.6 mV；下调$g_{K(DR)}$（C、D）可以降低Vth 3.2 mV。A1–D1：调节模型中g_{Na}和$g_{K(DR)}$后产生的动作电位；A2–D2：每个动作电位所对应的电压阈值；A3–D3：对照组（control，黑色）的动作电位与实验组的动作电位（红色）叠加比较，显示实验组的动作电位比对照组的阈值下降了3.2~5.6 mV

　　在这项模型仿真研究中，我们还测试了神经元模型中其他离子通道对电压阈值的调节作用，结果显示：只有g_{Na}和$g_{K(DR)}$的调控可以获得与生理实验程度相当的阈值变化，其他离子通道的调节对电压阈值的变化无统计意义上的差别。研究得出的结论是：猫在行进运动中运动神经元电压阈值下降的原因可能是由于运动系统对瞬时钠离子通道g_{Na}的上行调节或者对延迟整流钾离子通道$g_{K(DR)}$的下行调节所导致。这个预测在后来的药理实验中也得到了证实。

　　例2　运用运动神经元模型，研究运动状态中频率–电流关系（F–I relationship）改变的机制。图7.15.3显示了运动状态中脊髓运动神经元的F–I关系发生的四种变化：（1）F–I直线向左移动，直线的斜率增加（ΔK>0）；（2）F–I直线向左移动，直线的斜率减少（ΔK<0）；（3）F–I直线向右移动，直线的斜率增加（ΔK>0）；（4）F–I直线向右移动，直线的斜率增加（ΔK>0）。这里，F–I直线向左移动以及直线的斜率增加意味着神经元的兴奋性增强，输入与输出关系的增益（gain）增加；相反的，F–I直线向右移动以及直线的斜率减小意味着神经元的兴奋性降低，输入与输出关系的增益（gain）减小。

运动状态中运动神经元的频率 – 电流（F–I）关系发生变化

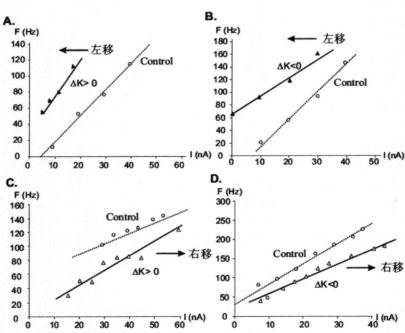

图7.15.3　运动状态中脊髓运动神经元的F–I关系发生变化。这里的F–I关系是在运动循环周期的兴奋阶段所测量到的，此时的F–I关系发生四种变化：A. F–I直线向左移动，直线的斜率增加（K>0）；B. F–I直线向左移动，直线的斜率减少（K<0）；C. F–I直线向右移动，直线的斜率增加（K>0）；D. F–I直线向右移动，直线的斜率增加（K>0）。四种变化中，A图和B图所示的情况占70%以上；C图和D图的情况小于30%。虚线表示的F–I关系是在静息状态下测量到的，设定为Control

我们这里运用上面建立的运动神经元模型来研究运动状态中频率–电流关系（F–I relationship）改变的机制。类似例1，我们对模型中所包含的10种离子通道分别进行了调节（改变通道的电导或移动状态变量），我们得出了可以实现F–I关系上述四种变化的所有22种机制（见图7.15.4）。

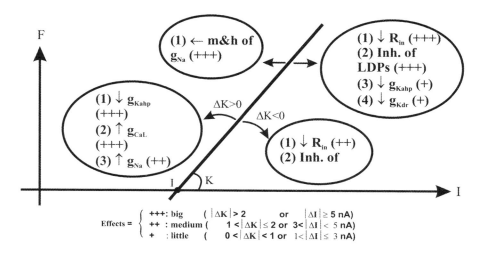

图7.15.4　影响F–I关系四种变化的22种机制。四种变化包括F–I直线左移或右移；F–I直线斜率增加或减少。这22种机制可以组合，对F–I关系形成综合的作用

图7.15.4中呈现的22种机制可以相互组合，进一步形成对F–I关系的综合调控。仿真模拟的结果表明：（1）没有任何一种单一的离子通道机制可以使F–I关系同时发生上述四种变化；（2）行进运动中脊髓运动神经元F–I关系的变化是由多重离子通道的综合调控所导致。以上模型仿真得出的预测结果，部分获得了药理学实验的验证，但更多的机制尚待实验进一步的验证，仿真模拟的预测为未来的实验提供了指南。

以上给出的例子演示了如何运用神经元模型来研究神经生理实验中观测到的未知现象。事实上神经元模型还有着广泛的应用，其中之一是在单细胞模型的基础上建立神经网络模型，并在网络模型的平台上研究神经系统的宏观行为，这些行为包含了本书所专注的主题：智能运动控制系统。关于这方面的工作，我们将在第八、九两章中详细介绍。

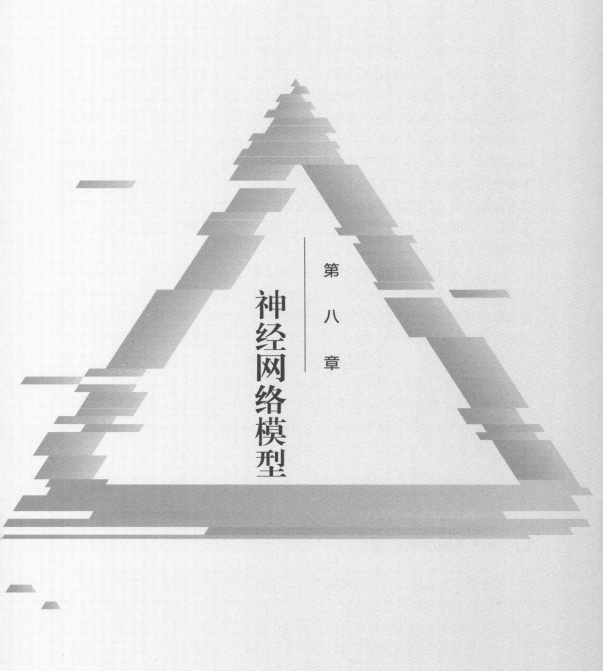

第八章

神经网络模型

前面章节中我们已经介绍了神经元相关的知识，包括基础神经生理学（神经系统的组成、动作电位传播机制、离子通道、运动控制中枢等，这些内容是我们构建生理神经网络模型的基础），以及单个神经元模型的基本方法（Hodgkin-Huxley 模型，这个数学模型是我们构建神经网络的手段，其实除了H-H模型外，还有其他描述神经元活动的数学模型，比如Chay模型、Morris-Lecar模型、Izhikevich模型等等，大家不妨找出来读一读，以便更加深刻地了解神经元活动的动力学基础）。这些内容对我们建立具有生理现象的神经系统具有重要的意义，如果大家在阅读后面章节过程中对生理现象不理解，可以回头再读一读前面内容或者查阅相关的中文书籍和英文书籍，希望大家对奇妙的生理神经系统产生浓厚的兴趣。

从这一章开始我们将带领大家从神经元模型走向具有功能性的神经网络模型。要能够真正将神经网络植入控制系统中，首要的一件事就是对神经网络进行仿真模拟。只有从模型的层面解决网络运作的机制问题才有可能将模型进行移植，这是研发智能系统的关键步骤。一个完美的神经网络模型既可以解释许许多多的实验电生理未能解释的现象，又能开发更高级的人工智能系统（神经智能系统）。诚然，要建立具有生理意义的神经网络模型并不是一件易事，神经网络中的好多问题截止目前还不十分清楚，主要是由于各种神经元主动和被动膜特性不一样，纷繁复杂；另外神经元与神经元连接更是纵横交错，网络千姿百态。所以这需要我们一代又一代有志青年投入到（计算）神经科学中去研究，充分发挥自己的聪明才智。相信通过大家不断地对神经元和神经网络认识的积淀，会有意想不到的收获。

8.1　兴奋与抑制性突触

神经系统是人体最重要的系统之一，控制着生命体中重要的生理活动。神经系统由复杂的神经网络所构成，因此研究神经网络的结构和功能具有十分重要的意义。前面讲到生理神经网络结构和功能十分复杂，要想完整描述生命体神经网络的结构和功能绝非易事，需要实验和模型高度结合，一步一步推进，继而达到理想的效果。通常我们研究神经网络往往以问题为导向，反推网络的结构和功能，这样才能有目的性的得到我们想要的效果。另外，一方面我们要清楚霍奇金-赫胥黎模型对单个神经元建模是十分有效的，它是研究生理神经网络的重要手段，需要充分理解霍奇金－赫胥黎模型的本质，希望大家多读读，领会其深刻的内涵。另一方面仅仅依靠霍奇金－赫胥黎模型就去建立一个神经网络模型是远远不够的，需要了解神经网络的拓扑结构（神经元与神经元连接方式），然后把霍奇金－赫胥黎模型加以应用。要了解神经网络的拓扑结构，首先要解决神经元与神经元之间的连接方式问题。

几乎任何网络，比如计算机网络、交通网络、电力网络都有其拓扑结构（常见的有环形拓扑、星型拓扑、网状拓扑、混合拓扑等等），由于这些网络的节点与节点之间连接纵横交错，它们之间都存在着某种关系，我们又把这些网络称之为复杂网络。网络不同的连接方式会对整个网络运行产生截然不同的效果，所以研究复杂网络也是一门专门的科学（这里推荐一本由汪小帆、李翔、陈关荣编著的《复杂网路理论及其应用》，大家可以了解复杂网络的基本原理，或许对建立生理神经网络有一定的指导意义）。同样生理神经网络也属于一种复杂网络，形态多种多样，大脑皮层的神经网络与运动神经网络截然不同；不同功能的局部神经网络连接方式也不尽相同，用"纵横交错，千姿百态"来形容一点也不为过。但不管怎样，我们从最基本的内容讲起，一步一步深入。在神经网络中，神经元与神经元之间有两种连接方式，一种突触连接，另一种是缝隙连接，本节讨论突触连接及其模型，缝隙连接及其模型将在8.2节中讨论。

图8.1.1是生理神经网络的示意图。人的神经系统中大约有1014个神经元，不同部位的神经元形态各异，这些形态各异的神经元往往与功能紧密联系，才使得生命变得丰富精彩。神经元与神经元之间信号传递大部分是通过突触进行联系的。一个神经元可以和多个神经元相连接（如图8.1.1）。A神经元可以和B神经元连接，B神经元又可以和C神经元相连接，依次下去，组成了神经系统最庞大、最复杂的神经网络。图8.1.1右图所示，把某个突触连接放大来看，可以发现神经元与神经元连接之间并不是完全结合（耦合）在一起的，前后两个神经元中间有一个缝隙（我们把它称之为突触间隙），神经元信息就是通过这个突触间隙进行传递的。电生理研究发现，突触前膜（前一个神经元轴突末梢膨大形成突触前膜）释放的神经递质（一种化学物质，可以是兴奋性递质也可以是抑制性递质，下面会详细讲解）通过突触间隙传递到突触后膜（后一个神经元胞体、轴突、树突），这样就能完成一次信息的交换。构建神经网络模型的第一步就是构建神经元连接模型（突触模型）。

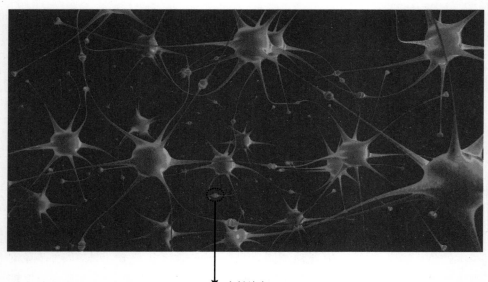

突触放大

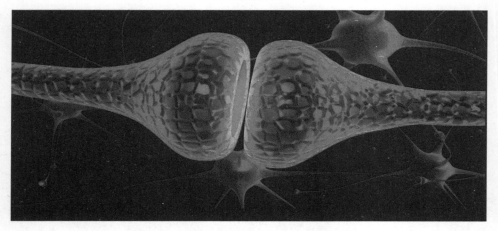

图8.1.1 神经网路及其连接方式（网络图片）

我们已经有了对单个神经元及其常见离子通道建模的了解，而突触模型与离子通道模型类似，其建模思想基本一致，它也是由一个突触电导（g_{syn}）和突触平衡电位（E_{syn}）构成的，注意这里的突触电导也不是一个常数，它是一个符合指数衰减的函数，如图8.1.2A所示。神经电信号在传递过程中对下一级神经元兴奋还是抑制是由突触平衡电位决定的。一般而言如果突触平衡电位大于神经元静息电位（Er，根据电生理实验结果，大多数的动物的静息电位在 –70 mV ~ –90 mV），比如 $E_{syn}=0mV > E_r=-70mV$，我们把该突触称之为兴奋性突触，此时如果前一级神经元受到一个阈上刺激（超过神经元兴奋的阈值），就会在下一级神经元产生大于零的电位（称之为兴奋性突触后电位，EPSP：Excitatory Post Synaptic Potential）；如果突触平衡电位小于神经元静息电位，比如 $E_{syn} = -80mV < E_r = -70mV$，我们把该突触称之为抑制性突触，此时如果前一级神经元受到一个阈上刺激，就会在下一个神经元产生小于零的电位（称之为抑制性突触后电位，IPSP：Inhibitory Post Synaptic Potential），如图8.1.2B所示。如果要使后一个神经元产生动作电位，只要使净输入量的兴奋性足够大（这可以通过突触输入的时间和空间综合来实现）。现在我们知道了神经元的突触连接可以是兴奋性突触连接也可以是抑制性突触连接。生命系统的这种设计方式是有它的合理性的，当要完成某个功能时，需要触发神经元兴奋；当执行完这个功能时需要抑制该神经元恢复静息状态；否则当神经元兴奋或者抑制不正常时，会引起神经系统紊乱（比如癫痫，是大脑神经元突发性异常持续性放电，导致短暂的大脑功能障碍的一种慢性疾病）。

　　前面我们讲到信息的传递是通过突触前膜释放神经递质进行的，不同的神经元释放的神经递质也不一样，所以构建的突触模型也有少许差异。如果突触前膜释放兴奋性神经递质（比如神经递质谷氨酸可以与两种类型的受体结合：AMPA 和 NMDA）就是兴奋性突触，此时该递质的平衡电位高于静息膜电位；如果突触前膜释放抑制性神经递质（比如甘氨酸也可以与两种类型的受体结合：$GABA_A$ 和 $GABA_B$）就是抑制性突触，此时该递质的平衡电位低于静息膜电位。生命系统中的神经递质十分丰富，这里就不展开讲了，大家如果感兴趣，可以查阅相关生理学书籍。在描述这些突触的数学模型时，突触电导是一个（双）指数衰减的方程，只是在方程的个别参数上有差异，总而言之可以用下面的一般方程来表示。

$$\begin{cases} I_{syn} = g(t)(V_m - E_{syn}) \\ g(t) = g_{max} \cdot \alpha_{syn} \cdot (e^{-\beta_1 t} - e^{-\beta_2 t}) \end{cases}$$

　　其中：I_{syn} 为突触电流，V_m 为膜电压，g_{max} 为突触最大电导，α_{syn} 为突触系数，β_1 和 β_2 为突触电流的下降时间和上升时间。

A

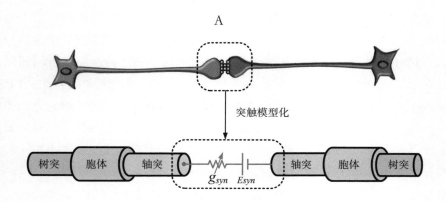

突触模型化

B

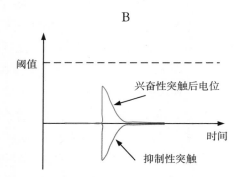

图8.1.2 兴奋性突触和抑制性突触

这里举一个兴奋性突触的例子——NMDA受体，在正常生理状态下，NMDA通常会受到镁离子的抑制，但是突触后神经元处于低浓度镁的环境中，NMDA的抑制就会被解除，那么一旦突触后处于兴奋态，紧接着NMDA受体就会打开并保持一种常时程的电流。所以它的数学模型如下所示：

$$\begin{cases} I_{syn} = g(t)(V_m - E_{syn}) \\ g(t) = g_{max} \cdot (e^{-t/\tau_1} - e^{-t/\tau_2}) / \{1 + \eta[Mg^{2+}]e^{-\gamma V_m}\} \end{cases}$$

其中：τ_1和τ_2分别为80、0.67ms，$\eta = 0.33/\text{mM}$，$\gamma = 0.06/\text{mV}$，g_n大约为0.2~0.4nS，$[Mg^{2+}]$的浓度大约为1 mM。E_{syn} 为0mV。（具体神经元可能略有差别）

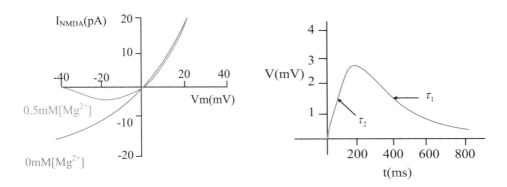

图8.1.3　NMDA突触电流与电压的关系　图8.1.4　NMDA突触电压随时间变化的关系下

图8.1.3　图中画出了NMDA突触电流（I）与电压（V）的关系曲线（I–V曲线），从曲线图中可以发现NMDA突触的反转电位大约在0mV。在反转电位之前且存在镁离子时，NMDA突触电流较小且呈非线性变化；相反，没有镁离子存在时，NMDA突触电流几乎呈线性变化

8.2　缝隙连接

　　上一小节我们一起学习了神经网络中最重要的一种通讯方式（连接方式）——突触连接。事实证明，在神经系统建模过程中我们考虑最多的连接就是突触连接，研究突触连接模型就是研究神经递质释放的过程，这是我们要重点掌握的内容。除了突触连接外，神经网络还有一种连接方式就是缝隙连接，对于这种连接方式，大家只要作一般的了解就可以了。缝隙连接的生理结构在前面已经阐述，大家可以参考前面有关章节学习。缝隙连接是突触前膜与突触后膜上各有半个离子通道相互对接形成的一个完整的离子通道，神经元信号直接穿过离子通道传递的是电信号，传递速度比突触连接更快。它的数学模型比突触更简单，可以用一个耦合电导（g_{gap}）和缝隙电压（V_{gap}）来表示（如图8.2.1所示），由于通过缝隙的电信号随时间和电压不发生改变，可以把耦合电导理解为一个常数，而前面所讲的突触模型的电导是随时间和电压不断发生改变，是一个非线性的生理参数，缝隙连接的电流方程形式上与突触连接电流方程一模一样，只是$g(t)$（函数）变成了g（常数）。缝隙连接在神经网络信息传递过程中也有其特殊的作用，对于那些要求迅速改变的活动需要缝隙连接的参与。特别是在大脑皮层抑制神经元同步放电行为中扮演着重要的角色。

　　在建立神经网络过程中，往往根据电生理观察到的现象，合理地分布突触连接和缝隙连接。而一个最基本的规律是网络中的突触连接远远要多于缝隙连接，所以在建模过程中往往考虑最多的是突触连接，突触连接的机制也比缝隙连接复杂。

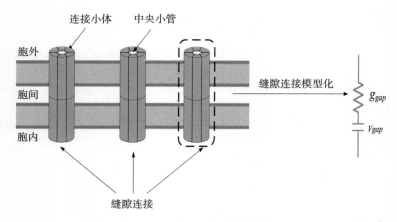

图 8.2.1　神经元缝隙连接及其模型

8.3　运动单元及运动神经元池模型

　　前面我们一直在讲神经元信息的传递，那么它们作用的目的地在哪儿呢？通过前面的学习可以知道，运动控制是神经系统的一个重要功能，神经元电信号最终可以控制骨骼肌、心肌、平滑肌的收缩状态等。这里我们主要关注的重点是神经网络信息对骨骼肌的控制，它是研发智能运动控制系统的基础。这里再把前面学过的内容稍微提一下：支配骨骼肌的神经元叫作运动神经元。运动神经元之间不是孤立活动的，而是以运动神经元池为活动单位。所谓运动神经元池是指支配一组协同骨骼肌的运动神经元的集合。骨骼肌的收缩需要许多的神经元共同参与，协调完成，这些完成同一个功能的运动神经元就叫作运动神经元池。研究运动神经元池的活动规律具有重要的意义。那么如何构建运动神经元池模型呢？因为运动神经元池是与肌肉耦合在一起的，所以构建运动神经元池模型在一定程度上就是要模拟肌肉收缩的过程。在前面章节中我们从生理上已经知道骨骼肌的收缩过程是一系列功能性的运动神经元池兴奋的结果，而每一个运动神经元又直接支配它所负责的肌纤维。我们又知道运动神经元对肌纤维反应特性的不同，大致可以将运动神经元分为三种：（1）缓慢收缩型（S型）—肌肉收缩张力小但持续时间久；（2）快速收缩抗疲劳型（FR型）—肌肉收缩张力较大，收缩快，耐疲劳；（3）快速收缩易疲劳型（FF型）—收缩张力大，持续时间短，极易疲劳（图8.3.1）。三种类型神经纤维对应的运动神经元被激活的顺序大致为：S型 → FR型 → FF型；失活顺序大致为：FF型 → FR型 → S型。有了这些生理概念就可以建立一个运动神经元池模型，该运动神经元池包含了S型、FR型和FF型运动神经元。那么模型上是如何区分S型、FR型和FF型运动神经元的呢？一个最重要的生理参数就是运动神经元的输入电阻[①]（R_{in}），一般而言S型、FR型和FF型的输入电阻大小排列顺序为：R_{in}（S）> R_{in}（FR）> R_{in}（FF）。根据欧姆定律可以知道由于S型的输入电阻最大，所以对外界输入电流产生的膜电压变化最明显；换句话说，S型运动神经元首先被激活（或者产生动作电位）；FF型运动神经元的输入电阻最小，一般最后被激活；而FR型运动神经元的输入电阻居于S型和FF型两者之间，所以这一类神经元在S型之后、FF型之前被激活，这也就是下一节所要讲的运动神经元池被有序募集的现象。

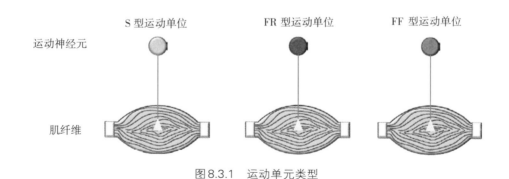

图8.3.1　运动单元类型

我们通过解剖学知识可以知道，人体肌肉种类十分丰富，就拿一侧下肢来讲就有股四头肌、缝匠肌、股外侧肌、股内侧肌、比目鱼肌、股二头肌、腓肠

---

① 输入电阻的定义是在神经元的起始点测到的稳态电压除以注入电流。

肌等等。可想而知要使肢体正常运动，需要控制这些肌肉的运动神经元池相互协调配合工作。可以想象一个运动单位去控制肌纤维的力量是微乎其微的，更别说是去控制肢体复杂的活动。正如前面所讲，肢体要完成某种活动需要S型、FR型和FF型运动单位（数量可多可少）组成运动神经元池去执行功能（图8.3.2）。研究发现一个运动神经元池里少则100多个运动神经元，多则有上千个运动神经元。并且我们已经知道控制骨骼运动的肌肉种类很多，要完成肢体的运动就需要激活许多个这样的运动神经元池并协调工作去控制肢体的活动。大家可以开动脑筋想一想，这么多的运动神经元池，是靠一种什么样的机制保证它们正常有序工作的呢？正常情况下是如何保证肢体协调运动？

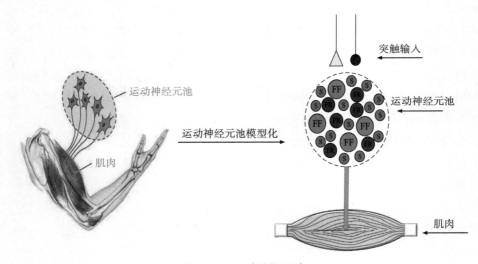

图8.3.2　运动神经元池

8.4　运动单元募集模型

肢体之所以能够协调运动，首先体现在运动神经元池是有序工作的，更进一步说不同类型的运动神经元的激活顺序是有序进行的（除此之外，后面还要讲到需要靠整个神经网络有节律性的振荡）。那么运动神经元池中神经元激活的规律是什么样的呢，是如何有序地进行的呢？大多数肌纤维由大小不等的运动单位控制，这些运动单位被顺序激活（募集），即最小运动单位最先被募集，而最大的运动单位最后被募集。小运动单位对应小的 α 运动神经元；大

运动单位对应大的 α 运动神经元，当然还有其他类型的运动神经元，大家可以参考前面生理学基础知识进行类似分析。发生顺序募集的一种可能性，是由于那些小的运动神经元的胞体和树突都比较小导致其输入电阻比较大[①]，比较容易被下行束信号刺激所兴奋。关于运动神经元的顺序募集是由于 α 运动神经元的大小不同所致的基本思想，首先是由哈佛大学的神经生理学家 Elwood Henneman 在20世纪50年代末提出来的，即大小尺寸原则（Size Principle）。如图8.4.1所示，在给定同等突触输入强度时，S 型运动神经元最早被激活，而后依次是 FR 型和 FF 型运动神经元。这种募集方式主要是由于 S 型运动神经元表面积小，输入电阻大，兴奋性阈值低，所以它首先被激活参与肌肉收缩，这种类型的运动神经元在马拉松长跑过程中被激活最为明显。FF 型运动神经元表面积大，输入电阻小，兴奋性阈值高，是参与高强度肌肉力量变化主要运动神经元，这种类型的运动神经元在短跑运动过程中被激活最为明显。一方面 FR 型运动神经元激活的曲线则介于 S 型和 FF 型两者之间。另一方面我们从图形中可以看出，同等强度的突触输入条件下，S 型运动神经元激活的数量最多，而后依次是 FR 型和 FF 型运动神经元，这种数量关系的多少是由于不同类型的运动神经元输入电阻是不一样的，导致它们的基强电流（能够使运动神经元兴奋的最小电流）不一样。上面图8.3.1显示的是独立的三种类型的运动神经元募集的规律，其实在实际的运动神经元激活过程中一个运动神经元池中三种类型的运动神经元都有，它们共同参与骨骼肌收缩的过程。图8.4.2显示的是肌肉张力变化与运动神经元池激活（黑色圆圈表示未被激活的运动神经元；其他颜色的圆圈表示激活的运动神经元）关系曲线，该曲线呈现的是一种梯形样的图，我们可以将曲线大致分为三个阶段，（1）上升期：这一阶段有大量的运动神经元开始兴奋性，特别是 S 型和 FR 型运动神经元，此时肌肉张力迅速增强。（2）平缓期：在这一阶段肌肉张力增加不明显，处于力的饱和状态，只是在小范围内波动。从模型上讲这是由于有一小部分运动神经元激活（尤其是 FF 型运动神经元）的同时也有一小部分运动神经元开始失活（尤其是 S 型运动神经元）。这也说明了肌肉力的变化是有一定范围的，不能无限增加。（3）下降期：这一阶段有大量的运动神经元开始失活（FF 型、FR 型和 S 型均逐渐出现失活状态），肌肉张力也渐渐恢复静息状态。

---

① 我们可以将神经元联想成一个很长的圆柱体，圆柱体的横截面积越小，电阻越大。

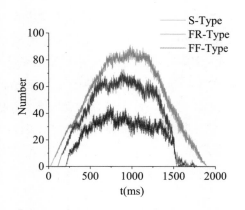

图8.4.1 运动神经元募集的"大小尺寸原理"

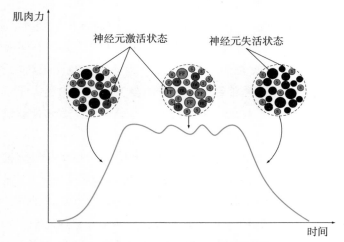

图8.4.2 肌肉张力与运动神经元池的激活关系

　　模型研究发现改变离子通道通透率[①]（比如增加瞬时钠离子通道的通透率或者减小延迟整流钾离子通道的通透率等，如图8.4.3和图8.4.4所示，展示的是FF运动神经元改变离子通道电导后募集数目的变化，红色曲线），三种类型的运动神经元被募集的敏感程度是不一样的，FF型的运动神经元对离子通道率的改变最敏感，表现为募集的数量增加最明显，其次是FR型运动神经元，最不敏感的是S型运动神经元。

---

① 通透率在生理上指的是离子通道开放得多与少，在模型上指的是离子通道的电导。

176

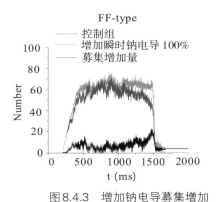

图 8.4.3 增加钠电导募集增加

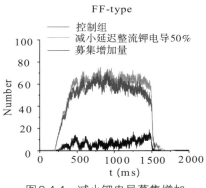

图 8.4.4 减小钾电导募集增加

运动神经元池的募集规律（我们这里强调的是运动神经元池，当然网络中还有很多其他神经元池，比如中间神经元池等）是神经网络发挥功能的一个重要的支撑。因为神经元池募集的过程就是信息收集或者综合的过程，这种信息将来是要往下一级神经元进行传递的，信息是否可靠直接决定了下级神经元做出的响应是否正确。所以研究神经元募集与信息综合处理的关系也是一个重要的课题，这里就不再展开阐述。

8.5 CPG 神经网络模型

有了前面一些基本的网络模型理论做铺垫后，从本小节开始正式讲解神经系统（网络）建模的过程。本书所要建立的神经网络主要是对肢体节律性运动控制的神经网络模拟及实现，其他神经网络（比如大脑神经网络）不在本书讲授的范围，感兴趣的读者可以参考其他相关书籍①。虽然不同功能的神经网络结构有所区别，但前面所讲的基本建模理论，特别是 Hodgkin-Huxley 离子通道理论模型以及神经网络连接方式对其他功能的神经网络建模也同样适用。我们期待有一天能够将人体一整套神经网络全部利用模型描绘出来，那将是多么振奋人心的一件事啊！

---

① 这里向大家介绍一本王建军主持翻译的《神经科学—探索脑（第2版）》，从这里面可以更加深入了解脑的结构和功能。

下面讲解CPG神经网络模型。大家可以试做下面这个简单的动作并开动脑筋想一下这样一个问题：如下图8.5.1所示手臂从伸展状态到屈曲状态或者从屈曲状态到伸展状态，神经网络控制的两侧屈肌（负责肌肉的屈曲）和伸肌（负责肌肉的伸展）的信息状态发生了怎样的变化呢？显然，这一对肌肉属于拮抗肌，当手臂处于伸展状态时，控制伸肌的神经丛应该处于兴奋状态而控制屈肌的神经丛处于被抑制的状态；同理，当手臂处于屈曲状态时，控制屈肌的神经丛应该处于兴奋状态而控制伸肌的神经丛处于被抑制的状态。两者相互抑制控制手臂状态的改变，我们可以想一想控制屈肌和伸肌的神经网络结构，这个网络至少包含的功能就是神经网络一边的活动状态可以抑制另一边的活动；反之也是如此。我们还可以再想一个问题，如果控制屈肌和伸肌活动的两边的神经网络都处于兴奋状态或者都处于抑制状态，会产生什么问题或者有哪些临床症状呢？上述问题同样可以扩展到下肢的伸展和屈曲状态，它们的共同点就是控制肌肉收缩的神经网络是一样的或者说都是依靠相同神经网络进行调控的。

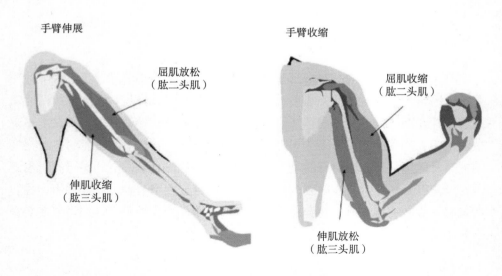

图8.5.1 神经系统控制的手臂伸屈问题

　　下面就详细介绍一下神经网络如何协调控制屈肌和伸肌活动的。更进一步，神经网络是如何协调肢体运动的。自然界中生物的运动模式多种多样，这里我们只讲一种活动——行进运动（比如人的步行、鸟的飞翔等，它们的特点就是重复周期性产生位移）。哺乳动物的行进运动由位于中脑的运动中枢引导和控制，由分布于脊髓系统中的神经网络群执行和操作，这个网络群称为中枢模式发生器（CPG）。历史上第一个描述哺乳动物控制肢体运动的神经网络模型是由苏格兰科学家托马斯·格朗汉姆·布朗（Thomas Graham Brown）在1910年提出来的。Thomas Graham Brown证明，在没有来自下行信号和传入反馈的情况下，猫脊髓可以产生节律性运动。这些概念为后来研究CPG网络奠定了基础。研究发现在无脊椎动物和脊椎动物中存在着控制肢体节律性运动的CPG网络。该网络是由一对相互抑制的屈肌和伸肌的神经元池组成，每组神经元池接受上级信号的驱动，同时支配下行对应的骨骼肌，从而带动关节运动。这个模型称为"半中心"模型。如图8.5.2所示是下肢一侧关节模式图及屈肌（Flexor）和伸肌（Extensor）的半中心模型，在这个模型中，运动神经元池（MN）直接控制屈肌和伸肌的交替活动；而运动神经元池又是受到上行抑制性中间神经元（Iai）交互抑制的。这些神经元池均可以接受传入神经（感觉神经纤维，Ia）的刺激而兴奋；此外，运动神经元池也可以接受自身闰绍细胞（RC）的刺激而被抑制。

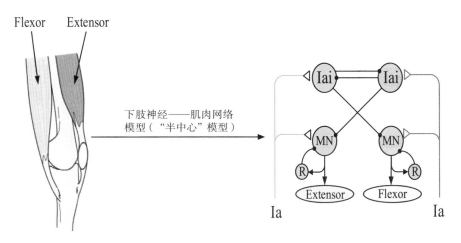

图8.5.2　下肢一侧屈肌和伸肌的"半中心"模型

　　经典的"半中心"模型提出以后，神经科学家们对这一发现产生了浓厚的兴趣，在此后100多年里，"半中心"模型得到了长足的发展，这也有一部分是由于膜片钳技术的发展，使得神经电生理的研究得到了极大的提高。人们根据电生理实验观察到的结果对该模型进行了进一步完善，因为单单这样一个局部神经网络模型还不足以解释电生理观察到的多种多样的现象（比如"半中心"模型并不能自主产生节律性交替功能），所以需要对该模型进行补充和完善，即使到现在，该网络还在进一步完善过程中。图8.5.3给出神经网络发展的三个阶段[①]，第一阶段就是前面所讲的"半中心"模型。第二阶段在"半中心"模型的基础上在它的上级增加了节律和模式产生层。第三阶段是目前最为高级的模型，该模型最大的改变就是将节律和模式产生层独立开来分为两层，我们称之为三层CPG模型（如图8.5.3所示，右图）。为了给大家对神经网络模型有一个全貌，这里介绍三层CPG模型。它是在经典"半中心"模型发展起来的，是对经典"半中心"模型的拓展。从视觉效果上看，网络的复杂度已经增加了很多（为了让大家在宏观上对网络有一个认识，已经对网络的许多细节做了删减）。从图中可以看出三层CPG模型在半中心模型基础上增加了独立的模式产生层和节律产生层，这两层是保证肢体能够产生节律性运动的重要信号来源，在控制肢体精细调节过程中发挥了重要作用。另外，我们知道大脑是控制人体运动的总司令，几乎一切的命令都从这里发出或者接受，所以该CPG模型也受到大脑的控制，确切的是受中脑运动区的控制。由于大脑神经网络非常复杂，目前对其模型知之甚少，在这里我们可以模拟为一个上行输出信号。除此之外，在三层CPG网络中还添加了感觉信号输入，这是我们与外界环境互动的关键。三层CPG网络结构均可以接受感觉信号的输入（比如温觉、痛觉等外界信息）从而激活CPG网络完成相应的活动，这种感觉信号也就是前面所见的感知机器人的传感器，将来可以考虑将感知机器人的输入与现在所讲的神经网络耦合起来，这样就是真正意义上的具有生理感知的机器人。

---

① 不同资料对其分类有所不同。

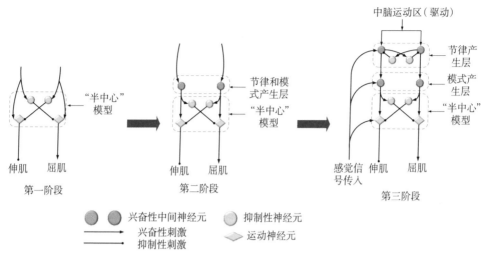

图 8.5.3 CPG 模型的发展历程

经过 100 多年的发展，一大批（计算）神经科学家对神经网络结构和功能进行了不懈的探索，"半中心"模型已经得到了长足的发展，特别是目前的三层 CPG 神经网络已经能够解释好多现象，我们坚信在不久的将来神经网络将会与生物仿生结合起来，大大促进神经智能运动控制系统的研究、应用与发展。但是神经网络复杂程度已经远远超出了我们的想象，里面还有许许多多的问题没有得到解决，等待着有志成为神经科学领域科学家的朋友们加入这个大团队，一起将神经科学、神经智能系统推向更广阔的天地！

8.6 CPG 感觉信号调节机制

我们之所以能够与外界事物进行"交流"，是由于我们身体里面有许许多多各种功能的感受器[①]，感受器（Receptor）是指分布在体表或各种组织内部专门感受机体内、外环境变化的特殊结构或装置。感受器是一种换能装置，把各种形式的刺激能量（比如机械能、热能、光能、化学能等等）转换成电信号，并以神经冲动的形式传入至神经纤维中枢神经系统。这就是本节所要讲解的神

---

① 根据感受器的分布和功能可分为三大类，即外感受器、本体感受器和内感受器。

经网络（CPG）感觉信号的调节作用，如果缺少这一过程，我们的生活就无法正常进行。现在举一例说明，当我们手触碰到一根针时会马上缩回来，这种过程首先是通过皮肤上的痛觉感受器接受后转化为电信号，然后由神经回路处理。我们把感受外界刺激的神经称为感觉传入纤维，躯体感觉纤维都是通过脊髓的背根传入的，人和动物都是通过感觉神经元周围突起的末梢—感受器感受内外环境变化的。如图8.6.1显示的是骨骼肌收缩信号传导的一个完整反射弧（1皮肤（感受器）→2传入神经→3中间神经元→4传出神经→5骨骼肌（效应器））。这是一种最简单的功能较为单一的网络回路，但这个网络包含了建模的所有要素。在建立神经网络模型时，可以把感觉神经纤维模拟为神经网络的输入接口，它是与外界环境相互作用的必经通道。

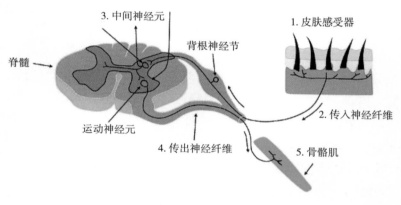

图8.6.1　脊髓反射弧

8.7　运动控制的离子通道基础

在第三章和第七章中我们一起从生理和模型两个方面对神经元离子通道进行了详细描述，神经网络要发挥其功能关键是由于其中的离子通道发挥了关键性的作用。我们知道离子通道是构成细胞膜结构的重要组成部分，是神经细胞兴奋性的基础。离子通道的重要功能之一是产生动作电位，即脉冲，在此基础上才能进一步派生出递质释放、信息传递、腺体分泌、细胞分裂、生殖，乃至学习和记忆等重要生理功能。在运动状态下，离子通道（比如增加瞬时钠离子通道电导和持续性钠离子通道电导或者减小延迟整流钾离子通道电导等）可以明显改变神经元膜的特性以及兴奋性（如图8.7.1是在运动状态下瞬时钠电导的增加可以使神经元兴奋性增加，红色图），建立神经网络考虑最多的也就是离子通道在其中扮演的角色，特别是持续性钠电流、钾电流和钙电流在肢体交替运动过程中发挥着关键性作用。至于离子通道的生理以及数学模型已经在前面章节中进行了描述，在神经网络模型的研究中我们只要根据生理数据以及观察到的现象建立合理的神经元模型（离子通道的分布）；建立网络时要考虑它们之间的连接方式——兴奋性或抑制性突触，然后根据生理观察到的细胞形态将神经元与神经元连接起来，这样我们就完全具备了建立神经元或者神经网络的能力了。

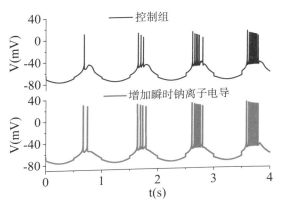

图8.7.1　行进运动瞬时钠通道的变化

讲到此，我们对神经元及神经网络建模有了宏观上的把握，不妨给大家展示一个完整的神经建模过程。首先给大家讲解神经元的建模过程，掌握神经元模型方法是建立神经网络模型的基础。首先对我们要研究的目标神经元（运动神经元、感觉神经元、中间神经元等）收集相关的参数（比如膜电容 C_m、膜电阻 R_m、轴向电阻 R_a、静息膜电位 E_{rest}、离子通道的最大电导 G_{max}、离子通道平衡电位 E_{eq}）；其次我们要考虑该神经元的模型包含哪些部分（比如胞体 Soma、轴突 Axon、树突 Dendrite，在建模过程完全根据实际的需要做出合理的分割，一般要考虑其计算精度和速度，这两者是一对矛盾，需要权衡考虑。下面的模型以3-舱室为例，也即树突—胞体—轴突），然后根据上述参数利用基尔霍夫电流定律[①]描述该神经元的电学特性，得出的电流方程也就是Hodgkin–Huxley型方程，最终我们构建出了单个神经元的模型如图8.7.2（a）所示。当我们研究神经网络时，需要将这些神经元连接起来，连接的基本方式就是我们前面所讲的突触连接或者缝隙连接。当然网络的连接并不是随意的，这需要了解一定的神经解剖、免疫组化以及网络拓扑结构的知识，结合具体的电生理实验数据做出合理的布局。如图8.7.2（b）给出了四个神经元通过突触连接的一个局部神经网络，现实中的神经网络远远要比这个复杂得多，之所以做如此简化目的不是要让大家感受神经网络的复杂性，而是给大家呈现神经网络建模的基本概念，对其中的许多细节并不需要研究太深，主要是激发大家对科学研究的兴趣，对其中的问题产生自己的想法并加以实践，等有了一定的生理背景和经验之后，就可以自己设计一个神经网络模型，到时候大家肯定对建立神经网络模型有更加深刻的认识，这才是我们所追求的目标。

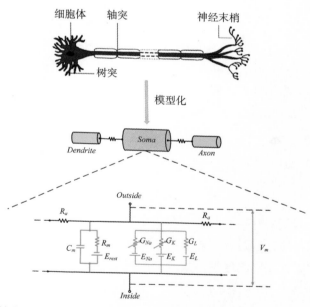

图8.7.2（a）三舱室神经元模型。上图是神经元形态；中图是简化的三舱室神经元模型；下图是胞体舱室的电路模型

---

① 关于该定律具体含义可以参考相关的电路分析书籍，这里向大家推荐一本邱关源教授主编的《电路（第5版）》。

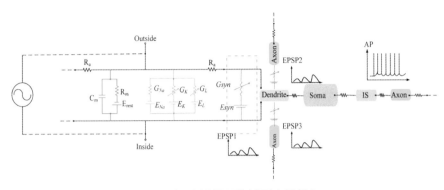

图 8.7.2（b）神经网络模型（局部）

图 8.7.2（b）神经元及神经网络模型。三个神经元通过（Syn1、Syn2、Syn3）与一个神经元的树突（Dendrite）相互连接，Syn1 的左半部分是一个神经元的等价电路。由三个突出产生的 EPSP 1–3 在神经元上经过时间与空间综合，最终在轴丘（IS）上产生持续放电的动作电位

8.8　多足智能运动控制

在前面章节中我们已经知道哺乳动物的行进运动是由位于中脑的运动中枢（MLR）引导和控制，由分布于脊髓系统中的神经网络群执行和操作，我们把这个神经网络群叫作中枢模式发生器（CPG）；而前面探讨的神经网络模型正是 CPG 模型，这些神经网络（CPG）可以去控制肌肉的收缩进而带动骨骼的运动（如果我们想用神经网络去控制人造肌肉和人造骨骼，就需要对这些人造材料有一定的了解，具体参见后面章节），这就构成了多足智能运动控制系统的雏形。图 8.8.1（左图）向大家展示两足运动控制模型，这个模型大致上由三部分构成：骨骼模型、肌肉模型和神经系统模型组成，右图展示的是一侧肢体神经网络控制肌肉输出的信号，我们把它们称为肌电信号（EMG 信号）。可以发现屈肌和伸肌是交替产生信号的，正是利用这种方式肢体才可以做屈伸运动，并且运动的速度体现在 EMG 信号交替频率上。请大家思考一个问题，如果我们在步行的过程中，一只脚的屈伸肌输出信号如图 8.8.1 右图所示，那么另外一只脚的屈伸肌输出信号是什么样子的呢？你们能画出来吗（提示：两只脚行走状态也是交替产生的）？

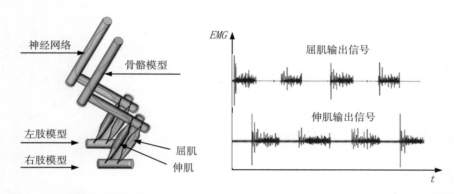

图8.8.1 两足智能行进运动控制系统。左图：控制行进运动的神经、肌肉和骨骼系统；右图：行走时，一只足的屈伸肌上测量到的EMG交替信号

下面以哺乳动物猫为原型，向大家介绍如何设计一个由神经系统控制的四足动物模型。

设计动物模型最主要的是模拟动物的运动过程。为了简化问题，我们只描述猫在一个运动周期中，腿部活动的四种变化（如图8.8.2所示），也即摆动（Swing）、着地（Touch-down）、站立（Stance）、抬起（Lift-off）。图中蓝色圆柱体是骨骼模型，红色代表肌肉模型。肌肉模型比较简单，可以用图8.8.3表示。它是由收缩单元和并联单元组成。收缩单元描述激活态下肌肉的力学性质，在静息状态时为0，但受刺激后可缩短，它能够反应粗肌丝与细肌丝相对运动形成的张力，也即主动张力部分。并联单元表示松弛态下肌肉的力学性质，描述了肌肉被动张力部分[①]。

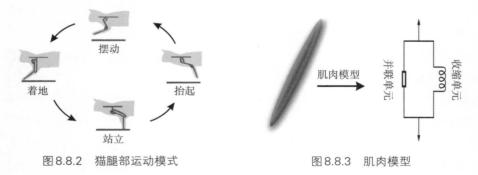

图8.8.2 猫腿部运动模式   图8.8.3 肌肉模型

---

① 这里涉及肌肉的本构方程，具体不做要求。

8.8.7　六足机器人

（图片来源：电子书网络开放资料）

首先了解一下蜘蛛的运动器官——足。蜘蛛一般有三对足，在前胸、中胸和后胸各有一对，我们相应地称为前足、中足和后足。每个足是由基节、转节、腿节、胫节、跗节和前跗节几部分组成。第一节是基节，它是足最基部的一节，其特点是粗且短。转节常与腿节紧密相连而不活动。腿节是最长最粗的一节。胫节为第四节，一般比较细长，长着成排的刺。第五节叫跗节，一般由2~5个亚节组成；目的是便于行走。在最末节的端部还长着两个又硬又尖的爪，可以用它来抓住物体。行走是以三条腿为一组进行的，即一侧的前、后足与另一侧的中足为一组。这样就形成了一个三角形支架结构，当这三条腿放在地面并向后蹬时，另外三条腿随即抬起向前准备替换。前足用爪子固定物体后拉动虫体向前，中足用来支持并举起所属一侧的身体，后足则推动虫体前进，同时使虫体转向。这种行走方式使昆虫可以随时随地停歇下来，因为重心总是落在三角支架之内，并不是所有昆虫都用六条腿来行走，有些昆虫由于前足发生了特化，有了其他功用或退化，行走就主要靠中、后足来完成了。大家最为熟悉的要数螳螂，我们常可看到螳螂一对钳子般的前足高举在胸前，而由后面四条足支撑地面行走。现在我们对昆虫的身体构造以及行走姿态有了一定的了解，就可以利用机械原理的知识设计昆虫的构造，使这些机械关节的运动状态符合真实昆虫的运动状态。这里向大家推荐一本关于昆虫设计的书——《机械昆虫制作全攻略》，它是由日本造型艺术家宇田川誉仁编写并引进中国大陆的首本制作技法书。书中以机械昆虫为主题，通过手把手的制作过程，结合案例图文展示了宇田川精湛绝妙的机械昆虫制作技巧，让读者直观领略其创作的巧思和作品的魅力。如果我们将设计好的机械昆虫加入控制芯片，而这个控制芯片装有神经网络控制程序，可以想象一只活生生的机器昆虫展现在我们眼前。关于程序植，详细讨论我们将放在下一章讲解。

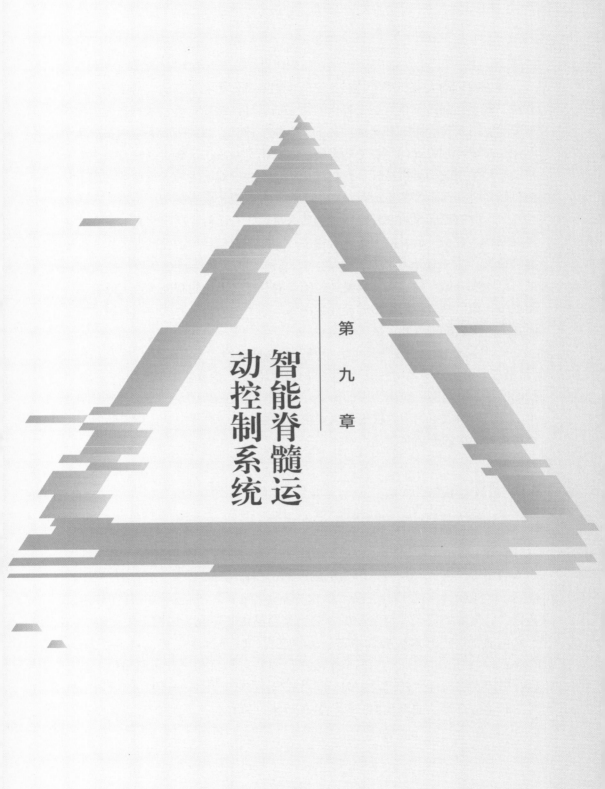

第九章

智能脊髓运动控制系统

　　前面我们向大家介绍了神经系统的生理基础知识和模型仿真的基础理论与方法，我们还通过实例展示了如何从离子通道到细胞膜特性、从神经元到神经网络建立一个符合生理现象的神经网络系统。此外，我们还向大家初步展示了利用仿生学原理设计的一些生物系统。这些仿生系统一个最大的缺点是没有有机整合神经系统的真实特性，仅仅从生物活动的宏观行为和运动特征方面来模仿生物系统，与真实的生命系统相去甚远，可以说是貌合神离、有形无魂的仿生系统。究其原因是由于神经系统的研究进程较为缓慢，使得将真实生命的神经网络植入现代机器人的工作还有待进一步的探索与研究，目前的工作尚处于起步阶段，未来还有很长的路要走。本书试图从运动控制这个独特的研究领域，第一次尝试在哺乳动物脊髓神经网络的基础之上构建智能机器人的运动控制系统，相信随着我们探索的进一步深入，在不久的将来智能运动控制系统的研发会有更大的进展和突破。

　　从本章开始我们向大家介绍如何将仿真良好的神经系统模型植入芯片中（这里主要讨论脊髓运动神经元模型和由运动神经元构成的网络模型），作成可控的产品，满足实际应用研发的需要。正如上面所言，这方面的工作才刚刚起步，我们带给大家的内容仅仅是从宏观层面去探讨，对其中具体细节的内容留待将来进一步的分析和研究。

9.1　系统集成设计

　　神经元网络的硬件实现经历了三个阶段，前面已经讲解了前两个阶段（如图9.1.1所示），具体来讲包括获取神经元（网络）生理数据、建立神经元（网络）模型。一旦有了前两个阶段的工作作为铺垫，那么将这些程序移植到芯片（硬件实现）中也就"万事俱备只欠东风"了。所谓的程序移植就是将自己编写的代码"包装"后下载到符合具体芯片要求的内存中（ROM）。大家可能听说过好多种编程语言，比较流行的计算机语言有C、C++、Java、Python、MATLAB等，这些语言都有自己的特点和优势，比如C和C++语言适合用于底层硬件驱动；Java和Python适合面向对象开发；MATLAB适用于数据图形化仿真等。前面我们一直在说神经元计算机仿真，那么大家有没有想过，之前的神经元（网络）仿真用的是什么计算语言呢？其实不管用哪一种语言都可以，关键要找到适合自己的编程语言，所以这些编程语言在神经元建模中都有使用。这里说点题外话，如果各位同学时间有余，不妨多学一些计算机语言对自己是很有帮助的，尚且不说如果各位是从事计算机方面的工作或者研究，即使是非计算机方面的工作，掌握计算机编程方面的知识会大大提高工作效率。回归正题，我们曾经在神经元（网络）建模过程中用得最多的软件是 NEURON（这是神经科学家专门为构建神经元及其网络模型开发的一款软件，操作起来十分方便，大家如果需要可以通过网址链接下载[①]）、Python 和 MATLAB。最终，将这些平台编写的代码移植到控制芯片上。学习芯片使用也是一门专门学科（学习芯片的最好方法就是直接阅读芯片手册），常见的控制芯片有单片机（C-51）、现场可编程门阵列（FPGA，在 9.2 节会给大家作一个简要的介绍）、ARM 等。由于篇幅所限，不可能一一对这些控制芯片做出详细介绍，我们只是想拓宽一下大家的视野，大脑里面有一个概念就行了，如果你们对这些芯片很感兴趣，大家可以查阅相关的书籍（这里介绍几本书：比如宋雪松等编著的《手把手教你学 51 单片机》、刘火良等编著的《STM32 库开发实践指南》、李莉等编著的《Altera FPGA 系统设计实用教程》等）和网上搜索，这方面的资料是非常多的。程序移植也是一项很重要的工作，像 MATLAB 语言非常适合数据仿真，但是要移植到芯片里面是比较麻烦的，因为仿真用的计算机语言并不一定能够直接下载到芯片，需要对仿真语言进行转换成芯片能够识别的语言。比如在神经元仿真过程中用的是 MATLAB 编程语言，现在要移植到 ARM 芯片中，而 ARM 控制芯片适用于 C 语言编程的，也就是要将 MATLAB 语言进行编译成 C 语言，这需要利用相关的编辑器配合完成直至生成后缀为 .c 的代码，因为涉及较为专业的知识，这里就不具体展开了。其实，在我们目标锁定一款芯片后，直接用它需要的语言编程是最好不过了，省去了中间很多转换工作。

---

① https://www.neuron.yale.edu/

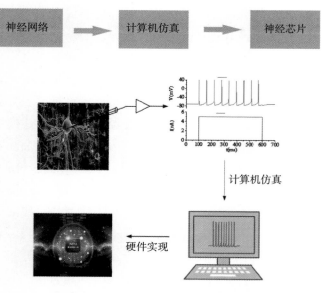

图9.1.1　神经元网络的硬件实现流程图

9.2　FPGA在神经系统的应用

前面给大家介绍了硬件实现神经系统的基本流程，这一节给出一个利用FPGA设计的神经系统的实例，让大家有个直观的感受。在这之前稍微普及一下FPGA的知识。FPGA（Field–Programmable Gate Array），即现场可编程门阵列，它是作为专用集成电路（ASIC）领域中的一种半定制电路而出现的，既解决了定制电路的不足，又克服了原有可编程器件门电路数有限的缺点。以硬件描述语言（用Verilog或VHDL语言编写）所完成的电路设计，可以经过简单的综合与布局，快速烧录至FPGA上进行测试，是现代集成电路（IC）设计验证的技术主流。采用FPGA设计的特点有：（1）采用FPGA设计ASIC电路，用户不需要投片生产，就能得到合适的芯片；（2）FPGA可做其他全定制或半定制[①]ASIC电路样片；（3）FPGA

[①]　专用集成电路分为两类：一是全定制集成电路按规定的功能、性能要求，对电路的结构布局和布线均进行专门的最优化设计，以达到芯片的最佳利用。这样制作的集成电路称为全定制电路；二是半定制集成电路由厂家提供一定规格的功能块，如门阵列、标准单元、可编程逻辑器件等，按用户要求利用专门设计的软件进行必要的连接，从而设计出所需要的专用集成电路，称为半定制电路。

内部有丰富的触发器和I/O引脚;(4)FPGA是ASIC电路中设计周期最短、开发费用最低、风险最小的器件之一;(5)FPGA采用高速CMOS工艺,功耗低,可以与CMOS、TTL电平兼容。总而言之,利用FPGA设计可以将传统的分立元器件实现的电路转化为利用大规模门电路实现,应用FPGA自身综合和布局的特点,完成与分立元器件硬件设计功能相同,甚至可靠性、集成度更高的电路。

现在我们一起了解下基于FPGA的神经元构建步骤。如图9.2.1所示,FPGA的设计经过以下几个步骤:(1)模型离散化:首先选择合适的方法对神经元模型进行离散化,所谓离散化就是将那些微分方程(连续)用差分方程来(离散)表示[①],在实际设计过程中我们要充分考虑FPGA的资源,因为不同的计算结果所要耗费的FPGA资源是不一样的,理想化的结果就是资源用的少,计算准确度和精度又要高。(2)DSP Builder系统建模:DSP Builder 是 Altera公司推出的一个数字信号处理工具箱,它在Matlab\Simulink 环境下以库文件的形式存在,使用该库文件可以在 Matlab\Simulink 环境下进行算法级的系统建模。而建好的Simulink文件(.mdl)又可以通过 Signal Compiler 生成 VHDL 语言,进而可以在 Quartus II(一款FPGA集成开发环境)环境下进行编译,并完成 FPGA 硬件配置。(3)配置FPGA:主要考虑对信号时序的控制,让信号在统一的时钟控制进行输出。(4)外围电路设计:由于FPGA处理的信号的结果是离散信号,需要设计一定的电路把离散信号变成模拟信号,所以可以考虑用数模转化器来实现(关于数模转换器的内容大家可以参考相关的电子技术方面的教程,这里不再展开叙述)。

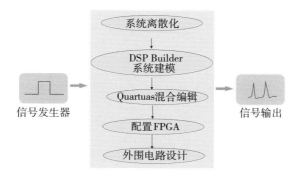

图9.2.1　基于FPGA神经元的设计

---

① 数学模型是一系列数学方程,而计算机只能处理离散的数字量,需要将这些数学方程数值化,常用的方法有龙格–库塔法(Runge–Kutta)。

在设计复杂神经网络过程中，我们设计的思路与单个神经元设计的思路类似，我们在设计神经网络过程中最好以模块化的方式进行设计，这样便于代码的阅读与修改。现在也基于FPGA来叙述神经网络的设计的过程。神经网络设计有明显的层次关系，包括节律产生层、模式发生层和"半中心"模式、感觉信号的输入等（如图9.2.2所示，这些概念后面会详细讲解），在设计过程中分别对上述几个模块单独设计完成后，留出相应的输出输入接口。特别要注意以下三点：（1）输入输出接口要加以详细定义，以便其他模块能够很好地与该模块进行传输通信；（2）在整个工程项目中会有一个总的时序控制的时钟，而在各个模块中有时候需要子时钟信号作为该模块的时钟控制，需要注意总时钟与子时钟之间的协调，时序的错误会导致传输信息的混乱；（3）在设计Hodgkin-Huxley模型过程中，尽量保持算法的通用程度高。当然，由于网络的复杂度大大提高，不可避免地在设计过程中会遇到各种各样的困难，希望大家树立坚定的信心，勇于克服在实践过程中遇到的困难。

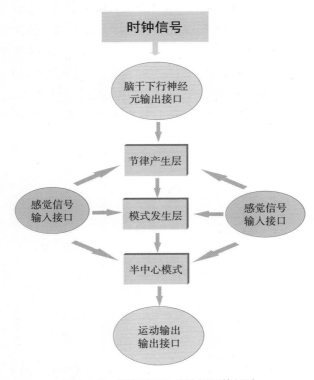

图9.2.2　基于FPGA的神经网络设计

9.3　神经智能控制接口

所谓神经智能接口是指一类基于神经生理系统、能够高精度仿真人类生理活动功能的可控模块，该模块包含了能够与外界通信的神经网络控制接口。在9.2.2图中我们已经涉及接口概念，通过该接口能够与其他模块进行信息交互，而不需要考虑模块内部具体实现了哪些功能，这就是接口的特点。本节讨论的神经接口是一个更大的接口，它的最终目标是把神经网络作为一个整体功能运用到其他需要的地方，比如前面讲到的猫腿部运动的神经网络接口，这个接口可以将信号传递给肌肉。再如通过该神经网络接口与假肢进行通信使行走有障碍的人恢复行走；或者利用神经网络去完成某些任务（比如神经手臂搬运货物、控制骑自行车的过程）。神经接口与一般的利用仿生学原理设计的接口不同之处在于神经接口充分考虑了神经系统的电活动特性，将神经活动直接映射为具有外部功能性活动，所以是"智能"的接口。

本节我们以脊髓损伤患者行走功能恢复为例对神经假肢接口进行讲解。我们或许知道电刺激治疗神经性系统疾病在临床上已经有了很大的应用，这种方法试图通过电刺激再次激活神经网络的功能并且在临床上取得了一定的成效。但是这种刺激有时候达不到很好的效果，主要是由于网络刺激模式或者刺激频率是十分有讲究，如果不清楚神经通路，在一定程度上是盲目刺激，有可能对需要激活的神经元并没有激活，把不需要激活的神经元激活了，这样就达不到治疗的最佳效果。为了解决这种问题，科学家不得不研究具体的神经网络结构和与之对应的功能。目前，开发能够帮助受损人类恢复感觉功能、沟通和控制的系统正在整合成为工程神经科学的一个新分支，研究的课题有脑—机接口（BMI）、脑—计算机接口（BCI）、神经假肢或神经接口系统（NIS）。它们有一个共性就是构造真实的生理神经网络信息去恢复人类某些活动功能。这三个分支研究的最为广泛的就是BMI，特别是结合了目前最热门的人工智能相关的技术，感兴趣的读者可以读一读这方面的书籍。本书主要讨论NIS。NIS一个最重要的目的就是使患有严重感觉和运动障碍的人恢复与外界互动，从而使他们能够更高质量地生活。一般而言，NIS包括四个组成部分：（1）多电极记录阵列（Recording array）（2）映射或解码算法（Decoding algorithm）（3）输出设备（Dwtpnt device）（4）感觉反馈（Sensory feedback）（如图9.3.1）。肌肉带动骨骼产生的多种形式的运动是由于神经丛刺激肌肉的效果。然后把神经丛—肌肉信号（不是一根神经信号，而是一群功能相关的神经信号叫作神经丛。）映射为骨骼的运动需要有一套转换的模式（肢体运动的方位角）。具体来讲，首先要用多电极记录阵列记录神经丛信号，然后骨骼的运动一般要考虑其转动的角度、时间等因素。所以要把神经信号与角度、时间等参数联系起来，这就需要映射或解码算法；这样才能合理有效地控制外部设备（比如机械臂、假肢等）；当然我们也可以让机械臂接受外部刺激，将信号传至神经元，反馈式的控制机械臂，这也就是感觉信号反馈（感受器）。

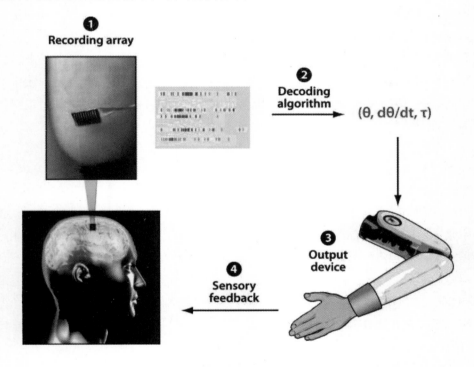

图9.3.1　大脑神经接口系统（NIS）应用

（图片来源：The Science of Neural Interface Systems（Hatsopoulos N G and Donoghue J P）

所以，NIS是一种直接将运动指令从大脑传递给辅助设备，通过辅助设备完成某些活动，它是真正意义上解读神经信号，重新设计一条通路来恢复瘫痪患者的运动功能。

当前，还有一些其他关于神经接口应用的例子，比如人工耳蜗植入（如图

9.3.2所示）。人工耳蜗是一种电子装置，由体外言语处理器将声音转换为一定编码形式的电信号，通过植入体内的电极系统直接兴奋听神经来恢复或重建聋人的听觉功能。它的基本原理是：麦克风从环境中接收声音后，将信号通过导线传到言语处理器，言语处理器选择有用的信息按一定的言语处理策略进行编码，将信号通过导线传至发射线圈，后者把信号经皮肤以发射方式或插座式传输方式输入体内，由接收器接收并解码，以电刺激形式将信号送到插入耳蜗内的电极刺激听神经纤维，最后大脑将电信号识别为声音而产生听觉。近年来，随着电子技术、计算机技术、语音学、电生理学、材料学、耳显微外科学的发展，人工耳蜗已经从实验研究进入临床应用。现在全世界已把人工耳蜗作为治疗重度聋至全聋的常规方法。

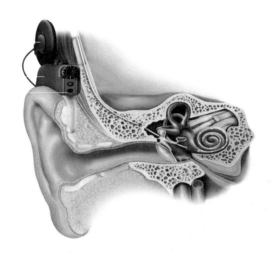

图9.3.2 人工耳蜗（图片来源：搜狐开放资料）

9.4 神经智能控制系统实例

目前国内外已经开展了一系列关于神经智能控制系统的研究，也取得了一定的成果。本节主要给大家介绍一些关于神经假肢的实例，向大家展示一些关于神经控制的成功应用。

实例一：20世纪80年代末由意大利仿生机器研究所的保罗·达里奥（Paolo Dario）教授团队为了让截肢者重新获得触觉功能，他们将电极植入手臂末梢神经，从而用神经信号控制假肢。这是假肢移植技术史上一个里程碑的突破，该项目被命名为Lifehand（仿生手）。2008年，Lifehand假肢第一次安装在患者手臂上（图9.4.1左）。2009年，这只仿生手被移植在一位失去下臂的截肢病患身上，这一阶段的仿生手只是一个半成品，因为仅在两个部位安放了传感器，使得仿生手与外界交互的信息并不是很多，限制了仿生手的自主性。2013年，该项目进入第二阶段，命名为Lifehand 2。Lifehand 2的目标是创建一个完全自主的假肢系统，也就是通过患者的神经系统进行丰富的感应和控制，实现大脑与假肢间的双向控制，让假肢在日常活动时可以具有与天然肢体相当的灵活性。实验过程中使用了意大利仿生机器研究所的ArtsLab实验室开发的生物仿生肢体原型OpenHand，使得这种双向信号传递得以实时进行，因而没有任何明显的延迟。与第一阶段不同，Lifehand 2在五指指尖、手掌、手腕等处都添置了传感器，通过四个神经内电极直接与大脑通信，植入患者残肢的正中神经和尺神经中。触觉传感器发送给大脑关于不同物体形状、一致性和位置的信息。信息从假肢开始，通过电极传到神经，最终到达大脑。相反，患者可以通过自由意志或感官的反馈，实时移动物品并适当地控制力量。至此，神经智能控制系统的研究已经进入了一个崭新的阶段。

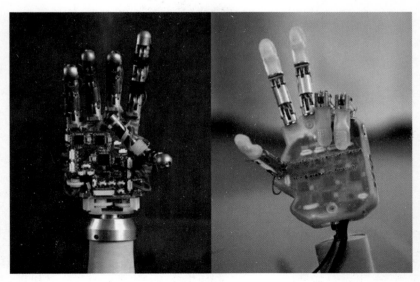

图9.4.1　两代仿生手：2008年（左）与2013年（右）

（图片来源：搜狐开放资料）

　　前面我们讲解了关于上假肢神经控制系统的实例，下面再给出一个上下假肢神经控制系统实例，设计思想十分相似。

　　实例二：在《柳叶刀神经病学》杂志上发表了一项新的研究成果——一种由大脑信号控制的神经假肢机器人服装首次使瘫痪的人重新恢复行走。一名28岁的患者因脊髓损伤导致神经系统无法实施其功能而造成四肢瘫痪，法国格勒诺布尔大学（University of Grenoble）生物医学研究实验室Clinatec的医生们为这名男子制作了一个外骨骼装置。这项技术在他大脑上部感觉运动区域的左右两侧植入了128个电极。当他进行各种练习时，这些监控和记录的电信号被传递给一个算法进行解码。该软件分析了与他想要移动的肢体相对应的大脑信号，以控制神经假肢的运动。这项研究成果应用性还不高，要恢复患者整体功能是一个缓慢的过程，患者需要两年多的时间才能行走、移动手臂、触摸物体和旋转手腕。他每周需要模拟练习三次控制脑—机接口，每个月要穿上真正的机器人服装一次，持续27个月。研究人员称这是一种"概念验证"，希望他们的研究结果能帮助他们开发出更复杂的算法，以学习如何让机器人的肢体执行更复杂的任务，比如拿东西。

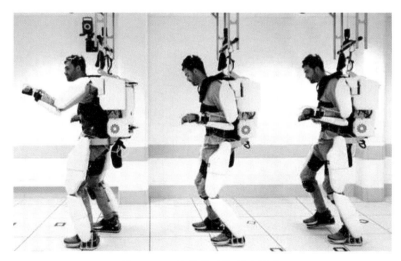

图9.4.2　神经假肢机器人服装

（图片来源：快资讯网络开放资料）

从上面两个例子我们可以看出，研究人员都是通过解读大脑神经信号，利用该信号作为控制假肢的输入输出终端，从而能够在一定程度上利用神经网络信号控制假肢的活动，能够模拟出与正常人活动的类似功能。而传统的仿生技术（见第十一章）只是从形态和功能上利用数学、物理方法来模拟生物运动的过程，比如机器袋鼠、猫等，并没有考虑这些生物的神经活动是如何发挥作用的，所以只是外形活动上的模仿。从上述实例一、二不难发现，这些神经控制系统（接口）也借鉴了数学、力学、电子学、计算机和控制科学等学科，但最重要的一点就是这些活动是通过解码神经信号发挥作用的，是在充分了解神经电活动的基础上构建起来的，在一定程度上符合人体活动的规律。但科学家也切实感受到机器人和自然生物之间在系统自主性、环境适应性等诸多方面存在着巨大差距。解读神经电活动信号与功能相对应，并且能够像正常人一样做出优雅的动作还有很长的路要走。我们的目标是希望这些神经系统能够复现生物的某种自然功能和效果，或完全复现其自然功能、效果和内在运行机制，从而大幅度提高机器人的环境适应能力、感知能力、自主控制与智能决策能力、交互能力，乃至协作能力。

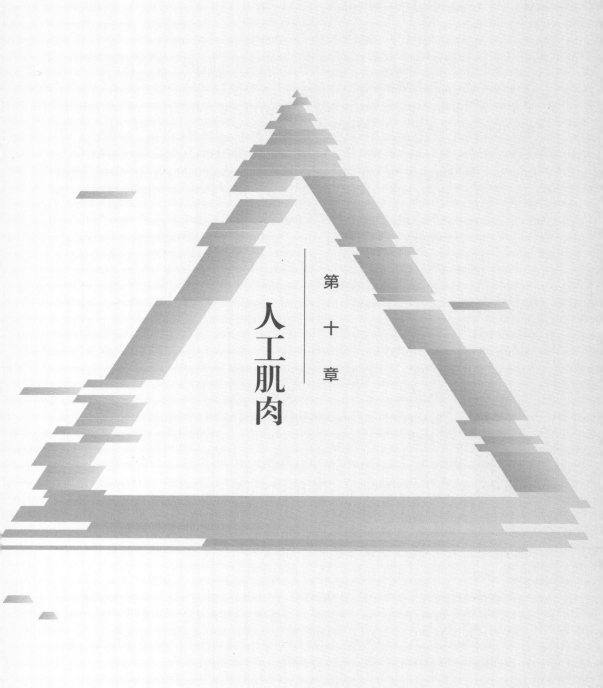

第 十 章

人工肌肉

无论从微观的离子通道，还是从宏观的系统层面上来看，生物体本身就是一个十分复杂又高度智能的系统。由骨骼肌所驱动的肢体运动，在"硬件"上看，是由关节为枢纽，骨骼作为支撑杠杆，肌肉收缩为动力系统；从"软件"上讲，整个躯体的运动系统是受中枢神经系统的调节控制，对信息进行分析处理，并下达运动指令。肌肉的收缩与舒张是肌肉组织的基本特性，对于姿势的维持、空间的移动、复杂的运动及基本生理活动（心跳、呼吸等）均是通过肌肉的收缩与舒张来实现。骨骼肌是一切肢体运动的动力来源，研究骨骼肌的生物物理学性质一直是生物医学研究的重点领域，而人工肌肉的研究与发展也一直是国内外研究的重点专题。这项研究始于20世纪40年代，但真正取得进展则是最近10余年的事。

人工肌肉材料的研究与发展经历了多个阶段，近百年来可作为人工肌肉的材料包括形状记忆合金、电活性陶瓷、电活性聚合物、橡胶管、液晶晶体材料等等。近年来一些新型特殊聚合体材料和智能材料的诞生，为人造肌肉的研究提供了新的发展契机，这些新材料往往具有一些不同凡响的特性。一些材料可以根据电流、温度或光变化呈现出各种复杂的状态，例如，弯曲、延伸、扭动和收缩等，并且它们的行为非常接近真正的肌肉纤维。对于人工肌肉的开发和研究不仅对医学具有重大意义，而且对智能机器人技术的发展也至关重要。

早期人工肌肉是指一种没有肌肉功能只有表面装饰作用的合成材料，用于整形修补（比如硅胶）。形状记忆合金近期开发的是具有一定肌肉伸缩功能的由硅胶和涤纶制成的产品，如一根由涤纶织物包着的硅胶管，涤纶织物管作为人工肌腱从硅胶管的两端伸长，以便附着在天然肌腱上或附在骨骼上，在人工肌肉的较宽的中央部分，涤纶织物叠在一起，让人工肌肉中央突出部分自由活动，织物长度可限制人工肌肉的伸展，使臂或腿不会反曲到超过伸直位置。但现有的人型机器人或义肢（假肢），仍受限于笨重的马达与传动系统，其灵活程度、力量与整体工作能力在微型工业及生物医学领域难以得到应用。

随着智能高分子材料的探索与发展，对未来人工肌肉的发展提供了新的契机，以应用在各类微型手术、义肢，以及制造功能更强的机器人。目前，国内外在运动的认知、产生和控制、脊髓运动机理和神经网络等方面的研究，为进一步实现具有生物特征的运动控制系统奠定了基础。

一般来说，按照驱动方式的不同，人工肌肉主要分为以下五种类型：气动式、液压式、电磁式、热敏式以及化学控制式，不同形式的人工肌肉可以从宏观或微观层面上模拟生物肌肉的运动功能。

10.1　气动控制人工肌肉

气动技术是以压缩空气作为工作介质进行推拉，气动技术的出现与发展，使得各类新型气动元件涌现出来。1900年，在研究关于生物机构学的过程中，REULEAUX首次提出使用橡胶管来模拟生物肌肉的收缩、伸张特性。1913年，WILKINS发明了一种管状膜片驱动器，这类驱动器廉价又可靠，同时为提高弹性管的支撑强度，安装了辅助支撑弹簧在橡胶管外。进一步地，为强化橡胶管的压力强化能力，HAVEN在强化结构上采用外加编织层结构。对气动人工肌肉的研究主要包括三个方面：基本特性、模型研究和控制策略。

气动人工肌肉（Pneumatic artificial muscle, PAM）作为气动技术衍生出的一种，它具有成本低、制作简单、安装简便、更大的初始拉力和较强的收缩力的优点，同时还具有与生物肌肉类似的力学特性，近年来，国内外相继开发出成系列气动人工肌肉（Pneumatic artificial muscles）产品，并在机器人、工业自动化等领域进行了广泛应用。气动人工肌肉如图10.1.1所示，气动人工肌肉的结构简单，由于在气动人工肌肉运动过程中受摩擦力和非弹性形变影响，导致内部机理和精确建模较为复杂和困难。

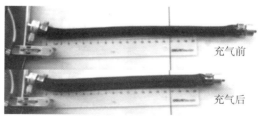

图10.1.1　气动人工肌肉。它是由橡胶管、外部包裹的纤维编织网及两端接头连接组成
（资料来源：2016年机械工程师期刊论文资料）

其工作原理：在内部气压发生改变时，肌肉长度及直径发生变化，充气时"肌肉"膨胀，其直径变大，长度缩小，模拟肌肉的收缩特性。在放气时"肌肉"长度伸长，直径减小，利用充放气原理，气动人工肌肉可以做往复的伸长

收缩运动。其中一种简单的气动人工肌肉的数学模型建立如下：

$$L=\sqrt{\frac{1}{3}(\frac{F}{P}\times 4\pi n^2+b^2)} \qquad （10-1）$$

L 表示气动人工肌肉的长度；P 为相对压力，F 为外界负载，n 为外部纤维的圈数，b 为纤维的长度。气动人工肌肉在负载不变的情况下，其长度大小由相对压力决定，相对压力越大，则气动人工肌肉的长度越小。

由式（10-1）可知，气动人工肌肉的控制是非线性的，它受到多种因素的影响，因此简单的比例控制方法不能实现很好的精确控制，需采用相应的非线性控制器，以获得良好的控制效果。多种控制策略包括PID控制（比例-积分-微分控制）、模糊控制与神经网络控制、鲁棒控制等，其中PID控制器的设计较为简单，可用于对精度要求不高的场合；模糊控制与神经网络控制可以实现对复杂网络的建模分析和控制；鲁棒控制主要针对解决气动肌肉强非线性和时变性等，根据实际应用采取适合的控制方式。气动伺服系统一般采用电-气控制系统，通过电-气转换元件将电能和机械能相结合，控制器一般由微机或单片机构成，减压阀控制气压人工肌肉充放气的速率，气动伺服系统的机构原理图如图10.1.2所示。

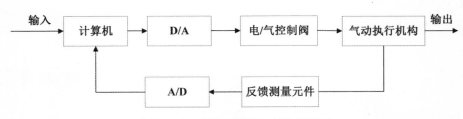

图10.1.2　气动伺服系统结构原理图

由于气动人工肌肉具有比较短的疲劳寿命，为提高气动肌肉性能，Daniel等人研究编织型气动人工肌肉寿命和频率响应，对执行器的设计和制造进行了改造，使用两层乳胶加厚外侧编织层并在末端涂上了乳胶保护层显著延长了执行器寿命，超过了理论模型所预测的寿命，寿命重复周期由2500~4700次到14200次提高了一个数量级。实际应用中，气动人工肌肉也可作为灵活关节，包括多自由度机械手指、驱动外骨骼装置以及作为被动元件进行使用。图10.1.3为同济大学设计的一个基于气动人工肌肉的灵活机械手的实际抓取实验，灵活机械手采用3D打印制作，五根气动人工肌肉作为驱动连接机械手分别对轻重不同的规则及不规则物体进行抓取，在整个实验过程中气动人工肌肉能到达指定的位置，并且由于气动肌肉本身具有较好的柔性，能减少对物体表面的破坏，从而实现对目标的抓取。英国shadow公司成功研制了模块化的仿生手（如图10.1.4所示）等等。

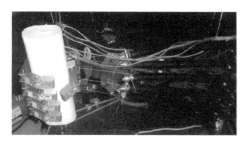

图10.1.3 同济大学设计的气动肌肉驱动的机械手。如图，由气动人工肌肉组成的灵巧手在抓取硬物、水果、不规则物体时，在力度和位置控制具有较好的柔顺和鲁棒性（照片来自网络开放资料）

图10.1.4 shadow公司设计的仿生手及应用。左图为Shadow公司设计的仿生机械手，右图为气动人工肌肉组成的机械臂驱动灵巧手进行抓取（照片来自网络开放资料）

但气动式人工肌肉控制仍存在一定局限性，包括在充放气过程中较强的非线性环节和时变性，无法实现精确性控制，体积较大，行程受到限制，由于气压驱动这种方式的驱动力输出力小、工作噪声大，因此多用于机器人及自动化生产线。为进一步提高气动人工肌肉的性能，如何最大程度减少摩擦力、小型化、集成化和便携驱动源仍是人们致力于解决的问题，短期内气动人工肌肉的性能无法产生质的飞跃。

10.2　液压控制人工肌肉

液压控制人工肌肉，作为一种驱动元件，相比气动人工肌肉具有更大的灵活性和更大的输出力，可以作为机器人、机械手的机械臂或结构关节。

液压控制的人工肌肉结构原理图如图10.2.1所示，类似气动式人工肌肉，气动式采用压缩空气作为介质，工作压力一般在1Mpa下，液压控制的人工肌肉根据工作介质的不同主要分为水压人工肌肉（WHM, Water Hydraulic Muscle），油压人工肌肉（OHM, Oil Hydraulic Muscle）。由于工作压力能够直接影响输出力的大小，液压传动式工作压力相比气动式显然高很多，能够产生更大的输出力，更适用于驱动力大的设备（如发动机）。在设计时，为提高肌肉的工作性能，结构上需要耐受更大的拉力与内部液压力，为承受更大压力载荷，防止压力过大脱开，液压人工肌肉的两端结构需要完全扣压，一定程度上延长了人工肌肉的寿命。

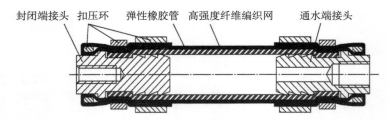

图10.2.1　液压人工肌肉结构原理图。液压人工肌肉驱动力大，在结构设计上增加了扣压环及高强度纤维编制网延长其使用寿命（资料来源：2015年北京理工大学学报论文资料）

其工作原理：压缩液体通入高密度纤维编制网包裹的乳胶管内腔，由于乳胶材料的高弹性及良好的阻尼性，通过乳胶管的充液和排液或是不同液体压力驱动，引起轴向的伸长量和力度不同，由于橡胶管的弹性和螺丝固定的作用，释放管内液体使得乳胶管恢复原状，这种液压型人工肌肉在数量和结构上的组装能够模拟人工肌肉收缩并产生运动，液压人工肌肉不仅可控性比较高和方向上也具有连续性变化，在灵活性上也有了很大提高。

日本东京工业大学使用液压人工肌肉组成软硬兼备的机械臂可以操作螺丝刀完成相应工作，如图10.2.2所示，这样一根液压人工肌肉它的直径仅有15mm，可以产生700千克这样惊人的收缩力。这样的六根液压人工肌肉连接在支撑杆两端并由螺旋钢丝固定，在不同收缩伸张状态下，液压人工肌肉发生变形，从而使连杆的摆动方向发生变化，固定夹取的螺丝刀可以完成指定工作。

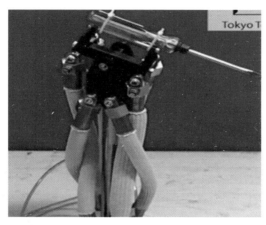

图10.2.2　日本东京工业大学设计的液压人工肌肉及应用。六根液压人工肌肉组成软硬兼备的机械臂，具有多自由度、柔韧性和高精度特性（照片来自网络开放资料）

以人体为基础的下肢外骨骼（BLEEX）每条腿有7个自由度，其中4条由线性液压控制人工肌肉执行器驱动；美国波士顿动力公司的BigDog腿部关节采用液压驱动，自重109千克，可承载154千克在各种恶劣环境下以4km/h速度行进。但由于液压控制人工肌肉的工作介质为液体，体积及质量相对较大，功率质量比低，能量的消耗及控制方式也制约着液压技术的发展，因此液压技术目前多用于汽车、飞机和工业机器人等大型设备。

10.3　电控制人工肌肉

电磁控制人工肌肉

目前多数的人工肌肉驱动器，仅仅从宏观上模拟骨骼肌的伸长收缩特性，运动轨迹的精确控制比较困难，没有对骨骼肌的微观构成及驱动机理探究应用。一种由电磁式控制的人工肌肉，通过串并联分布类比生物肌肉机构模式，模拟肌小节运动状态，从一定意义上缩小了微观与宏观之间的鸿沟。在骨骼肌的活动过程中，肌原纤维通过感受自身长度和位移的变化，转化后的信号经传入神经纤维通过脊髓传给大脑，然后对传入信号解析判断，控制信号经由脊髓传至各运动神经元，在控制信号的作用下肌小节长度发生变化，引起肌原纤维收缩。

肌小节作为肌肉组织的最小单元结构，由类肌小节串并联组成的电磁人工肌肉驱动器如图10.3.1所示，由线圈、弹簧组成的螺线管串并联排列，类肌小节单元如图10.3.1（B）所示，通过串并联方式形成类似肌肉的结构，通电模式下线圈之间的互感作用使得弹簧发生形变，类肌小节单元间的长度伸长和收缩，在一定程度上模拟了微观上肌肉的运动。

电磁式人工肌肉基本组成部分包括：缠绕在铁磁芯上的螺线管线圈及弹簧。在电流的作用下通电线圈产生电磁力，弹簧扭曲变形产生位移，传递可控的双向驱动力，具有精确的毫米级位移和快速的驱动能力。这种电磁式人工肌肉的优点在于它在宽度和长度上的可扩展性，精度可达到$50\mu m$。利用麦克斯韦公式计算得到同轴线圈间的互感系数，$K(k)$和$E(k)$是第一类和第二类完全椭圆积分，$\hat{L}_m = \frac{1}{k}(1-\frac{k^2}{2})K(k) - k^{-1}E(k)$，这里$\varepsilon = x/l, \xi = l^2(4r^2)^{-1}$，$k^2 = (1+\xi\varepsilon^2)^{-1}$。电流与位移关系：$I^2 = (1-\varepsilon)(\frac{\delta L_m}{\delta k}\frac{\delta k}{\delta \varepsilon})$，驱动力$F_{total} = \frac{\delta L_m(x)}{\delta x}I^2 - c(1-x)$，c是弹簧常数。$x$为移动线圈的位移和$l$表示线圈之间的距离。在实际应用时，通过增加肌肉的长度和厚度，一定程度上可以提高位移量和负载力度。

图10.3.1　电磁控制人工肌肉。图（A）电磁控制式人工肌肉由图（B）这样的螺线管串并联形成，从微观上模拟肌肉的结构产生位移（图形来源：2017年PowerMEMS会议论文资料）

　　由于骨骼肌的活动是受中枢神经系统的支配，如图10.3.2所示为电磁式人工肌肉控制系统，电磁式控制式人工肌肉通过采用中央处理单元CPU（Central Processing Unit）代替中枢神经系统（Central Nervous System）对传感器接收来的信息进行分析决策，其中DSP结合FPGA代替周围神经系统（Peripheral Nervous System），加入相应的传感器作为系统感受器，驱动器控制的串并联肌小节单元（线性螺线管阵列）模拟肌肉运动。从微观角度讲，对应的类基元肌小节串并联对人工肌肉结构进行仿生。

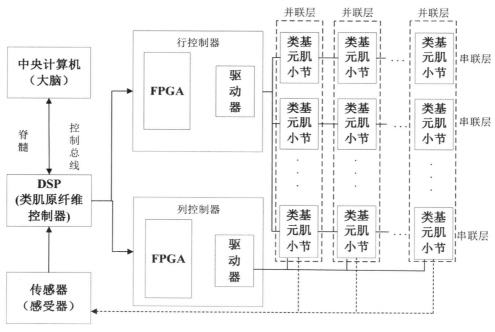

图10.3.2　电磁式人工肌肉控制系统
（图形来源：2012年微特电机期刊论文资料）

　　进一步地，考虑到行进运动过程中与环境的接触，引入力和位置传感器，即可得到力和位置的实时信号，传递给下一级进行信号分析处理，采用主动柔顺控制策略实现对力和位置的控制，通常在驱动器控制设计时一般采用R-C力及位置混合控制。

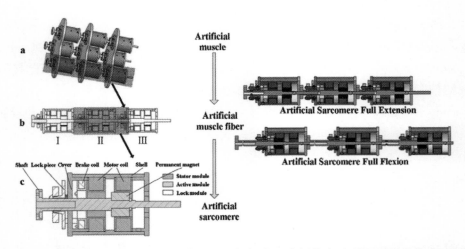

图10.3.3　电磁式人工肌肉。图（a）人工肌肉（b）肌肉纤维（c）类肌原纤维构成了电磁式人工肌肉系统，右图为电磁式人工类肌原纤维收缩和伸缩的状态

（图形来源：2011 International Conference on Transportation, Mechanical, and Electrical Engineering（TMEE）会议论文资料）

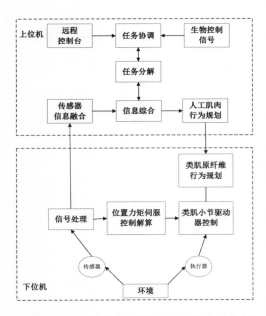

图10.3.4　电磁式人工肌肉控制系统软件任务。在实际环境中，由上、下位机控制和协调电磁式人工肌肉的行为规划及运动控制

（图形来源：2012年微特电机期刊论文资料）

以西北工业大学设计的电磁式人工肌肉控制系统为例，其类肌小节人工肌肉收缩与伸长状态如图10.3.3所示。采用工控计算机作为上位机，使用DSP结合–FPGA作为下位机系统。RS–485总线在上位/下位机之间通信，波特率可调节。在硬件选择上，选用TI公司的TMS320F2812工业控制器作为DSP处理器，能实现对运动控制指令的解码，增益的调节以及对故障的监控。使用APEX公司的A3P1000，该FPGA可实现对行/列驱动器电流的通断，PWM波的产生，控制A/D、D/A的转换。类基元肌小节驱动这里采用NSC公司的专用驱动器LMD18200，其工作电压范围较宽，具有过压、过流及超温保护功能。

人工肌肉驱动器软件设计类比生物神经控制，如图10.3.4所示为电磁控制式人工肌肉控制，在环境中获取力和位置的实时信息经DSP传递给上位机进行信息分析及决策，上位机主要任务包括对信息的整合、分析及决策任务，同时解算出下一时刻运动的位置及力量的控制，计算控制量通过控制总线发送给DSP，DSP对上位机传来的指令进行解码，并将计算后的控制信号传递至FPGA，FPGA将一系列指令传递给类肌小节驱动器，串联肌小节单元类似肌原纤维驱动器，并联类肌原纤维形成人工肌肉，在驱动控制下以指定力度、速度到达预定计算位置，完成目标动作规划。

电场控制人工肌肉

电活性聚合物（EAP: Electroactive Polymers）是介电弹性体，这种聚合物材料在电场作用下，内部结构改变，具有与生物肌肉相似的力学响应特性（如伸缩、束紧、膨胀、弯曲等），与传统的压电材料相比，它具有更大的弹性、重量轻和驱动应变大、效率高的优点。按照作用机理的不同，电活性聚合物分为：电子型（Electronic EAP）和离子型（Ionic EAP）两类。

电子型电活性聚合物（由电场或库仑力驱动），包括全有机复合材料（AOC）、介电EAP（DEAP）、电致伸缩接枝弹性体（ESGE）、电致伸缩薄膜（ESP）、电致黏弹性聚合物（EVEM）等等，这类聚合物在直流电场的作用下能够诱导产生位移，需要大于$100V/\mu m$的激励电场；离子型电活性聚合物（离子的移动或扩散）包括碳纳米管（CNT）、导电聚合物（CP）、电致流变液体（ERF）等，由两个电极和电解液组成，材料表面需要保持一定的湿润度，并在较低的电压下就能产生激励。

此外，EAP材料在响应速度快、密度低、回弹能力强等方面优于形状记忆合金（SMA）。目前EAP材料存在驱动力低、机械能密度大、鲁棒性差、不能批量供应等局限性，限制了EAP材料的实际应用范围，成功的应用包括导管转向元件、微型机械手、微型机器人手臂和夹持器。美国加州大学洛杉矶分校裴启兵教授所在的柔性材料研究室致力于开发一种介电弹性体和双稳态电活性聚合物材料，它的厚度仅有几十个微米，在材料的外面加入导电涂层，可叠加、卷绕成一定形状，通过电信号刺激材料产生弯曲，带动肌肉运动，帮助截肢或肌肉萎缩的患者正常行走。

与皮肤一样，肌肉也具有自我愈合和修复的能力。工作期间，工作部件出现磕碰、磨损是在所难免的，导致部件损伤影响设备运行。早在2001年美国伊利诺伊州立大学，两名航空工程师所在的研究团队研制的一种微型胶囊，在材料发生断裂时，释放类似胶水状物质能将"伤口"愈合，但这种胶囊释放是不可逆的，仅能修复一次。之后的研究中，发现有许多种能自我愈合的材料，包括特殊的记忆合金、一些高分子材料等等，美国加州大学洛杉矶分校在研究过程中发现一种受电场控制的人工肌肉材料，引起人们的关注，它既能够实现自我愈合，还能将一部分输入的能量储存，这种能够自我愈合透明且富有弹性的肌肉材料是由碳纳米管组成，在外加电场作用下，内部结构改变，材料可以产生伸缩、弯曲、束紧或膨胀多种变化，大头针戳破人工肌肉材料、碳纳米材料内部结构重排，一段时间内能够完全愈合。据研究人员称"如果给这种人工肌肉充电，它可以膨胀2倍以上，并且它的运动和能量供应情况和真实生物肌肉非常类似"，目前仍在实验阶段，将来可用于航空航天、医疗等领域。

10.4　热敏控制人工肌肉

热敏式人工肌肉材料主要包括液晶晶体材料和聚合物纤维两类。

液晶弹性体

液晶弹性体的研发已经有40年的历史，20年前由于液晶弹性体作为一种双向记忆材料具有形变大以及可逆的优点，被认为作为人工肌肉的最佳材料。但过去液晶弹性材料未广泛应用主要因为其受限于应力太小，影响应力的关键因素是弹性模量。人体的骨骼肌收缩应变大于40%，应力超过0.35兆帕，弹性模量一般大于10兆帕，传统液晶弹性材料在弹性模量上无法满足骨骼肌特性，仅仅达到0.1~1兆帕，形变弹性模量与实际情况相差较大，无法满足人工肌肉的性能指标。近期，东南大学化学化工学院杨洪教授团队研制的一种最新的可作为人工肌肉的液晶弹性材料，该研究成果在《Journal of the American Chemical Society》上发表，这种双向形状记忆材料是一种聚氨酯/聚丙烯酸酯互穿网络结构的液晶弹性体，如图10.4.1，抗拉强度和形变弹性模量都远超现有的液晶弹性材料。它的收缩应变达到46%，应变力最大2.53兆帕，弹性模量可以达到10.4兆帕，具有超强的力学性能，首次满足了液晶弹性材料作为人工肌肉的所有性能指标，这种新型肌肉材料具有极大的应用潜力。

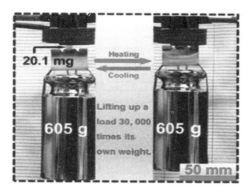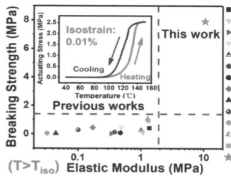

图 10.4.1 液晶弹性体。左图为液晶弹性体在不同温度状态下的伸缩。右图为这种新型液晶弹性材料相比之前的材料在弹性模量和抗拉强度性能比较

（图形来源：2019 年 Journal of the American Chemical Society 期刊论文资料）

聚合物纤维

纤维状热敏人工肌肉，成本可控，易于大规模生产，相比其他类型的驱动器，线性驱动器具有功率质量比大、体积小质量轻、时间响应速度快的优点，有望用于微型医疗或机械设备。

如图 10.4.2 所示，一种使用渔线和缝纫线组成的人工肌肉材料，这种人工肌肉材料是由温度的变化驱动的，将聚合物纤维加捻旋转，使其形成卷曲结构。在温度升高时，这种纤维状材料沿长度方向收缩，冷却时恢复原先长度。其中图 10.4.2（A）为非扭曲条件下的聚合物材料光学图像，聚合物材料经加捻穿插缠绕［如图 10.4.2（B）］，图 10.4.2（C）为叠加成的双层肌肉材料，32

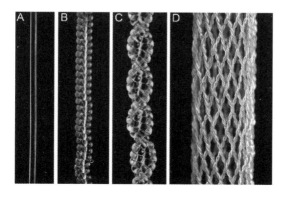

图 10.4.2 渔线和缝纫线加捻后的聚合物材料。图（A）为直径为 300mm 的非加捻光纤，图（A）的纤维通过加捻插入而卷绕后形成图（B），再由两个（B）线圈形成图（C）中的两层肌肉，图（D）是最后形成的编织物，该编织物由（C）中生产的 32 根直径 102mm 的两层螺旋卷绕而成

（图形来源：2014 年 Science 期刊论文资料）

图10.4.3　不同温度下的拉伸与收缩。当（A）25° C水（染色蓝色）切换至图（B）95° C水（染色红色）时，直径860毫米的聚合物材料通过热敏驱动将500克负荷物高度提升了12%（图形来源：2014年Science期刊论文资料）

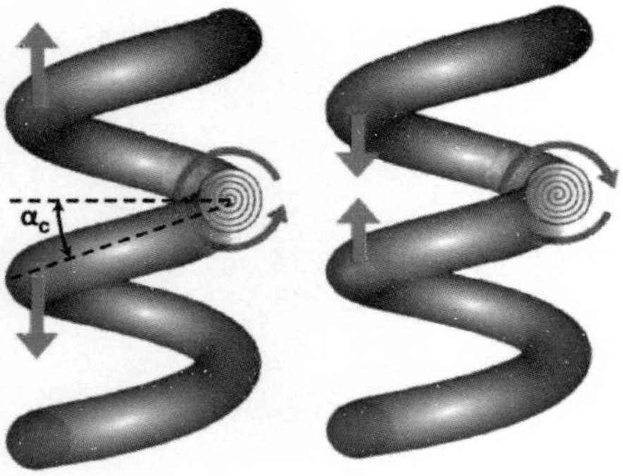

图10.4.4　偏转角 α_c 。扭转纤维驱动异向（左图）和驱动同向（右图）纤维在大冲程拉伸驱动的机理示意图（图形来源：2014年Science期刊论文资料）

条直径为102毫米的两层卷曲螺旋纤维形成的编织物，如图10.4.2（D）所示。这种由渔线与线经捻转后的高强度聚合物纤维材料，随着温度的变化拉伸和扭曲，相比其他强大的、高压力的人工肌肉，成本相对较高，而这种经渔线和缝纫线加捻形成的聚合物材料，寿命长、无迟滞现象并且能够快速拉伸和扭转。在高度扭曲情况下可收缩49%，举起的负载重量超过相同长度和重量是人工肌肉的100倍。

如图10.4.3所示，图10.4.3（A）、（B）分别为温度25 ℃和95 ℃情况下的聚合物材料状态，当温度升高后，开始平行的聚合物材料都被扭成螺旋，并提起重物，其中螺旋相对于纤维方向的偏角为 $\alpha_f = \tan^{-1}(2\pi r T)$ ，与半径及扭曲度有关，其中 r 是距离纤维中心的径向距离， T 是每根初始纤维长度插入的扭曲度。随着温度的升高，这种聚合物纤维收缩，直径增加，产生扭动力矩。

加热前后穿过纤维中心线的线圈直径及线圈与横截面的偏转角改变，在加热过程中纤维解捻，引起的线圈变化的不同。在加热同质肌肉时，纤维产生一个解扭力矩，将线圈拉在一起，通过收缩长度来提供工作。相反的，当相反的扭曲和盘绕形成异质肌肉时，加热过程中，纤维解捻，线圈的长度增加。在不同温度实验下测试拉伸驱动性能，温度升高时，线圈收缩，相邻线圈接触形成盘绕结构，使得整个结构变硬，拉伸模量大幅提高，这种材料的迟滞度小于1.2℃，而形状记忆合金的滞后度接近27℃，未来仿人机器人可基于温度控制顺应性变化的人工肌肉完成拉伸和刚度调节。

近期，受黄瓜卷须启发，在黄瓜生长过程中顺着周围支撑物缠绕并向上攀爬，提供拉力并获取阳光促进黄瓜的生长，黄瓜卷须的内部是一种双层结构，收缩

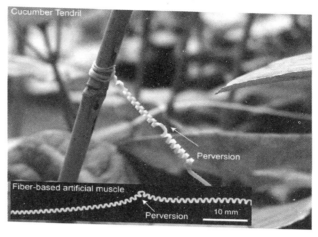

图 10.4.5　黄瓜卷须
（图形来源：2019年Science期刊论文资料）

原理是由于内外两侧结构的膨胀率差异，即在同等环境下内外材料的膨胀程度不同，卷须开始收紧，这种纤细的植物卷须启发了人们对于人工肌肉的思考。由于线性致动器在时间响应能力、功率质量比和应变能力方面均优于其他类型致动器，麻省理工学院、华盛顿大学、哈佛大学研究团队在研究聚合物纤维及致动器的基础上，使用一种高通量迭代的热拉伸技术（Thermal drawing），类比黄瓜卷须，选取两种不同类型聚合物材料，制造一种双层结构的聚合物纤维，这种热拉伸技术在横向尺寸可以减少纤维10^1~10^5倍，聚合物材料宽度达到微米和毫米级。

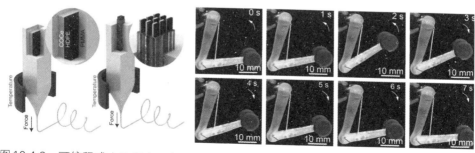

图 10.4.6　可编程式人工肌肉。左图为通过两步热拉伸生产的双压电晶片纤维。右图为一段摄影序列下的人工机械臂结合纤维肌肉材料，人为使用热枪加热2秒再休息5秒，这样的装置能够提起一个1g的负载（图形来源：2019年Science期刊论文资料）

在热敏材料的选取过程中，应用热拉伸技术，受温度的影响同等热拉伸温度聚合物双压电芯片的两侧材料需具有相似黏度，同时相差较大的热膨胀系数，使得线性致动器鲁棒性更好。聚合物材料HDPE:高密度聚乙烯（熔融温度 $T_m = 120\ °C$，$\alpha = 1.3 \times 10^{-4}\ K^{-1}$），COCe:环烯烃共聚物弹性体（熔融温度 $T_m = 84\ °C$，$\alpha = 2.6 \times 10^{-5}\ K^{-1}$），这两种材料热膨胀系数相差5倍，熔融温度相近，如图10.16所示，经过两次热拉伸，聚合物纤维材料侧面宽度可以达到微米和毫米级，实验计算其功率质量比达到75W/kg超过人的肌肉（50W/kg），效率达到60%以上，在100000次热循环实验中仍表现出稳定的弹性性能，并能够提起超自身650倍的物体，承受的应变大于1000%。

图10.4.6（右）将纤维两端分别连接到人造肱骨与前臂，温度加热过程中，纤维收缩，牵引"骨骼"引起关节的转动，这里负载为1g的重物，在负载质量增加的情况下增加纤维数量能够一定程度地提高人工肌肉的驱动力。这种最新研究的聚合物材料具有寿命长、效率高，使用的热拉伸技术实现从微米到毫米跨越三个数量级的横向宽度，能够精准计算确定材料的初始拉伸量，这种聚合物纤维材料的特性可根据不同应用场合预编程确定，精确调整驱动力的大小及这种驱动力所需的温度变化量，在工业及医疗行业都具有应用前景，由于这种温度控制式的驱动装置具有一定挑战性和局限性，目前研究人员正考虑提供一种内部驱动装置能直接控制肌肉的收缩和舒张。

10.5　化学控制人工肌肉

生命系统中的动力产生是由化学能直接转化，1997年美国乔治理工研究院Robert Michelson等人发明了一种"往复式化学肌肉"（RCM: Reciprocating Chemical Muscle），一种化学控制的人工肌肉，可以将非燃烧反应的化学能转化为机械能，发明者暂时还没有公开"化学肌肉"的细节（可能是乙醇或其他化学液体），在此基础上制成的仿昆虫微型飞行机模型——扑翼机（图10.5.1），这种往复式扑翼机重约50克，可负载10克的重物，在飞行时可进行高空测距和避障操作，每个机翼具有四个自由度运动来实现自然飞行，机翼可伸展和收缩，沿轴线在飞行方向上的运动做拍打上升。围绕垂直轴运动有效地使机翼平行前后移动，绕机翼中心的轴运动使机翼倾斜以改变其飞行角度。

采用一种液体化学推进剂，未立即反应的液体保存在轻质的储存容器中，简单地控制液体推进剂进入反应室的流速来调节功率输出。化学反应产生的气体一部分驱动机翼，机翼自主伸缩，反应产生的热量带来少量电能用于控制MEMS装置和飞行器的系统，这意味着恒定频率和相等振幅的机翼

图10.5.1　往复式化学肌肉扑翼机。通过加入非燃烧的化学试剂驱动扑翼机运动（照片来自网络开放资料）

拍打可以通过化学反应速率改变每个机翼的升力定向控制扑翼机的运动形式。

它能够模拟鸟类或昆虫的飞行模式，具有适于飞行的扇面结构（双翼或翅膀），这类飞行包括上升、前进、回旋运动都离不开肌肉的收缩和伸张，与传统的固定翼与旋翼相比，扑翼机利用非燃烧的化学反应驱动挥动扑翼产生升力，结构紧凑，尾部的天线能够维持机身的平衡，燃料储存箱置于腿部，作为扑翼机发动机和地面起落架，以在飞行期间增加惯性力矩作为滚转稳定性的辅助装置，化学反应产生的废气用于滚转控制，对运动部件起到润滑作用，能量的释放转化率较高。

之后Jonathan R.研究的一种化学驱动的往复式肌肉材料——弱多元酸基质中的自组装嵌段共聚物，根据pH刺激伸缩变化，在pH值发生变化时，这种凝胶的纳米结构发生仿射变化导致出现变形，它工作机制是分子形状变化的连续累加提供纳米到毫米级的往复运动。

但往复式化学人工肌肉依赖于化学驱动，在动力学建模和控制特性上十分困难复杂，化学能源的稳定性、方便性及安全可控性也限制了这类人工肌肉的发展，因此目前在人工肌肉驱动方式的选取上，集中在温度、光或电场的驱动上。尤其是随着近年来计算机和微型芯片的研究，目前扑翼机及多种仿生类的驱动方式多采用微型芯片电控制作为动力装置，如德国仿生学Festo公司、波士顿动力公司等。

10.6　其他新型人工肌肉

生物合成人工肌肉

实验室应用光遗传技术人工培养的骨骼肌肉（光遗传技术：实验基因工程的方法从外部对细胞进行光控制），在肌肉细胞中加入光敏感离子通道，培养环形肌肉，将这种人造肌肉附着在骨骼架构（聚对苯二甲酸光敏树脂制备3D环形和条形模具），骨骼肌细胞均匀分布在整个肌肉环中，并被表达光遗传离子通道的tdTomato标记，这种肌肉在蓝光刺激下能够产生功能性收缩反应。如图10.6.1所示，将培养基中模具上的肌肉环转移至Bio-Bot骨骼，不同形状、尺寸的骨骼结合肌肉根据力学分析产生不同运动状态。通过光刺激引起肌肉收缩，根据不同力学特性产生定向位移或旋转运动，平均旋转速度为2°/s。实验表明，机械和光刺激的运动能够显著改善肌肉的性能，协同刺激能够进一步提高输出力的大小。

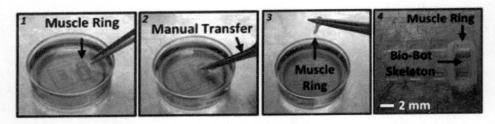

图 10.6.1　肌肉环。图 1–4 为手动将肌肉环从注射模具转移到生物机器人骨架的过程
（资料来源：2016 年 PNAS 期刊论文资料）

日本东京大学将培养基生物组织与工程机械组合成机械臂，这属于一种机械化有机生物体。同样的，它不是直接采用生物肌肉，而是通过实验鼠骨骼肌细胞进行为期几天的培养，培养的骨骼肌肉组织一部分作为协同肌，一部分作为拮抗肌，并将树脂材料作为依附的骨骼，将其放入特殊溶液中，连接电极通过电刺激，机械臂肌肉收缩相互牵拉，单臂能够灵活搬起小圆环，由两个机械臂共同协作能够成功提起一个3D打印的方形框架。

由于这类肌肉必须置于特殊生理溶液中以提供肌肉组织内部的正常活动，也正是这一点限制了这类生物人工肌肉的发展，将来可能在这种生物合成式人工肌肉中覆盖上一种特定皮肤，从而实现在空气中的活动，这一研究在将来可用于与运动损伤有关的疾病。

溶剂敏感人工肌肉

复旦大学聚合物分子工程国家重点实验室彭慧胜教授课题组制备的一种纤维状螺旋形纳米纤维材料（HHFS: Hierarchically arranged helical fibres），植物界对外界刺激做出的机械力学反应源于它的内部螺旋结构，溶剂和蒸汽在工业中应用比较广泛，包括乙醇、丙酮、甲苯和二氯甲烷等等，这种新型人工肌肉材料是通过多层初级纤维加捻而成的，在材料结构设计的过程中使用分层螺旋结构（图10.6.3），螺

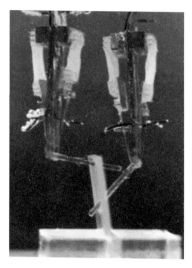

图10.6.2　生物合成机械臂。由树脂材料作为骨骼，人工培养肌肉组织作为肌肉组成生物合成机械臂（图形来源：2018年Science Robotics期刊论文资料）

旋层之间的多尺度间隙使得溶剂和蒸汽能够迅速渗透和扩散，以达到高的旋转输出、快速的响应性和良好的可控性。

实验过程中测量了这种肌肉材料的旋转及收缩致动特性，完全吸收乙醇溶剂时材料的收缩应力达到稳定，收缩应力在0.5秒内完成，具有自由端的HHF材料在20个循环中仍可逆，并且在循环驱动过程中没有明显的疲劳现象。实验证明这种纤维状人工肌肉材料收缩强度大（是人的骨骼肌的10倍）、响应速度极快（几十ms）、灵敏度高，作为人工肌肉材料能够使义肢的反应要比人的肌肉快得多。下一步，彭慧胜团队将继续这项研究，

图10.6.3　多尺度间隙结构的螺旋纤维（图形来源：2015年nature nanotechnology期刊论文资料）

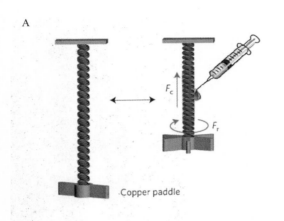

A

B

通过改变这种纤维状材料的一些表面特性，制成可感应湿度变化的智能窗帘，实现不同湿度变化下纤维状材料的收缩和旋转。

折纸式人工肌肉

自然界的启示对于仿生技术的发展起着关键性作用，近期一种受折纸启发的人工肌肉，可通过空气或液体作为驱动，人工肌肉折叠组合包裹在刚性骨骼上，这种肌肉和骨骼材料不受局限，可以是塑料、橡胶等等，骨骼材料可以是金属、硅胶或木材。

骨骼架构直接决定肌肉的运动仿生，使用3D打印制作可以设计各式各样的骨骼形状，实现多种类型肌肉运动（伸缩、弯曲、扭转），并在骨骼周围覆盖一层密封的柔性材料作为柔性保护。通过控制力的方式和大小，确保肌肉产生指定运动方向与位移。当工作介质充入肌肉与骨骼间的舱室，肌肉膨胀，介质抽出

图 10.6.4　材料的收缩和旋转性能实验

（图形来源：2015年nature nanotechnology期刊论文资料）

A. 一个质量为75mg的铜桨被固定在HHF的末端。在接触溶剂时同时产生收缩力和旋转力。为了测量收缩力，两端夹紧。

B. 材料接触乙醇20次前后HHF的电子显微镜下的图像。

后，肌肉收缩导致骨骼向上折叠，这种肌肉的质量仅有2.6克，能够提起3千克重量的物体，超过自身重量的1万倍，最大收缩程度的成本甚至低于1美元，在使用外部真空泵时效率可达到60%以上。

自然界的启示总是让人脑洞大开，未来人工肌肉的发展将朝着更加智能化、生物化、精确化、便捷化的方向发展，广泛应用于医疗、工业及军事等领域。随着现代机器人、假肢和定位精度的要求，层出不穷的人工肌肉材料使

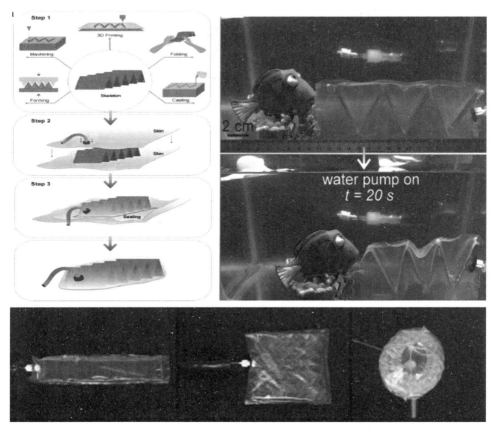

图10.6.5　受折纸启发的人工肌肉。左上图为折纸式人工肌肉制造工艺，可以通过三个简单的步骤快速制造：（步骤1）使用多种技术的骨架结构，（步骤2）皮肤准备和（步骤3）流体密封。右上图为水泵驱动的液压折纸执行器在20秒内将水下物体拉出3.5cm。下图是不同形状的折纸人工肌肉（图形来源：2017年PNAS期刊论文资料）

得智能化生物机器人成为可能。目前现有的人工肌肉材料即使能够完成类似肌肉伸缩的功能特性，但在驱动方式、响应速度、工作效率、使用寿命以及稳定性上无法同时兼顾，不同工作环境下的稳定性和可靠性有待提高，能够实际投入应用的更是少之甚少。研发满足各种性能指标的人工肌肉材料还有很长的路要走，但是这并不妨碍我们在不同应用条件下根据不同材料人工肌肉的特性进行神经系统的设计与植入。我们希望植入的神经系统芯片可以精确地控制人工肌肉的形变力度与屈伸方式；可以通过电、化学或光等方式进行运动控制，最终能够将生理状态的神经信号转化为躯体运动的控制目标，实现真正意义上的生物智能运动控制。尽管现在我们还面临着诸多的困难和挑战，但我们相信经过不懈的努力，一个拥有着结构和功能上完善的人工皮肤、人工肌肉、人工骨骼，同时具备生命智慧的"类脑"智能机器人一定会出现，它将成为人类最好的"合作伙伴"！

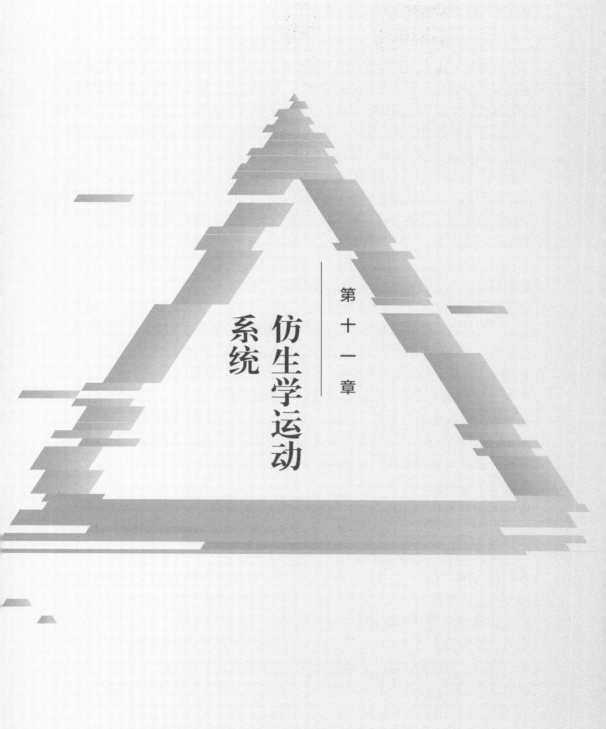

第十一章　仿生学运动系统

　　前面我们用了大量篇幅介绍了有关神经智能系统的原理与应用。智能控制系统是从生理神经系统的角度去考虑的。换句话说，前面谈到的智能控制系统都将真实的生理神经信号作为系统控制的基本信号来源，这是符合生物活动规律的控制系统，目前也取得了一定的成果。但是，我们必须清楚关于这方面的研究还仅仅处于起步阶段，有许多问题尚待解决[①]。与神经智能系统相对应的仿生学系统的研究已经取得了长足的发展，并且有很多产品已经投入实际应用中。仿生系统与神经智能系统区别在于前者是由非神经网络控制的系统。尽管如此，我们还是想把这些系统（目前也是比较热门的研究领域）介绍给大家，并想让大家思考这样一个问题：如果给这些非神经控制的系统加入神经信号（这些神经信号是与功能相对应的），会产生什么样奇妙的效果呢？所以这一章我们讲解仿生运动系统，目的是让大家用"阴阳互补"的哲学思考方法，把神经智能系统设计理念与仿生系统设计理念结合起来，找出共性与差异，把两者较好的部分结合起来。通过研发工作，最终希望神经智能机器人可以在不同环境中自由运动，并能够使用各类工具，在危险环境下代替人们进行工作，或在日常生活中为人们提供便利服务。

　　相比神经智能控制系统，运动仿生系统的例子更多，应用也十分广泛。在国外，波士顿动力公司（Boston Dynamics）开发的液压驱动双足步行机器人Atlas等，其行走过程具有良好的柔性和环境适应性，可完成上下台阶、俯卧撑、跨越障碍、跳跃、在室外行走等动作。本田公司（Honda）研制的仿人机器人ASIMO，可完成行走、上下台阶、弯腰、小跑、端水等动作，还能够与人进行对话，手势交流，视觉识别出人和物体、辨别说话人等。NASA（美国联邦政府的一个政府机构，负责美国的太空计划）开发了具有灵巧手指的双臂机器人宇航员并将用于空间站。法国Aldebaran机器人公司开发仿人机器人Nao，集成了视觉、听觉、压力、红外、接触等多种传感器，通过编程可实现舞蹈、与人交互等功能，可用于很多研究和娱乐展示。另外，该公司和软银集团共同开发了pepper机器人，该机器人可以全面地考虑周围环境，并积极主动地做出反应。pepper机器人配备了语音识别技术、呈现优美姿态的关节技术，以及分析表情和声调的情绪识别技术，可与人类进行交流。日本大阪大学（Osaka University）石黑浩教授开发了外形与人高度相似

---

① 特别是关于如何高效地描绘出神经网络的拓扑结构是作者十分关心的。

的高仿真人形机器人，并能够进行人机对话。麻省理工学院（MIT）研制了基于尾鳍推进的仿金枪鱼的机器鱼；大阪大学针对胸鳍推进研制了仿生黑鲈的智能机器鱼；英国赫瑞·瓦特大学（Heriot·Watt University）研究了仿生波动鳍；英国埃塞克斯大学（Essex University）设计的仿生机器鱼 G9 在伦敦水族馆进行了展示；美国西北大学（Northwestern University）研发了仿生裸背鳗（电鳗）机器鱼，并开展了基于电场检测的环境障碍识别与避障研究。南洋理工大学（Nanyang Technological University）、大阪大学都开发了一系列基于波动鳍推进的仿生机器鱼。我们可以发现，对于仿生系统的研究，国外机器人（动物）的研究已经达到了比较顶尖的水平，我们应该积极学习国外这些优秀的研究成果。

在我国，国防科技大学、哈尔滨工业大学、清华大学、中国科学院都研制开发了双足步行机器人。北京理工大学研制的仿人机器人，能够实现太极拳表演、刀术表演、腾空行走等复杂运动，同时也开发了高仿真人形机器人。在仿人机器人乒乓球对打、人机器人乒乓球对打研究中，北京理工大学、中国科学院自动化研究所、浙江大学等单位开发了乒乓球的高速识别与轨迹预测、击球策略与控制等关键技术，实现了多回合乒乓球对打。北京航空航天大学研制了SPC系列仿生机器鱼，并开展了湖试和海试工作，该型机器人在水下考古、环境监控中进行了应用示范。中国科学院自动化研究所研制了仿鲤鱼机器人、仿狗鱼机器人、仿海豚机器人、仿鳐鱼机器人等多种水下机器人系统，在浮潜控制、倒游控制、定深控制、自主避障、快速启动控制、水平面和垂直面快速转向控制、多鱼协调控制等方面开展了大量的研究和实验验证工作，实现了仿生机器海豚的跃水运动，仿生水下机器人–作业臂系统（RobCutt–I）的水下目标自动抓取等。国防科技大学研制了波动鳍推进机器鱼等等。这样的例子还有很多，不难发现，我国许多单位在开展机器人工作都与实际需求结合起来，研究了许多具有实际应用价值的研究。

下面几个小节，我们具体讲解几个仿生系统的实例，让大家对仿生机器人有一个更加感性的认识。这些系统最大的一个特点就是它们从外形和运动状态来模仿人或动物的活动，运用物理、数学、机械等方法无限逼近生物的活动，使它们在一定程度上能够完成类似生物活动的动作。

11.1 机器人

智能机器人，顾名思义它是在特定场合模仿人的活动（比如完成行走、上下台阶、弯腰等动作），以便能够替代人类完成某些任务（扫地、端水，接听电话、诊断、采矿等任务）。目前智能机器人在各行各业都能见到它们的影子，受欢迎的程度也越来越高。在医院里有导诊机器人，它们主要告知患者就诊的流程，甚至一些高级的机器人已经能够帮助手术医生进行手术，成为医生的好助手；在工业领域，机器人替代人完成了一些危险度较高的任务，例如高空作业等；在服务行业，机器人为顾客提供了便利的服务。这样的例子还有很多，不难想象智能机器人的广泛使用是未来社会发展的大趋势，它能够解决许多问题。其实，机器人的发展经历了三个阶段，智能机器人是目前最高级的阶段（第三阶段）。

第一代机器人：考虑到劳动力成本日益提高以及大量重复的工作，工业领域（建筑业、钢铁业、汽车制造、飞机制造业等）首先推广使用机器人，使人们从繁复的日常工作中解放出来，大大提高了生产效率。应该说这一阶段的工业机器人高效地完成了某些任务，特别适合在流水线上工作。但是该阶段机器人"智能性"还是比较低的，它仅仅是重复性完成某个特定的任务，移到别的场合可能就不适用，或者一旦遇到超过自身所能解决的问题时容易做出错误的反应。1959年，第一台工业机器人在美国诞生，开创了机器人发展的新纪元，此后日本也投入更多的资金去研发工业机器人，使机器人得到迅速发展。我国机器人发展起步较晚，20世纪90年代初起，我国国民经济进入实现两个根本转变时期，掀起了新一轮的经济体制改革和技术进步热潮。因此大力发展先进制造业被摆在重要的位置上，这其中让机器人与工人同时工作也成为一个热点问题。先后研制出了点焊、弧焊、装配、喷漆、切割、搬运、包装、码垛等各种用途的机器人，并实施了一批机器人应用工程，形成了一批机器人产业化基地，促使国民经济快速发展。下表11.1.1展示了2018年我国工业机器人应用场景[1]。

表11.1.1　工业机器人按应用场景分类

功能	介绍	应用场景
焊接	弧焊、电焊	工作站、生产线、汽车生产、海洋工程建设
装配	用于装配生产线上装配零部件	适用于各种电器制造、小型电机、汽车及零部件、计算机、玩具、机电产品的装配等
喷涂	涂装、点胶、喷漆	汽车、仪表、电器、搪瓷等工业生产
处理	打磨抛光等	汽车、电子器械加工、木材建材家居制造等
搬运	上下料、搬运、码垛等	机床上下料、冲压机自动化生产线、自动装配流水线、码垛搬运、集装箱等自动搬动
分拣	分拣货物	物流、食品加工领域

　　下面介绍几个国外研发的工业机器人。图11.1.1展示了三个国家研发的焊接机器人（更多关于工业机器人的例子大家通过书籍、上网等方式查阅），从左至右依次为日本FANUC机器人、德国KUKA机器人和意大利COMAU机器人，这些工业机器人大致由主体、驱动系统和控制系统三个基本部分组成。主体即机座和执行机构，包括臂部、腕部和手部，有的机器人还有行走机构。大多数工业机器人有3～6个运动自由度，其中腕部通常有1～3个运动自由度；驱动系统包括动力装置和传动机构，用以使执行机构产生相应的动作；控制系统是按照输入的程序对驱动系统和执行机构发出指令信号，并进行控制。就FANUC、KUKA和COMAU机器人而言其内部结构包含：（1）电源部分（为设备提供合适的电源）；（2）安全保护部分（突发情况的保护措施）；（3）伺服驱动部分（控制电机的运转）；（4）输入/输出（I/O）通信部分（设备与被操作对象的通信）；（5）系统主控部分（控制设备正常运作）；（6）示教器（人机交互平台）。各部分分工明确，联系紧密，有效地保证了控制器的正常工作。尽管工业机器人看似笨重，灵活度不高，但是它们能够完成劳动强度大、危险性较高的任务，大大降低了人们的工作强度，是工业生产不可或缺的部分。我们还可以发现目前生产线上的机器人并不是只有非常单一的功能，随着人工智能的发展，这些工业机器人或多或少都有了"智能基因"，不再是传统意义上的机器人。从下面第二代机器人讲解就会发现，智能机器人也是从工业领域走出来的。

图 11.1.1　焊接机器人：日本FANUC、德国KUKA和意大利COMAU机器人

　　第二代机器人：这一阶段的机器人与原始工业机器人相比有了较大的改进，能够对外界变化（温度、压力等变化）做出反应。我们所处的环境每时每刻都在发生着变化，而这种变化可以是渐变的，也可以是突变的，如果这些机器人能够敏锐地捕捉这些变化的信息，然后分门别类地处理，这样就能够更好地与周围事物进行交互，也就能对环境变化做出正确的决策，否则有可能做出错误的响应。要使机器人有这样的"洞察力"，就必须为这些机器人安装感受器（传感器）。1982年，美国通用汽车公司（General Motors Corporation，GM）在装配线上为机器人装备了视觉系统，从而宣告了第二代机器人——感知机器人的问世。视觉系统就是一套捕获外界事物的感光系统，将光信号转换为电信号，最后通过系统做进一步处理。我们把这样能够将光信号转换为电信号的转换器称为光敏传感器（视觉传感器）。除了光敏传感器之外，还有压敏、温敏、流体传感器（触觉传感器）；气敏传感器（嗅觉传感器）；声敏传感器（听觉传感器）和化学传感器（味觉传感器）。这些传感器的工作原理都是将自然界中各种物理信号转换为电信号的过程。现在的很多机器人都有这些传感器，智能程度大大提高，对外界事物变化反应程度也更高。除了物理传感器外，还有许多生物传感器。生物传感器是一种用于检测被分析物的分析设备，它是把生物成分和物理化学检测器结合在一起的设备，是由固定化的生物敏感材料作识别元件（包括酶、抗体、抗原、微生物、细胞、组织、核酸等生物活性物质）、适当的理化换能器（如氧电极、光敏管、场效应管、压电晶体等）及信号放大装置构成的分析工具或系统，目的就是为了把待分析物种类、浓度等性

质通过一系列的反应转变为容易被人们接受的量化数据，便于分析。根据生物传感器中分子识别元件即敏感元件可分为五类：酶传感器（enzymesensor）、微生物传感器（microbialsensor）、细胞传感器（organallsensor）、组织传感器（tis-suesensor）和免疫传感器（immunolsensor）。根据这些生物传感器的名称可知所应用的敏感材料依次为酶、微生物个体、细胞器、动植物组织、抗原和抗体。如图11.1.2显示的是常见的几种传感器。

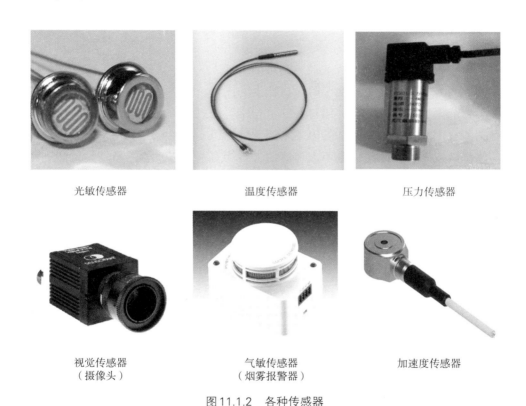

光敏传感器　　　　　　　　温度传感器　　　　　　　　压力传感器

视觉传感器　　　　　　　　气敏传感器　　　　　　　　加速度传感器
（摄像头）　　　　　　　　（烟雾报警器）

图11.1.2　各种传感器

正是有了上面检测各种物理量的传感器之后，机器人操作的灵活度也大大提高。图11.1.3给出了两种感知机器人，其中左图为视觉感知机器人，右图为触觉感知机器人。在实际制造机器人的时候，往往并不是一种传感器在"单打独斗"，而是由多种类传感器（比如视觉、触觉、压力、温度等传感器）相互配合采集数据，综合分析，然后让机器人做出最优的反应。

图 11.1.3　感知机器人（图片来源：中国自动化网 CA800 开放资料）

第三代机器人：这是目前最为高级的机器人，又称作智能机器人。这一阶段的机器人不但继承了前两个阶段机器人的优势，还集成了许多更加智能的功能。智能人能够自主学习，用自己的"思维"去判断该作什么、该怎么作，具有超前意识。产生这一想法的因素来源于计算机专家意识到利用程序把所有的功能都集成到机器人里面是不太可能的，因为有些还未发生的事情是无法利用当前某些已有方法去解决的。为了解决这样一个问题，计算机专家提出了机器学习处理算法，允许机器人根据先前经验收集的数据进行"学习"，开发人员不需要编写代码来指示人工智能的每一个动作或意图。相反，系统从它的经验中识别模式，并根据这些数据采取适当的行动。它类似于试验和试错的过程，然后根据自己的"经验"做出决断。这一个过程我们可以用一句古语来概括，就是"受人以鱼不如授之以渔"。这就发展出了目前较火的机器学习（Machine Learning）和深度学习（Deep Learning）学科（关于这方面的书籍有很多，比如南京大学周志华教授编著的《机器学习》以及由 Ian Goodfellow、Yoshua Bengio 和 Aaron Courvile 合著的《深度学习》）。

关于智能机器人的定义目前在国际上还没有一个统一的名词，我们前面所讲的第一代、第二代机器人都在向智能方向发展，几乎已经找不到很原始的机器人，所以它们划分的界限也越来越模糊，甚至也可以说它们都是智能机器人当中的一种。那么如何判断机器人是否为智能机器人呢？一般而言智能机器人至少具备以下三个特征：一是感觉特征，能够对周围的环境变化做出正确的响应（能具有感知视觉、距离等非接触型的功能和具有感知力、压觉、触觉等接触型的功能）；二是运动特征，机器人能够对不同的环境做出不同的动作（诸如平地、台阶、墙壁、楼梯、坡道等不同的地理环境，机器人做出的动作要合乎常理，姿势正确）；三是思考特征，能够通过感知外界信息，思考采用最优决策法，然后反馈给外界（思考特征是三个特征中的关键，它包括有判断、逻辑分析、理解等方面的智力活动）。下面我们列举几个智能机器人的例子，给大家一个直观的感受。

（1）餐厅机器人

近年来，我们到一些大型的餐厅去吃饭时就会发现机器人正忙得热火朝天，帮我们端菜和收拾餐桌，智能餐厅机器人正在成为服务员的好帮手。民以食为天，餐饮业一直是一个受老百姓欢迎的地方，所以餐厅随之也就出现了工作量大、服务员紧缺的问题，而将机器人派上用场就会缓解这些问题。目前，餐厅机器人已经基本能够达到标准服务员水平。在招聘难、管理难的餐饮行业，选择使用这种服务型机器人尤其适合。餐厅机器人还可以通过语音和屏幕显示与顾客进行简单交流，受到顾客好评，为餐厅招揽了更多生意。图11.1.4展示的是餐厅智能机器人。

图11.1.4　餐厅智能机器人（图片来源：红餐网开放资料）

（2）医疗机器人

除了服务行业外，在医院里医疗机器人也正在成为医生的好助手。目前医用机器人是国内外学者研究最感兴趣的方向之一。由于医疗健康与人们的生活息息相关，政府也因此在这方面投入大量资金。医疗机器人相比其他行业智能机器人具有知识集成度、设计复杂程度更高的特点。它们不但能够完成复杂的任务，而且对患者的创伤小，可靠性好，因而受到广泛关注。医疗机器人根据用途划分可以分为微创外科手术机器人、康复医疗机器人和医院服务机器人。其中的微创外科手术机器人涉及手术精准定位、三维图像重建等关键技术，复杂度很高。鉴于此，目前的微创外科手术机器人仍需通过医生的操控进行手术、成像，只是在一定程度上辅助医生治疗，并不能够独立自主手术。相信在不久的将来，研发具有能够自发、自主诊断治疗的机器人会出现在医院中。这里举个例子，科学家研制的一种由多层聚合物和黄金制成的微型机器人，只有0.5mm长，0.25mm宽，外形类似人的手臂，其肘部和腕部很灵活。这种微型机器人能拿起肉眼看不见的玻璃球，并能移动单个细胞或捕捉细菌。科学家希望这种微型医用机器人能在血液、尿液和细胞介质中工作，捕捉和移动单个细胞，并成为微型手术器械。康复医疗机器人旨在帮助患者恢复某些功能，以便患者能够正常生活。国外报道了一款外骨骼机器人——Ekso Bionics，该产品利用仿生原理，使下肢瘫痪的患者站起来，并借助重量支撑及其四点相互补偿的步伐在地面行走，电池供电的马达驱动双腿并代替神经肌肉的功能，这样的例子屡见不鲜。还有一类是医院服务机器人，它主要帮助来医诊患者根据其情况提供便利的服务，比如专家挂号、病情初步诊断。当前，许多大型医院跟智能研究院都有合作，目的就是更加高效地制订治疗方案，使患者得到最佳的治疗效果。图11.1.5展示的是三种类型的医疗机器人。

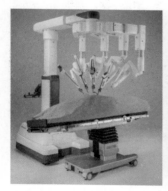

（a）微创手术机器人　　　（b）康复医疗机器人　　　（c）医院服务机器人

图11.1.5　医疗机器人（图片来源：电子说、搜狐、人民网开放资料）

第四代机器人：也称为神经网络智能机器人，这正是本书所要阐述的一个前沿内容。这一类机器人在思想、行为、感知和运动功能等方面与我们现代的人类更为接近，其原因是它的设计是在神经系统最基础的元素上进行的，包括：离子通道、细胞膜、突触、神经元、神经网络、递质调节、本能反射、智能决策、神经控制等等，这一类机器人也叫作"类脑"机器人。这一阶段的机器人研究目前大多数还处于理论阶段，国外偶尔也报道一些基于神经信号研发的智能假肢系统等。目前科学家正在如火如荼地开展大脑神经网络的研究，相信一旦解开大脑的奥秘（神经网络信息），将会对目前的人工智能产生革命性的变化。由于本书关于神经智能系统的介绍已经分散到各个章节中，在此就不展开叙述了。

11.2　机器狗

　　除了机器人之外，更多的仿生灵感来自于动物和昆虫，比如狗、猫、鸟、蝴蝶等。机器人作得最好的公司要数波士顿动力（Boston Dynamics），它是一家专注于研发仿生生物的公司，他们已经设计出了各种各样的机器人、机器狗，并且这些仿生产品已经能够模拟更加复杂的生物活动。今天我们就来聊聊波士顿动力公司旗下的机器狗，这是一款研发非常成熟的产品，也是所有仿生产品中一款最静音的产品，可用于办公室和家庭环境中。该机器狗形态上酷似一只可爱的狗，它除了有四只脚以外，还加上了一个可以抓取的手臂，一共5个自由度组成的关节，从而具备了移动抓取物体的功能（如图11.2.1左图，有的没有抓取功能，如右图）。机器狗要能够正常行走、跳跃以及寻找东西就需要配备一些视觉传感器，传感器系统包括深度相机、立体相机、惯导模块，除此之外还有位置/力传感器（保持运动处于平衡状态），让机器狗具备了全自主导航功能。从该结构我们可以看出，该机器人平台配合手臂可以实现一般的物品抓取功能，而且能够开关门等，也具有了一定的应用功能。如果需要满足特定行业应用，可能需要重新设计手抓部分和手臂的负载能力，但是总体设计的架构是不变的。这样的产品还有很多，大家如果感兴趣可以自行到波士顿动力官网上去搜索相关的内容，里面一定有你喜欢的仿生机器人。

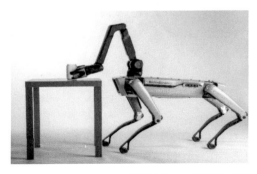

图11.2.1　机器狗（图片来源：新浪网新闻）

在我国，山东大学机器人研究中心研发了一款高性能的四足仿生机器狗，这是全球首款轻量级电驱动仿生机器狗（如11.2.2左图），该机器狗搭载由TOF（飞行时间）激光测距传感器、单目摄像头、麦克风阵列等组成的外环境感知系统和由三轴陀螺仪、三轴加速度计、磁场传感器等组成的内感知系统，这样就可以对机器狗自身姿态和运动进行监测以及对机器狗所处环境进行检测，并提供多重人机交互通道。虽然体型小巧，但是搭载了众多"黑科技"，它的本领十分强，奔跑（最高奔跑速度能够达到1米/秒）、跳跃、上下楼梯，具有极强的地形适应能力。当然设计机器狗也不是纯粹为了好玩，它们正在变得越来越专业，越来越"职业"。可以单独行动送快递、进行搜救等任务，四足仿生机器人适合废墟搜救、山地运输与侦察等场景，具有重要的应用价值 。而随着中国老龄化加速，养老压力的增大，宠物喂养成本高等因素，仿生机器狗也有着广阔的市场前景。此外，山东大学还研制了一款"大狗"——高性能液压驱动四足仿生机器狗（如11.2.2右图），该机器狗具备自主平衡控制的能力，还能够准确识别向导和障碍，遇到障碍物可以自己躲开。

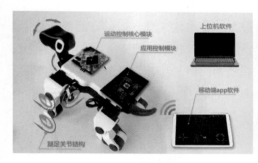
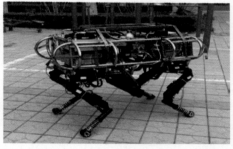

图11.2.2　山东大学研发的机器狗

11.3　机器鸟

许多机器都能飞——但没有一个能真正的像鸟一样飞行的产品。鸟儿灵活敏捷，它们不需要借助旋转构件即可飞翔。德国科技公司费斯托（FESTO）的科学家尝试建立一个能够像鸟儿一样飞翔的仿生模型，通过各个领域的专家通力合作发明了一种叫作SmartBird的机器鸟（一种仿生海鸥，图11.3.1所示），它的展翼为2米，体长1.6米，而体重只有450克。它是由极简的碳纤维材料制成的，保证了机器鸟轻盈的特征。在机器鸟的内部有一个马达和齿轮结构，利用齿轮可以转换马达的运动，马达上有三个霍尔传感器，用来评估翅膀具体的位置。机器鸟可以自主地启动、飞翔和降落，灵活程度可以和真正的鸟儿相媲美。机器鸟的双翼不仅可以上下拍动，还可以按照一定角度扭转，使这只极轻量的"鸟"非常符合空气动力学原理并具有极佳的灵活性。除了技术上的先进之外，不仅能够完美模拟鸟类飞行，同时也极为逼真，令人难辨真伪。这种设计实在令人叹为观止。

　　在我国，由哈尔滨工程大学（深圳）师生自主研发的仿生扑翼飞行机器人"凤凰"，进入大众视野并在央视春晚上亮相——40只"五彩凤凰"上演了一场"凤凰来仪"的美妙表演，流畅的展翅、回旋、攀升等高难度动作令人惊叹。这只"深圳智造"的仿生飞鸟，未来将在灾害救援、机场驱鸟等领域具有更广阔的市场前景。该机器鸟完全模仿大型鸟类的飞行模式，依靠扑动翅膀产生推力和升力，通过尾部控制方向、实现转弯。这里面包含了空气动力学、飞行力学、仿生学、材料学、电气和控制理论等多门学科的融合创新成果。在相同的机体重量和能源容量条件下，它可飞行更长时间，最长可达一个小时。正是因为这些特点，它在抗风能力、荷载能力、巡航能力等方面均有优势，市场前景广阔。将来在军用领域有望用于军事侦察、反恐防暴；在民用领域具有环境探测、灾害救援等本领。通过国内外两个例子我们可以看出机器鸟越是展现出逼真的动作，设计的复杂度也就越高，并且未来设计的机器鸟越来越有实用功能。

图11.3.1　机器鸟（图片来源：机器人网开放资料）

11.4　机器鱼

大家见过海底奇异的生物吧！海底真是一个五彩缤纷的世界，生物沐浴在光亮温暖的海水中；奇妙的小鱼漫游在绚丽的珊瑚丛中，奇异可爱的贝类、海星、水母以及各种颜色的海草，在波浪涌动下翩翩起舞，俨然构成了一幅美丽的图画。这当然也阻止不了科学家对水下生物产生好奇心，迫切需要了解水下生物的活动。但探索水下生物的工具似乎成为科学家们的一大难题，无论是人类潜水、大型潜水机器人都会在无形中惊动水下生物，使得我们看到的海底世界状态并不一定是最真实的。所以研发出一种能隐身在水下生物中的机器鱼成为解决这一问题的关键，麻省理工学院（MIT）首先进行了研究。MIT计算机科学与人工智能实验室的科学家们开发了一种机器鱼，它外部由硅胶和柔性塑料制成，不仅外形结构像鱼儿一样柔软，而且还能像真正的鱼类在水里游泳。除此之外鱼身两侧有两个鳍状物，它们之间的配合可调整重量舱和浮力控制单元，从而改变机器鱼在水中的垂直位置。由于他们设计的机器鱼取得了突破，这一科研成果发表在著名期刊——《Science Robotics》上。此后《Science Robotics》杂志上又刊登了一篇关于水下机器鱼的文章，这只机器鱼在外形上虽然没有更接近鱼类（如图11.4.1），但它能够更悄无声息地获得海底生物的信息。这只机器鱼由加利福尼亚大学（University of California）的工程师和海洋生物学家共同开发，机器鱼全长30cm，整个身体呈半透明的状态，由充满水的人造肌肉和几乎透明的电子板构成。这款软体机器鱼最厉害的地方在于，它通过电子装置在机器鱼外部的水中传递负电荷，并在机器鱼内部激活肌肉的正电荷，电荷会导致肌肉弯曲，从而达到在水下游泳的效果。由于传统机器人的运动都带有电机驱动，会发生声音，而这一款的机器鱼没有电机驱动，所以在水下游泳时不会发出任何声音，根本不会打扰到其他生物。据研究人员称，由于驱动机器鱼所需电流非常小，因此对于附近的海洋生物是安全的，这个团队把机器鱼放入具有珊瑚、鱼和水母的盐水水族箱进行测试，美中不足的是，机器鱼目前是系在水面的电路板，还并不能独立完成水下探索任务，所以这项研发还处在实验室原型阶段，还有待进一步完善。总之，相比于其他仿生机器鱼，这种能够在水下隐身、消声的软体机器鱼更能悄无声息地融入海底自然中，为科学家们带来更加可靠珍贵的资料。期待他们能够研发出更加智能、更加实用的机器鱼。

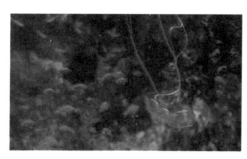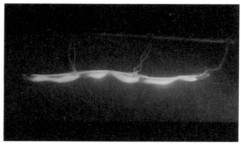

图11.4.1　机器鱼（图片来源：搜狐开放资料）

　　通过上述国内外这些仿生生物的例子，我们不难看出这些仿生机器人、机器动物不但在外形结构上酷似真正的生物，而且在运动模式上其原理也极为相似。更重要的是，这些仿生生物具备了各种各样的"特异功能"，在不同的场合有不同的应用，未来在这一领域大有可为。但是我们也必须清楚地知道这些仿生生物还处于试验期，并没有大范围广泛使用，能够为人类生产、生活带来效益的仿生生物还有很长路要走，我们坚信这一领域将会为社会做出更大的贡献！

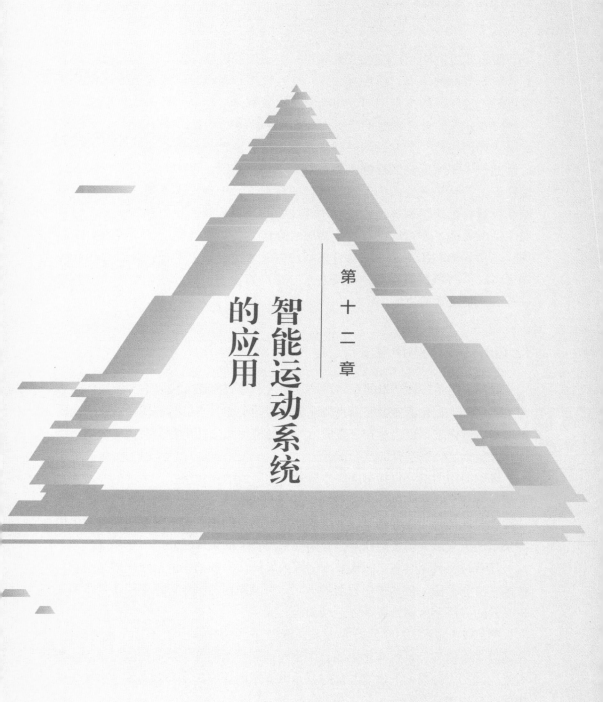

第十二章

智能运动系统的应用

　　前面通过对神经智能系统原理和一些实例的讲解，相信大家对神经系统有了较为全面的认识，包含两部分：神经生理和神经模型。神经生理我们着重讲解了神经元的基本结构、功能以及控制躯体运动的CPG通路。根据神经生理内容，我们对应建立了神经元模型、神经网络模型（CPG模型），并详细讲解了如何构建一个以运动控制为目标的神经系统。神经系统产品应用最为广泛的一个领域就是医疗健康领域。由于种种原因，一些人失去了肢体的运动功能，甚至是高位截瘫，这给他们的日常生活带来许多不便。研发神经假肢系统或脊髓康复训练是让运动功能缺失的患者重新恢复运动的能力和燃起对生活的希望。本章就围绕这一话题，介绍一些神经智能运动系统的实际应用。包括如何利用神经网络对脊髓损伤的患者进行康复治疗；针对那些截肢的患者，一些科研机构和公司研发了穿戴助力设备，目的是让穿戴式设备帮助患者恢复正常的生活。

12.1　脊髓损伤与康复治疗

　　脊髓损伤是一种严重的身体损伤，通常会导致损伤节段以下部位肢体严重的功能障碍，重症患者会完全丧失感觉和运动功能，不仅对伤残者造成严重的生理和心理伤害，也会对社会造成巨大的经济负担。针对脊髓损伤的预防、治疗和康复是当今医学界的重要课题。

　　脊髓损伤的治疗包括早期的急诊救治和随后的药物治疗、手术治疗、并发症治疗等等，在后期的康复治疗阶段患者通常需要接受心理护理、物理治疗、功能性锻炼与功能性电刺激等等，所有治疗的目的都是希望用不同的医学手段和技术使患者最大限度地恢复因脊髓损伤而丧失的生理功能。

　　随着神经科学与人工智能技术的深入发展，脊髓损伤的治疗出现了全新的技术方法和手段。根据损伤程度的不同，脊髓损伤的治疗可以使用仿生学和人机互动的方法使人体恢复部分运动功能。

　　图12.1.1显示，MIT的研究人员在断肢患者的肢体中植入芯片和传感器，利用患者中枢神经系统有意识的自主神经信号控制假肢，从而使断肢患者恢复行走功能。脊髓损伤的康复与治疗是本书介绍的智能运动控制系统在现实生活中的一个应用。

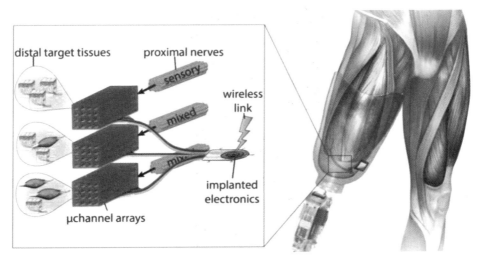

图 12.1.1　智能运动控制（仿生学）在脊髓康复中的应用。在断肢患者的腿部植入控制芯片和传感器，利用患者有意识的脊髓神经信号控制根据人体工学所制造的仿生假肢，恢复行走功能（照片来自 TED 网络视频）

　　图 12.1.2 显示的是智能运动控制系统在脊髓康复应用中的一个例子。失去双腿的 MIT 科学家在自己的断肢中植入芯片和传感器，成功地恢复了自主控制的行走功能。这里，假肢的设计制造以及芯片传感器的植入与控制，是脊髓神经科学与人工智能技术高度复杂结合的产物，它使失去双腿的患者重新恢复行走功能。

　　如果说智能运动控制系统能使脊髓损伤的患者重新恢复运动功能是通过仿生学设计的假肢来完成的话，那么神经通路绕道术就是通过会读心的智能软件系统按照患者的意志刺激骨骼肌，使丧失生理功能的肢体重新恢复运动功能。

　　图 12.1.3 显示的是一位颈椎（C5－C6）到胸椎（C7－T1）损伤的患者，其右手手指完全失去了抓握功能。2016 年《自然》期刊上刊登了一篇文章，美国科学家采用一种叫作神经通路绕道术的方法使这位患者瘫痪的右手部分恢复了抓握功能。科学家们首先设计了一个大脑信号采集分析系统，再在患者右手指肌、腕肌和肘肌上植入电极。他们利用智能分析系统训练并记录患者意念抓

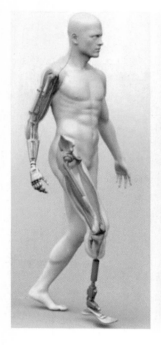

图12.1.2　智能运动控制在脊髓康复中的应用。MIT的研究人员将神经科学与人工智能技术相结合，制造出模仿人体功能的假肢（左图），让双腿断肢患者完全恢复行走功能（右图）（照片来自TED网络视频）

握物体的神经信号，然后将信号转换并传递到肌肉刺激系统，引发相应骨骼肌的收缩，让丧失生理功能的右手重新抓起瓶子倾倒出瓶中的物体。

　　这是人类有史以来第一次通过"读心"的方法让脊髓损伤的患者重新（部分）恢复运动功能。这个系统的关键是通过神经科学与人工智能的高度融合，绕过受损断裂的脊髓通路，在大脑与骨骼肌之间重新建立起神经信号的采集、传递与控制通路，完成受伤肢体运动功能的恢复。

　　应该说脊髓损伤的康复治疗是一个漫长的过程，除生理治疗外，还需要对患者进行必要的心理护理，由于患者在短时间内的生活能力发生改变，需要对患者作一些思想上的工作和心灵上的鼓励，积极主动，早期治疗。治疗后期由医护人员辅助作一些基础护理和功能训练。肌力训练：无非是要肢体尽量多作一些用力的活动，可以用沙袋、哑铃、矿泉水瓶辅助，或作仰卧起坐等。那所有的脊髓损伤的患者都适用肌力锻炼吗？需要用特定的肌肉就应该用特定的肌力训练。瘫痪肢体存在残存的力量，那这些瘫痪肢体的肌肉都要练。完全瘫痪的患者仍要锻炼残存肌肉力量，比如下肢瘫痪的患者要经常锻炼腰背的力量，

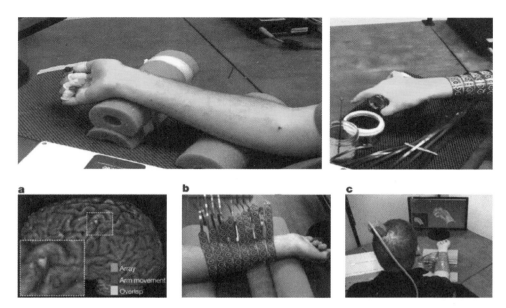

图12.1.3 神经通路绕道技术。左上图：一位颈椎（C5-C6）到胸椎（C7-T1）损伤的患者，其右手手指失去抓握功能。右上图：通过在其右手指肌、腕肌和肘肌上植入电极，当患者抓握意识通过智能软件解码后传递到相应电极产生刺激，引起肌肉收缩，让丧失生理功能的右手抓起瓶子，倾倒出瓶中测试物体。下图：a.脑电波信号采集图像；b.手部骨骼肌刺激装置；c.大脑信号分析与训练系统（照片来自2016年Nature期刊论文开放材料）

所有能动的肌肉进行不同程度的训练。由于剩余的肌肉仍要承担原有的生命活动，所以在有能力范围的肌肉力量锻炼是必不可少的。

　　由于后期的康复治疗对患者来讲是一个漫长的恢复过程，需要考虑不同患者免疫功能差异性，医护人员和患者要有持之以恒的细心、耐心，根据患者的身体水平和自身能力适当恢复锻炼。脊髓损伤最根本的治疗方法是将神经回路完整连接，但是如何参与脊髓回路的机制仍是一个谜，仍需要我们进一步的探索，这对于脊髓损伤的预防、治疗、康复具有重要的社会意义。

12.2 肢体助力与行走

　　在传统的肢体障碍或残疾患者中，使用的助力装置包括手仗、拐杖、轮椅等等，为了弥补截肢或肢体不完整的人群，假肢是专门设计和制作的能够代替原有部位的功能，它的产生能够帮助维持正常生活。由最开始设计的较为粗糙的假肢，最为传统古老的假肢材料选取木头、铝材料作为假肢。渐渐地，随着各种新型材料的出现和人体美学的设计，传统假肢开始转向现代假肢发展，使用新技术、新材料（钛合金），采用电子、液压或气压驱动，计算机芯片控制。现代假肢能够帮助截肢患者恢复工作生活甚至相比以前更有效率。

用于肢体助力和行走的移动式外骨骼技术，是最为先进的现代化假肢技术，实际测验已经能够满足残疾患者的基本活动，并且在医疗康复行业得以应用，尤其对于肢体的助力和行走过程中能够发挥重大的作用，但由于价格和技术成熟度的原因没有得到广泛普及。

外骨骼（Exoskeleton）这一概念最早来源于生物学，它是能够提供生物体运动、支撑和保护的外部结构，例如龙虾、甲壳类昆虫的外壳等等，生物外部的壳作为"盔甲"能够帮助其运动且不受伤害。受生物界的启发，早在20世纪60年代人们就开始研究机械外骨骼。对人体运动模型进行建模分析及动力学仿真，对外骨骼机械结构也提出了三方面的要求：

（1）运动特性：满足人体的运动规律及自由度转动；

（2）安全性：减少外骨骼于人体之间直接接触，能够相互兼容，互不干扰；

（3）舒适性：在满足基本力学及运动学特性下，尽量做到结构简单紧凑、轻便易携。

机械外骨骼的研究最早起源于1966年美国哈德曼助力机器人的研究。外骨骼技术集电子学、仿生学、机械学为一体，在很长一段时间内由于受能源、动力、材料的限制，外骨骼技术停滞不前。美国国防部自2000年开始部署7年机械外骨骼的研究计划（EHPA）。第一代"XOS"外骨骼技术与BLEEX下肢外骨骼机器人类似，由前面第十章中提到的BLEEX机器人是基于液压驱动的，它是通过液压将力传递给外骨骼系统，"XOS"一代可绑在手臂、胳膊或背部，重约70千克，它的重大缺陷是拖着电线作为能源供给，穿戴上XOS能够省去大部分的力气，能举起90多千克的重物而人体只感觉到9千克的重量，相比在这之前的外骨骼机构动作更为灵敏。第二代XOS在灵敏性和轻便性上有了极大提高，耗电减少50%，这类在军事上使用的外骨骼技术根本目的是为了提高单兵作战能力。最初外骨骼技术仅仅是为了军事应用，除了这一传统应用，由于它自身性能的优越性，省时省力，可用于民用医疗、工业等领域。

在工业上外骨骼技术最大的用途是搬运，工人在大量繁重的体力劳动下，极易负伤或体力透支，穿戴上外骨骼装备能够节省大部分的体力，搬运及其他体力劳动更加轻松。

这种外骨骼技术的发展给医疗界也带来了曙光，面对身体功能受损的残疾患者、高龄人群以及危险作业的行业，国内外研究了一系列康复和助力装置，影响力较大，国际主流的外骨骼公司日本Cyberdyne公司、以色列Rewalk公司以及国内的尖叫智能科技公司，这些外骨骼技术能够真正作为直接性的医疗康复手段。

手部外骨骼能够帮助手部障碍患者提起重物，或是帮助正常人提起超负荷的重物以减轻负担。目前国内外对于下肢外骨骼运动的研究是最为实用和广泛的，下肢残障的人士或年迈的老人，腿脚不便通常使用拐杖作为支撑和运动辅助。而下肢外骨骼技术相比拐杖这种简易的辅助设备，处理能够支撑人体的重量，还能够帮助腿部严重残疾的患者站立和行走，参加各种社会活动。混合辅助肢体外骨骼（hybrid assistive limb exoskeleton）是根据患者量身定做的一种外部机械助力装置，Jansen等人对21名实验患者经过为期90天的外骨骼训练，使得这些慢性脊髓损伤的患者在功能和动态行走上得到明显改善。

日本筑波大学Cybernics实验室研制的混合辅助肢体（Hybrid Assistive Limb，HAL），目的在于开发一种辅助人体运动的智能装置，如图12.2.1所示。它是世界首例商用外骨骼技术——帮助残疾人行走、爬楼梯。作为生物新兴产业的领头者，Cybernics公司研制开发的HAL已经更新到了第五代，HAL-5能够提供手臂、腿部、躯干等全方位的助力，HAL-3仅仅能够提供腿部助力，这类外骨骼技术都遵循着人的步态特性，由生物电感应器，系统采集皮肤上的生物电，根据肌电信号驱动外骨骼系统做相应的动作。一位48岁的日本人内田靖史，在多年前因车祸而造成双腿瘫痪，借助HAL外骨骼系统成功登上了瑞士阿尔卑斯山海拔4000多米的布来特峰，使得HAL系统名声大噪并给予了医疗康复患者极大的自信。

图 12.2.1 日本筑波大学研发的 HAL 外骨骼系统。混合辅助肢体通过生物电感应器，根据肌电信号驱动外骨骼提供助力辅助人体运动，对残疾患者及医疗康复起到关键性作用
（照片来自网络开放资料）

　　近年来这种设备在改良的基础上，不只在医疗行业，在其他领域应用方面也具有实用价值，核电站事故处理现场工作人员使用这类助力装置，即使在穿戴厚重的防护服也不会感觉到笨重。Cybernics 公司始终专注于高龄人群和残疾人的康复，恢复行动能力，由于成本昂贵价格不菲且体型笨重，因此目前没有得到普及，公司这份不以盈利为目的、始终专注康复医疗的这份信念仍然值得人们尊敬。

　　以色列 Rewalk 医疗机器人公司（前身为 ArgoMedicalTechnologies）创始人早年意外瘫痪，希望所有四肢瘫痪的患者能够重新站立正常行走，之后在一段时间里他的同事跟朋友开始研究外骨骼机械设备，在 2006 年推向了临床实验，这类穿戴型外骨骼机器人经过反复适应性训练，能够让患者感觉到像支配本体一样。ReWalk Personal 是一种可穿戴的机器人外骨骼，依靠的是重心传感器，提供动力髋关节和膝盖运动，使脊髓损伤（SCI）患者能够直立行走、转弯、爬楼梯和下楼。Rewalk 是第一个在美国接受 FDA 许可的外骨骼，供个人和康复使用。ReStore 是一种重量轻的软外体西装，旨在用于因中风引起的下肢残疾的康复。这是唯一的中风后步态训练解决方案，提供背屈和植物屈曲的帮助，以促进功能性步态训练。Rewalk 公司名下的 ReWalk Personal

和 ReWalk Rehabilitation 这两类外骨骼机器人,ReWalk Personal 主要适合家庭、工作或社交环境中使用,通过传感器和监控器,使行动不便的患者站立、行走和爬楼。ReWalk Rehabilitation 系列主要用于临床修复,为瘫痪患者提供物理治疗方式。

 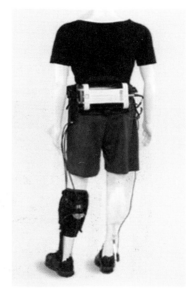

ReWalk Personal   ReStore

图 12.2.2　ReWalk 公司研发的外骨骼机器人。这种穿戴式机器人外骨骼,既具有外骨骼,同时又可以固定或绑定在患者身体,适用于脊髓损伤的医疗恢复患者,是一种较为理想的物理治疗方法(照片来自网络开放资料)

　　ReWalk Robotics 和 Cyberdyne 的售价约是 7.7 万美元和 20 多万美元,这样的价格令人望而生畏,因此这两家公司都有一种租赁模式,但价格仍不菲。

　　尖叫智能科技公司,是国内一家致力于智能外骨骼机器人的高科技公司。它利用陀螺仪、加速度计、肌肉电、激光及超声感知技术,结合最新的人工智能和深度学习技术,开发帮助行走困难的人在外骨骼自平衡下实现正常走路、爬坡、上下楼梯,能够自行调整行走速度,预判环境防止撞击,它的目的是能够在极大降低成本的基础上研制一种智能外骨骼机器人,既能够感知外界环境,也能够将外界信息与内部运动机制结合。

由于失去部分肢体的患者缺失的是本体感受，无法感受肢体所在的位置、速度和扭矩。最新的穿戴外骨骼技术集感知、控制、运动、能源驱动为一体的仿生人体工学的机械结构，MIT麻省理工学院极限仿生中心实验室最新研究的一种神经接口通讯模式，对假肢或矫形踝关节/足部残疾的患者进行了广泛的AMI（主动肌−拮抗肌神经接口设备）临床实验，AMI是由主动肌和拮抗肌组成，当一侧收缩时另一侧舒张，通过生物神经传感器可以将速度、位置和扭矩信息反馈给大脑，目标是实现神经系统与它周围的肌肉以及仿生假肢之间的信息反馈。这也让我们看到了人机结合的优越性。

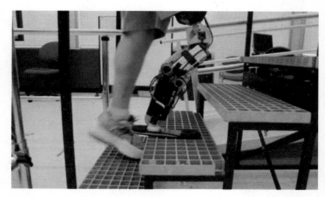

图12.2.3　麻省理工学院研发的神经−肌肉−骨骼控制系统。通过临床实验并结合生物神经传感器，将信息传递大脑完成仿生肢体和肌肉的信息反馈及控制（照片来自网络开放资料）

目前医疗市场对于外骨骼的需求量，尽管外骨骼系统在脊髓损伤的康复治疗中还没有形成定论，设计更加科学合理、质量更轻的趋人性化外骨骼技术，将在未来建筑搬运、抢险救灾以及医疗康复治疗中发挥更重要的作用。

穿戴助力设备

人的大部分日常生活都离不开腿和手的运动，目前医学界和工业界开始广泛研究穿戴助力设备，提高人们生活质量，扫除残疾患者的生活障碍。许多偏瘫无法自理的患者在借助外部助力设备情况下能够正常生活，包括吃饭、走路、上楼梯等等。一些穿戴式助力设备主要用于军事、民用、医疗。在战场上考虑到单兵携带的装备多而重、体力消耗大，往往不堪重负。美国政府最早研究外骨骼机械装备，主要用于提高作战能力，外骨骼承担了所有的负重，减轻了普通士兵的困扰，武装为"超级战士"置于复杂的实际战场。

随着社会的进步，国内外涌现出许多智能穿戴助力设备，用于健康、社交、运动等等，智能可穿戴助力设备主要应用人群有两部分，一部分为医疗康复人群，一部分为爱好消费，比如登山、攀岩等等。但目前主要还是用于帮助有功能障碍的患者弥补缺陷，能够让有身体障碍甚至瘫痪的人士重新恢复正常生活。穿戴助力设备除了能够使得患者的肢体正常运动外，还需要考虑舒适性、方便性。拟人化穿戴助力设备不只是人的机械助力装置，更像人的自身延展。

近年来，社会的进步以及科技的迅速发展，人们开始关注医疗健康这一重要领域，许多展览中开始出现智能化穿戴助力设备。

法国Alim-Louis Benabid教授通过在大脑表层运动控制部位放置电极［如图12.2.4（A）］，读取脑电波信息，并转换为运动指令控制，经过20多个月的反复训练，法国一名瘫痪男子能够意念控制这样的外骨骼实现缓慢行走和暂停，也可以控制手臂［如图12.2.4（B）所示，外骨骼装置需要天花板上的吊带支撑），但目前仅局限在实验室内进行使用。

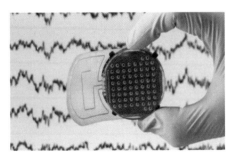

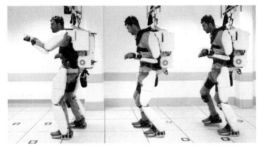

（A）电极芯片　　　　　　　　　（B）外骨骼装置

图12.2.4　法国Alim-Louis Benabid教授研发的外骨骼装置。（A）图为放置在大脑表层的电极芯片，（B）图为吊带支撑的外骨骼装置（照片来自网络开放资料）

哈佛大学突破的一种穿戴式助力设备更加轻便，它的外形像普通短裤，穿戴也比较方便，材料由纺织物制成，所有部件加起来总重5千克，整个装备都靠近身体的重心，相比其他外骨骼机械重量大幅减轻更满足人体工学设计。它的背部具有一个驱动装置，通过腿部和背部间的电缆施加张力，通过跑步训练实验，根据对照组实验，穿戴助力装置的人体代谢减少了4%,走路时代谢减少9.3%。这样的便携式设备不仅能够帮助行动障碍的患者，还可以在其他运动、娱乐甚至工地作业者减轻佩戴者的负担和运动障碍限制。

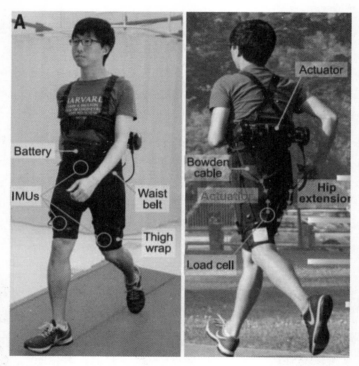

图12.2.5　哈佛大学研发的便携式穿戴设备。图示为一种轻便式穿戴助力装置，它包含电池、惯性测量单元、腰带、致动器、测压元件、钢丝软轴（照片来自网络开放资料）

2019德国柏林电子消费展（IFA – Consumer Electronics Unlimited），一种衣服式感应设备（裤子或袖子）吸引了人们的关注，如图12.2.6（A）所示加入运动传感器，它可以实时捕捉和记录人的运动状态，数据可以上传到移动设备上，可以用来研究人的步态，这种感应皮肤衣可以用于康复训练，包括如何移动如何走路，医生可以根据这样的记录来观测运动障碍在哪里以及具体康复指导措施，行为表现如何更加自然。

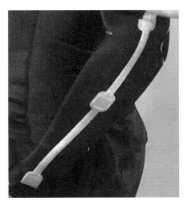

图12.2.6　穿戴式设备。（Ａ）图为贴附在皮肤衣表面的运动感应设备，（Ｂ）图为外骨骼"外骨骼"皮肤衣为患者提供支撑和助力（照片来自2019德国柏林电子消费展）

　　在2019中国国际福祉博览会暨中国国际康复博览会上，工作人员展示了一种外骨骼"机械衣"，如图12.2.6（Ｂ）所示，它主要针对下肢残疾或功能障碍的人群，穿上就可以站起来、走起来，它能够锻炼患者的平衡能力和行走能力，尤其在中后期康复训练时能够在短时间内提高患者的生活自理能力。

　　但是智能可穿戴设备同样引发了一系列问题，包括人的隐私问题、辐射问题、舒适度和便携度等，同样，要使得穿戴助力设备普及化，无论在价格、用户体验感都需要一一考虑。目前这个新兴领域还不太成熟，很多问题都亟待解决，未来相信会有更多新型材料与技术融入带动智能运动系统的发展。柔性轻便的智能助力设备将是未来研发的一个主要方向，相信在不久的将来，科学家能够将满足各种性能要求的人工肌肉材料与外骨骼技术完美结合，研发出智能更高的穿戴式助力系统。我们也希望更多的企业、慈善机构、医院、政府能够参与进来，真正为需要帮助的人们带来福祉，对社会的发展产生应用价值。

　　最后，生命是顽强的，也是脆弱的，在工作和生活中要多多注意自身健康，增强锻炼，出现疾病早发现，早治疗，健康无小事！

参考文献

［1］　陈凯.基于FPGA的生物神经突触的模拟与实现［D］.兰州交通大学，2018.

［2］　丁长伟，李松柏.腰椎间盘突出症神经根受压磁共振脊髓造影诊断价值［J］.中国医学影像学杂志，2011，19(08):575-579.

［3］　冯文婷，苏东海，梁全.气动人工肌肉智能控制系统研究［J］.机械工程师，2016(04):45-46.

［4］　关兵才，张海林，李之望.《细胞电生理学基本原理与膜片钳技术》.科学出版社.2013.

［5］　HCR(慧辰资讯)Himobile团队.可穿戴设备，让智能化生活离你更近［J］.销售与市场(管理版)，2015(06):56-57.

［6］　李国彰.神经生理学.北京：人民卫生出版社，2007.

［7］　李靖，彭宏业，秦现生.电磁式人工肌肉控制系统的研究与设计初探［J］.微特电机，2012，40(06):68-71+74.

［8］　李龙飞，朱凌云，苟向锋.可穿戴下肢外骨骼康复机器人研究现状与发展趋势［J］.医疗卫生装备，2019，40(12):89-97.

［9］　马倩芸，江涛，于日磊.烟碱乙酰胆碱受体结构的研究进展［J］.中国海洋药物，2018，37(02):97-102.

［10］　乔德才，邓树勋，王健.运动生理学(第2版).北京：高等教育出版社，2006.

［11］　史小华，王洪波，孙利，高峰，徐震.外骨骼型下肢康复机器人结构设计与动力学分析［J］.机械工程学报，2014，50(03):41-48.

［12］　史欣良.脊髓节段与椎骨序数对应关系标本制作［C］.中国解剖学会.全国解剖学技术学术会议论文集.中国解剖学会:中国解剖学会，2007:65.

［13］　苏晓丹.胸腰段脊柱脊髓损伤患者的急诊分级护理［J］.航空航天医学杂志，2015，26(05):629-630.

［14］　隋立明，张立勋.气动肌肉驱动步态康复训练外骨骼装置的研究［J］.哈尔滨工程大学学报，2011，32(09):1244-1248.

［15］　王金龙，逯迈，陈小强.基于FPGA的Hodgkin-Huxley神经元硬件实现.中国物理学会静电专业委员会.静电放电：从地面新技术应用到空间卫星安全防护—中国物理学会第二十届全国静电学术会议论文集.中国物理学会静电专业委员会:中国物理学会静电专业委员会，2015:6.

［16］　王瑞元，苏全生.运动生理学.北京：人民体育出版社，2012.

［17］　王子宽.穿戴设备智能化在老年人健康管理中的应用［J］.中国电信业，2016(10):64-67.

［18］　魏熙乐，于海涛，王江.神经系统建模与控制工程.北京：科学出版社，2015.

［19］ 闻佳．基于FPGA的小型神经元网络的模拟与实现［D］.兰州交通大学，2017.

［20］ 吴成如，汪念，孙军战，顾庆陟，蒋传海，孙国荣.无骨折脱位型颈脊髓损伤的分类与手术治疗研究［J］.颈腰痛杂志，2020，41(01):9-13.

［21］ 吴莹，刘深泉译.神经科学的数学基础.北京：高等教育出版社，2018.

［22］ 肖锴，周一方，张璞，雒佳，杨建宇.便携式手外骨骼康复装置结构研究［J］.中国设备工程，2017(11):80-82.

［23］ 肖志峰，陈冰，赵燕南，李佳音，韩素芳，陈艳艳，戴建武.脊髓损伤再生研究进展——搭建脊髓损伤修复的希望之桥［J］.中国科学:生命科学，2019，49(11):1395-1408.

［24］ 夏计划，邹国耀.脊髓损伤的治疗现状及进展［J］.中国医药科学，2013，3(09):46-47+79.

［25］ 徐江，王熠钊，黄晓琳等.硬膜外脊髓电刺激结合减重跑台训练对脊髓损伤大鼠运动功能的影响［J］.中华物理医学与康复杂志，2008，30(7):437-440.

［26］ 杨明亮，李建军，李强等.脊柱脊髓损伤临床及康复治疗路径实施方案［J］.中国康复理论与实践，2012(8):791-796.

［27］ 杨岩江.手功能康复外骨骼的机构设计与分析［D］.合肥工业大学，2018.

［28］ 张氢，覃昶，孙远韬.气动人工肌肉驱动灵巧手的设计与研究［J］.液压与气动，2018(05):93-97.

［29］ 张青莲.脊髓损伤后康复护理进展［J］.中华护理杂志，2003(09):52-54.

［30］ 张晓峰.HAL(hybrid assistive limb)外骨骼功能新拓展［J］.医疗卫生装备，35(1):76-76.

［31］ 张增猛，弓永军，孙正文，侯交义，王祖温.水压人工肌肉的压力控制与静态特性试验［J］.北京理工大学学报，2015，35(09):892-897.

［32］ 郑筱祥主编.生理系统仿真建模.北京：北京理工大学出版社，2003.

［33］ http://www.takungpao.com/news/232108/2019/0301/254073.html

［34］ https://www.neuron.yale.edu/neuron/

［35］ http://news.ifeng.com/a/20171116/53297385_0.shtml

［36］ http://www.imrobotic.com/news/detail/18899

［37］ https://t.qianzhan.com/caijing/detail/181121-4e1172a3.html

［38］ http://www.360doc.com/content/18/0107/07/38530564_719727573.shtml

［39］ https://www.360kuai.com/pc/902b9a6a65cc52dad?cota=3&kuai_so=1&sign=360_57c3bbd1&refer_scene=so_1

［40］ https://www.jdzj.com/news/98396.html

［41］ http://www.xinhuanet.com/2018-06/01/c_1122925312.htm

［42］ https://tech.163.com/19/0714/15/EK2AP35J00097U81.html

［43］ http://sh.eastday.com/m/20150922/u1ai9040661.html

［44］ https://rewalk.com/

［45］ http://m.people.cn/n4/2019/1010/c1456-13270747.html

［46］ http://tv.cctv.com/2019/09/09/VIDEgvPl0nErAYrlziXWcDcW190909.shtml

［47］ https://tech.hqew.com/fangan_1722609

［48］ A.B. Zoss, H. Kazerooni, & A. Chu. (2006). Biomechanical design of the berkeley lower extremity exoskeleton (bleex). IEEE/ASME Transactions on Mechatronics, 11(2), 128-138.

［49］ Acome, E., Mitchell, S. K., Morrissey, T. G., Emmett, M. B., Benjamin, C., & King, M., et al. (0). Hydraulically amplified self-healing electrostatic actuators with muscle-like performance. Science, 359.

［50］ Alim Louis Benabid, Thomas Costecalde, Andrey Eliseyev, et al. (2019). An exoskeleton controlled by an epidural wireless brain–machine interface in a tetraplegic patient: a proof-of-concept demonstration. The Lancet Neurology, 18(12), 112-1122.

［51］ Apparsundaram, & S. (2005). Increased capacity and density of choline transporters situated in synaptic membranes of the right medial prefrontal cortex of attentional task-performing rats. Journal of Neuroscience, 25(15), 3851-3856.

［52］ Augustinsson, L. E., Mannheimer, C., & Carlsson, C. A.. (1987). Epidural spinal electrical stimulation (eses) in severe angina pectoris. PAIN, 30, S6.

［53］ Belanger, M., Drew, T., Provencher, J., & Rossignol, S.. (1996). A comparison of treadmill locomotion in adult cats before and after spinal transection. Journal of Neurophysiology, 76(1), 471-491.

［54］ Bernstein J (1979). Investigations on the thermodynamics of bioelectric currents. P/ügers Arch 92:521-562. Translated in: GR Kepner (ed). Cell Membrane Permeability and Transport, pp. 184-210.

［55］ Bertil Hille (2001) Ion Channels of Excitable Membranes, 3rd Edition, Sinauer Associates.

［56］ Bower J, Beeman D. (1998). The Book of GENESIS. Springer New York.

［57］ Brownstone, R. M., & Wilson, J. M.. (2008). Strategies for delineating spinal locomotor rhythm-generating networks and the possible role of HB9 interneurones in rhythmogenesis. Brain Research Reviews, 57(1), 64-76.

［58］ Brownstone RM, Bui TV, and Stifani N. (2015). Spinal circuits for motor learning. Current Opinion in Neurobiology, 33, 166-173.

［59］ Caggiano, V., Leiras, R., H. Goñi-Erro, Masini, D., & Kiehn, O.. (2018). Midbrain circuits that set locomotor speed and gait selection. Nature, 553(7689), 455-460.

［60］ Clarac, F.. (2008). Some historical reflections on the neural control of locomotion. Brain

Research Reviews, 57(1), 13-21.

［61］ Carlin, K. P., Bui, T. V., Dai, Y., & Brownstone, R. M.. (2009). Staircase currents in motoneurons: insight into the spatial arrangement of calcium channels in the dendritic tree. Journal of Neuroscience, 29(16), 5343-5353.

［62］ Carlin, K. P., Dai, Y., & Jordan, L. M.. (2006). Cholinergic and serotonergic excitation of ascending commissural neurons in the thoraco-lumbar spinal cord of the neonatal mouse. Journal of Neurophysiology, 95(2), 1278.

［63］ Carlin, K. P. , Jones, K. E. , Jiang, Z. , Jordan, L. M. , & Brownstone, R. M.. (2000). Dendritic L-type calcium currents in mouse spinal motoneurons: implications for bistability. European Journal of Neuroscience, 12(5), 1635-1646.

［64］ Carr PA, Pearson JC, Fyffe RE. (1999). Distribution of 5-hydroxytryptamine-immunoreactive boutons on immunohistochemically-identified Renshaw cells in cat and rat lumbar spinal cord. Brain Research. 823(1-2), 198-201.

［65］ Cazalets J-R, Borde M, Clarac F. (1995). Localization and organization of the central pattern generator for hindlimb locomotion in newborn rat. Journal of Neuroscience. 15:4943-4951.

［66］ Chen K, Ge R, Cheng Y, and Dai Y. (2019). Three-week treadmill training changes the electrophysiological properties of spinal interneurons in the mice. Exp Brain Res. 237: 2925-2938.

［67］ Chen, P., Xu, Y., He, S., Sun, X., Pan, S., & Deng, J., et al. (2015). Hierarchically arranged helical fibre actuators driven by solvents and vapours. Nature Nanotechnology. 10, 1077-1083.

［68］ Cheng Y, Ge R, Chen K, and Dai Y. (2019). Modulation of NMDA-mediated intrinsic membrane properties of ascending commissural interneurons in neonatal rat spinal cord. J Integr Neurosci. 18: 163-172.

［69］ Cheng Y, Zhang Q, and Dai Y. (2020). Sequential activation of multiple persistent inward currents induces staircase currents in serotonergic neurons of medulla in ePet-EYFP mice. Journal of Neurophysiology, 123: 277-288.

［70］ Chipka, J. B., Meller, M. A., & Garcia, E.. (2015). Efficiency testing of hydraulic artificial muscles with variable recruitment using a linear dynamometer. Proceedings of SPIE - The International Society for Optical Engineering, 9429.

［71］ Chiba, S., Waki, M., Wada, T., Hirakawa, Y., Masuda, K., & Ikoma, T.. (2013). Consistent ocean wave energy harvesting using electroactive polymer (dielectric elastomer) artificial muscle generators. Applied Energy, 104(APR.), 497-502.

［72］ Cline, H. T.. (2001). Dendritic arbor development and synaptogenesis. Current Opinion in

Neurobiology, 11(1), 118-126.

[73] Clites, T. R., Carty, M. J., Srinivasan, S. S., Talbot, S. G., & Herr, H. M.. (2019). Caprine models of the agonist-antagonist myoneural interface implemented at the above- and below-knee amputation levels. Plastic and Reconstructive Surgery, 144(2), 218-229

[74] Cowley, K. C., Zaporozhets, E., Joundi, R. A., & Schmidt, B. J.. (2009). Contribution of commissural projections to bulbospinal activation of locomotion in the in vitro neonatal rat spinal cord. Journal of Neurophysiology, 101(3), 1171-1178.

[75] Dacey DM, Peterson BB, Robinson FR, Gamlin PD. (2003). Fireworks in the primate retina: in vitro photodynamics reveals diverse LGN-projecting ganglion cell types. Neuron, 37, 15-27.

[76] Dai Y, Carlin KP, Li Z, McMahon DG, Brownstone RM & Jordan LM. (2009). Electrophysiological and Pharmacological Properties of Locomotor Activity-Related Neurons in cfos-EGFP Mice. Journal of Neurophysiology, 102, 3365-3383.

[77] Dai, Y., Jones, K. E., & Fedirchuk, B.. (2000). Effects of voltage trajectory on action potential voltage threshold in simulations of cat spinal motoneurons. Neurocomputing, 32/33, p.105-111.

[78] Dai Y, Cheng Y, Fedirchuk B, Jordan LM & Chu J. (2018). Motoneuron output regulated by ionic channels: a modeling study of motoneuron frequency-current relationships during fictive locomotion. Journal of Neurophysiology, 120, 1840-1858.

[79] Dai Y, Jones KE, Fedirchuk B, McCrea DA, and Jordan LM. (2002). A modelling study of locomotion-induced hyperpolarization of voltage threshold in cat lumbar motoneurones. The Journal of Physiology, 544: 521-536.

[80] Dai, Y. and L. M. Jordan. (2010). Multiple Effects of Serotonin and Acetylcholine on Hyperpolarization-Activated Inward Current in Locomotor Activity-Related Neurons in Cfos-EGFP Mice. J Neurophysiol, 104(1): 366-381.

[81] Deisseroth K. (2011) Optogenetics. Nat Methods, 8(1):26-29.

[82] Deliagina, T. G., Orlovsky, G. N., Zelenin, P. V., and Beloozerova, I. N. (2006). Neural bases of postural control. Physiology (Bethesda), 21, 216-225.

[83] Douglas JR, Noga BR, Dai X, Jordan LM. (1993). The effects of intrathecal administration of excitatory amino acid agonists and antagonists on the initiation of locomotion in the adult cat. J Neurosci, 13:990-1000.

[84] Doyle, D. A., Morais Cabral, J., Pfuetzner, R. A., Kuo, A., Gulbis, J. M., Cohen, S. L., MacKinnon, R. (1998). The structure of the potassium channel: molecular basis of K+ conduction and selectivity. Science, 280(5360), 69-77.

[85] Duttaroy, & A. (2002). Evaluation of muscarinic agonist-induced analgesia in muscarinic

acetylcholine receptor knockout mice. Molecular Pharmacology, 62(5), 1084-1093.

[86] Eide AL, Kjaerulff O, Kiehn O. (1999). Characterization of commissural interneurons in the lumbar region of the neonatal rat spinal cord. J Comp Neurol, 403:332-345.

[87] Estakhr, J., Abazari, D., Frisby, K., Mcintosh, J. M., & Nashmi, R.. (2017). Differential control of dopaminergic excitability and locomotion by cholinergic inputs in mouse substantia nigra. Current Biology, S0960982217306504.

[88] Fratzl, P., & Weinkamer, R.. (2007). Nature's hierarchical materials. Progress in Materials Science, 52(8), 1263-1334.

[89] Gadsby DC. (2009). Ion channels versus ion pumps: the principal difference, in principle. Nat Rev Mol Cell Biol, 10:344-352.

[90] Gandevia SC. (2001). Spinal and supraspinal factors in human muscle fatigue. Physiological Reviews, 81(4):1725-1789.

[91] Gardiner P, Dai Y, and Heckman CJ. (2006). Effects of exercise training on α-motoneurons. J Appl Physiol, 101: 1228-1236.

[92] Garriga-Casanovas, A., Faudzi, A. M., Hiramitsu, T., Baena, F. R. Y., & Suzumori, K.. (2017). Multifilament pneumatic artificial muscles to mimic the human neck. 2017 IEEE International Conference on Robotics and Biomimetics (ROBIO). IEEE.

[93] Ge R, Chen K, Cheng Y, and Dai Y. (2019). Morphological and electrophysiological properties of serotonin neurons with NMDA modulation in the mesencephalic locomotor region of neonatal ePet-EYFP mice. Exp Brain Res, 237: 3333-3350.

[94] Ge RK, Chen K, Cheng Y, Dai Y. (2019) Morphological and electrophysiological properties of serotonin neurons with NMDA modulation in the mesencephalic locomotor region of neonatal ePet-EYFP mice. Exp Brain Res: 237(12).

[95] Goldman DE. (1943). Potential, impedance, and recti1cation in membranes. J Gen Physiol, 27:37-60.

[96] Govorunova, E. G., Sineshchekov, O. A., Janz, R., Liu, X., & Spudich, J. L. (2015). NEUROSCIENCE. Natural light-gated anion channels: A family of microbial rhodopsins for advanced optogenetics. Science, 349(6248), 647-650.

[97] Graham Brown T. (1911). The intrinsic factors in the act of progression in the mammal. Proc R Soc Lond B Biol Sci, 84:308-319.

[98] Graham Brown T. (1914). On the nature of the fundamental activity of the nervous centres; together with an analysis of the conditioning of rhythmic activity in progression, and a theory of the evolution of function in the nervous system. J Physiol (Lond), 48:18-46.

[99] Griener A, Dyck J & Gosgnach S. (2013). Regional distribution of putative rhythm-generating and pattern-forming components of the mammalian locomotor CPG.

Neuroscience, 250, 644-650.

［100］Grillner, S. (2006). Biological pattern generation: The cellular and computational logic of networks in motion. Neuron, 52, 751-766.

［101］Grillner, S., Hellgren, J., Menard, A., Saitoh, K., and Wikstrom, M. A. (2005). Mechanisms for selection of basic motor programs—Roles for the striatum and pallidum. Trends Neurosci. 28,364-370.

［102］Grillner S, Deliagina T, Ekeberg O, El MA, Hill RH, Lansner A, Orlovsky GN, and Wallen P (1995). Neural networks that co-ordinate locomotion and body orientation in lamprey. Trends Neurosci, 18: 270-279.

［103］Hasselmo, M. E., & Bergman, R. E. (1995). Review of bower and beeman: the book of genesis: exploring realistic neural models with the general neural simulation system. , 69(5), 2174-2175.

［104］Heckman CJ, Lee RH & Brownstone RM. (2003). Hyperexcitable dendrites in motoneurons and their neuromodulatory control during motor behavior. Trends Neurosci, 26, 688-695.

［105］Henneman E, Somjen G, Carpenter DO. (1965a) Excitability and inhibitability of motoneurons of different sizes. J Neurophysiol, 28: 599-620.

［106］Henneman E, Somjen G, Carpenter DO. (1965b) Functional significance of cell size in spinal motoneurons. J Neurophysiol, 28: 560-580.

［107］Herr, H. M., Casler, R. J., Han, Z., Barnhart, C. E., & Girzon, G.. (2017). Controlling power in a prosthesis or orthosis based on predicted walking speed or surrogate for same.

［108］Hikosaka, O., Takikawa, Y., and Kawagoe, R. (2000). Role of the basal ganglia in the control of purposive saccadic eye movements. Physiol. Rev, 80, 953-978.

［109］Hodgkin, A. (1976). Chance and design in electrophysiology: an informal account of certain experiments on nerve carried out between 1934 and 1952, J. Physiol. (London), 263: 1-21.

［110］Hodgkin, A. and Huxley, A. (1939). Action potentials recorded from inside a nerve fibre, Nature, 144: 710-711.

［111］Hodgkin, A. and Huxley, A. (1952a). Currents carried by sodium and potassium ions through the membrane of the giant axon of Loligo. J. Physiol. (London), 116: 449-472.

［112］Hodgkin, A. and Huxley, A. (1952b). The components of membrane conductance in the giant axon of Loligo. J. Phsyiol. (London), 116: 473-496.

［113］Hodgkin, A. and Huxley, A. (1952c). The dual effect of membrane potential on sodium conductance in the giant axon of Loligo. J. Physiol. (London), 116: 497-506.

［114］Hodgkin, A. and Huxley, A. (1952d). A quantitative description of membrane current and its application to conduction and excitation in nerve. J. Physiol. (London), 117: 500-544.

［115］ Hodgkin, A. and Katz, B. (1949). The effect of sodium ions on the electrical activity of the giant axon of the squid. J. Physiol. (London), 108: 37-77.

［116］ Hodgkin, A., Huxley, A. and Katz, B. (1952). Measurement of current-voltage relations in the membrane of the giant axon of Loligo, J. Physiol. (London), 116: 424-448.

［117］ Hodgkin AL, Rushton WAH. (1946). The electrical constants of a crustacean nerve 1bre. Proc R Soc Lond Ser B, 133:444-479.

［118］ Hopfield JJ, Tank DW. (1986). Computing with neural circuits: a model. Science 233:625-633.

［119］ Huxley AF, Stämpfli R. (1949). Evidence for saltatory conduction in peripheral myelinated nerve 1bres. J Physiol, 108:315-339.

［120］ Jack, J. J. B., Noble, D. and Tsien, R. W. (1975). Electric Current Flow in Excitable cells, Calderon Press, Oxford.

［121］ Jahr, C. E. and Stevens, C. F. (1990). A qualitative description of NMDA receptor channel kinetic behavior, J. Neurosci. 10: 1830-1837.

［122］ Jankowska E, Jukes MGM, Lund S, Lundberg A. (1967a). The effect of DOPA on the spinal cord. 5. Reciprocal organization of pathways transmitting excitatory action to alpha motoneurones of flexors and extensors. Acta Physiol Scand, 70:369-388.

［123］ Jankowska E, Jukes MGM, Lund S, Lundberg A. (1967b). The effect of DOPA on the spinal cord. VI. Half-centre organization of interneurons transmitting effects from flexor reflex afferents. Acta Physiol Scand, 70:389-402.

［124］ Jankowska E, Bannatyne BA, Stecina K, Hammar I, Cabaj A & Maxwell DJ. (2009). Commissural interneurons with input from group I and II muscle afferents in feline lumbar segments: neurotransmitters, projections and target cells. The Journal of Physiology, 587, 401-418.

［125］ Jansen, O., Grasmuecke, D., Meindl, R. C., Tegenthoff, M., Schwenkreis, P., & Sczesny-Kaiser, M., et al. (2017). Hybrid assistive limb exoskeleton hal in the rehabilitation of chronic spinal cord injury: proof of concept; the results in 21 patients. World Neurosurgery, S1878875017318089.

［126］ Jing, L., Xiansheng, Q., Xuefeng, Z., & Zhanxi, W.. (2012). Multi-object optimal design of electromagnetic artificial muscle structure. International Conference on Transportation. IEEE.

［127］ Jinsoo Kim, Giuk Lee,Roman Heimgartner, Dheepak Arumukhom Revi, et al. (2019). Reducing the metabolic rate of walking and running with a versatile, portable exosuit. Science (New York, N.Y.), 365, 668-672.

［128］Howse, J. R., Topham, P., Crook, C. J., Gleeson, A. J., & Ryan, A. J.. (2006). Reciprocating power generation in a chemically driven synthetic muscle. Nano Letters, 6(1), 73-77.

［129］Jones JG, Tansey EMT, Stuart DG (2011) Thomas Graham Brown (1882–1965): Behind the Scenes at the Cardiff Institute of Physiology. Journal of the History of the Neurosciences, 20: 188-209.

［130］Jordan LM, Liu J, Hedlund PB, Akay T & Pearson KG. (2008). Descending command systems for the initiation of locomotion in mammals. Brain Res Rev, 57, 183-191.

［131］Jordan, L. M., & Schmidt, B. J.. (2002). Propriospinal neurons involved in the control of locomotion: potential targets for repair strategies. Progress in brain research, 137, 125-139.

［132］Jorgensen PL, Hakansson KO, Karlish SJ. (2003). Structure and mechanism of Na,K-ATPase: functional sites and their interactions. Annu Rev Physiol, 65:817-849.

［133］Liu, & J. (2005). Stimulation of the parapyramidal region of the neonatal rat brain stem produces locomotor-like activity involving spinal 5-HT7 and 5-HT2A receptors. Journal of Neurophysiology (Bethesda), 94(2), 1392-1404.

［134］Kiehn O. (2006). Locomotor circuits in the mammalian spinal cord. Annu Rev Neurosci, 29: 279-306

［135］Kiehn, O., & Butt, S. J. B.. (2003). Physiological, anatomical and genetic identification of cpg neurons in the developing mammalian spinal cord. Progess in Neurobiology, 70(4), 0-361.

［136］Kiehn, O., Kjaerulff, O., Tresch, M. C., & Harris-Warrick, R. M.. (2000). Contributions of intrinsic motor neuron properties to the production of rhythmic motor output in the mammalian spinal cord. Brain Research Bulletin, 53(5), 0-659.

［137］Kingsley, D. A., & Quinn, R. D.. (2002). Fatigue life and frequency response of braided pneumatic actuators. Robotics and Automation, 2002. Proceedings. ICRA '02. IEEE International Conference on. IEEE.

［138］Kirkwood, P. A. (2000). Neuronal control of locomotion: from mollusc to man – g.n. orlovsky, t.g. deliagina and s. grillner. Clinical Neurophysiology, 111(8), 1524–1525.

［139］Kjaerulff, O., & Kiehn, O.. (1996). Distribution of networks generating and coordinating locomotor activity in the neonatal rat spinal cord in vitro: a lesion study. The Journal of Neuroscience, 16(18), 5777-5794.

［140］Kjell Fuxe. (1965). Evidence for the existence of monoamine neurons in the central nervous system. Zeitschrift Für Zellforschung Und Mikroskopische Anatomie, 65(4), 573-596.

［141］Koch C. (1999). Biophysics of Computation: Information Processing in Single Neurons Oxford. University Press.

［142］Krawitz S, Fedirchuk B, Yue Dai, Jordan LM and McCrea DA. (2001). State-dependent hyperpolarization of Voltage threshold enhances motoneurone excitability during fictive locomotion in the cat. Journal of Physiology, 532:271-281.

［143］Kriellaars DJ, Brownstone RM, Noga BR, Jordan LM. (1994). Mechanical entrainment of fictive locomotion in the decerebrate cat. J Neurophysiol. 71:2074–2086.

［144］Kuffler, S. W., & Nicholls, J. G. (1976). From neuron to brain. 94(1), 303–322.

［145］Liang H, Paxinos G & Watson C. (2012). Spinal projections from the presumptive midbrain locomotor region in the mouse. Brain Structure and Function, 217, 211-219.

［146］Li, J., Zhang, W., Zhang, Y., Bai, J., Wang, Z., & Qin, X., et al. (2017). Linear electromagnetic array artificial muscle design and simulation for a quadruped robot. Journal of Mechanics in Medicine and Biology, 1740020.

［147］Li, S., Vogt, D. M., Rus, D., & Wood, R. J.. (2017). Fluid-driven origami-inspired artificial muscles. Proceedings of the National Academy of Sciences, 201713450.

［148］Liu, & J. (2005). Stimulation of the parapyramidal region of the neonatal rat brain stem produces locomotor-like activity involving spinal 5-ht7 and 5-ht2a receptors. Journal of Neurophysiology (Bethesda), 94(2), 1392-1404.

［149］Livingstone, P. D., & Wonnacott, S.. (2009). Nicotinic acetylcholine receptors and the ascending dopamine pathways. Biochemical Pharmacology, 78(7), 744-755.

［150］Lombardo, Joseph, & Harrington, Melissa A.. Nonreciprocal mechanisms in up- and downregulation of spinal motoneuron excitability by modulators of KCNQ/Kv7 channels. Journal of Neurophysiology, 116(5), 2114-2124.

［151］Lu, H.; Wang, M.; Chen, X.; Lin, B.; Yang, H. (2019). Interpenetrating Liquid-Crystal Polyurethane/Polyacrylate Elastomer with Ultrastrong Mechanical Property. Journal of the American Chemical Society, 141, 14364-14369.

［152］Lytton J. (2007). Na+/Ca2+ exchangers: three mammalian gene families control Ca2+ transport. Biochem J, 406, 365-382.

［153］Mahrous AA, and Elbasiouny SM. (2017). SK channel inhibition mediates the initiation and amplitude modulation of synchronized burst firing in the spinal cord. J Neurophysiol, 118: 161-175.

［154］Maxwell DJ, Belle MD, Cheunsuang O, Stewart A, and Morris R. (2007). Morphology of inhibitory and excitatory interneurons in superficial laminae of the rat dorsal horn. The Journal of Physiology, 584: 521-533.

［155］Mccrea, D. A., & Rybak, I. A.. (2008). Organization of mammalian locomotor rhythm and pattern generation. Brain Research Reviews, 57(1), 134-146.

［156］Mcdonald, J. W., & Sadowsky, C. (2002). Spinal-cord injury. , 359(9304), 417-425.

［157］Mendell LM. (2005). The size principle: a rule describing the recruitment of motoneurons. J Neurophysiol, 93: 3024-3026.

［158］Michelson, R., & Helmick, D.. (1997). A Reciprocating Chemical Muscle (RCM) for Micro Air Vehicle Entomopter Flight.

［159］Murrin, L. C., & Kuhar, M. J.. (1976). Activation of high-affinity choline uptake in vitro by depolarizing agents. Molecular Pharmacology, 12(6), 1082-1090.

［160］Nam, H., & Kerman, I. A.. (2016). A2 noradrenergic neurons regulate forced swim test immobility. Physiology & Behavior, 165, 339-349.

［161］Nelson G, Blankespoor K, Raibert M. (2006). Walking BigDog: Insights and challenges from legged robotics. Journal of Biomechanics, 39:S360.

［162］Newan EA. (1993). Inward-rectifying potassium channels in retinal glial (Muller) cells. J Neurosci, 13:3333-3345.

［163］Newman EA. (1986). High potassium conductance in astrocyte endfeet. Science, 233:453-454.

［164］Morita H, Wenzelburger R, Deuschl G, Gossard JP, Hultborn H. (2019). Recruitment gain of spinal motor neuron pools in cat and human. Experimental Brain Research, 237: 2897-2909.

［165］Noga BR, Kriellaars DJ, Brownstone RM, Jordan LM. (2003). Mechanism for Activation of Locomotor Centers in the Spinal Cord by Stimulation of the Mesencephalic Locomotor Region. Journal of Neurophysiology, 90: 1464-1478.

［166］Noga BR, Kriellaars DJ, Jordan LM. (1991). The effect of selective brain stem or spinal cord lesions on treadmill locomotion evoked by stimulation of the mesencephalic or ponto-medullary locomotor region. J Neurosci, 11: 1691-1700.

［167］Noga BR, Sanchez FJ, Villamil LM, O'Toole C, Kasicki S, Olszewski M, Cabaj AM, Majczynski H, Slawinska U & Jordan LM. (2017). LFP Oscillations in the Mesencephalic Locomotor Region during Voluntary Locomotion. Front Neural Circuits, 11, 34.

［168］Paquette, J. W., & Kim, K. J.. (2004). Ionomeric electroactive polymer artificial muscle for naval applications. IEEE Journal of Oceanic Engineering, 29(3), 729-737.

［169］Power, K. E., Carlin, K. P., & Fedirchuk, B.. (2012). Modulation of voltage-gated sodium channels hyperpolarizes the voltage threshold for activation in spinal motoneurones. Experimental Brain Research, 217(2), 311-322.

［170］Qin, K., Dong, C., Wu, G., & Lambert, N. A.. (2011). Inactive-state preassembly of gq-coupled receptors and gq heterotrimers. Nature Chemical Biology, 7(10), 740-747.

［171］Rall, W. (1959). Branching dendritic trees and motoneuron membrane resistivity, Exp. Neurol, 1, 491-527.

［172］Rall, W. (1967). Distinguishing theoretical synaptic potentials computed for different soma- dendritic distribution of synaptic inputs, J. Neurophysiol, 30, 1138-1168.

［173］Rall, W. (1969). Time constant and electrotonic length of membrane cylinders and neurons, Biophys. J, 9, 1483-1508.

［174］Rall, W. (1977). Cable theory for neurons, in E. R. Kandel, J. M. Brookhardt and V. B. Mountcastle (eds), Handbook of Physiology: The Nervous System, 1, 39-98.

［175］Rall, W. and Rinzel, J. (1973). Branch input resistance and steady state attenuation for input to one branch of a dendritic neuron model, Biophys. J. 13, 648-688.

［176］Raman, R. , Cvetkovic, C. , Uzel, S. G. M. , Platt, R. J. , Sengupta, P. , & Kamm, R. D. , et al. (2016). Optogenetic skeletal muscle-powered adaptive biological machines. Proceedings of the National Academy of Sciences, 201516139.

［177］Renkai Ge, Ke Chen, Yi Cheng and Yue Dai. (2019). Morphological and Electrophysiological Properties of Serotonin Neurons with NMDA Modulation in the Mesencephalic Locomotor Region of Neonatal ePet-EYFP Mice. Experimental Brain Research, 237(12), 3333-3350.

［178］Rinzel, J. and Rall, W. (1974). Transient response in a dendritic neuron model for current injected at one branch, Biophys. J, 14, 759-790.

［179］Sears ES, Franklin GM. (1980). Diseases of the cranial nerves. In: RN Rosenberg (ed). The Science and Practice of Clinical Medicine, 5. 471-494.

［180］Segev, I. (1992). Single neurone models: oversimple, complex and reduced. Trends Neurosci, 15, 414-421.

［181］Segev, I. and Parnas, I. (1983). Synaptic integration mechanisms: a theoretical and experimental investigation of temporal postsynaptic interactions between excitatory and inhibitory inputs. Biophys. J, 41, 41-50.

［182］Segev, I. and Rall, W. (1988). Computational study of an excitable dendritic spine. J. Neurophsiol, 60, 499-452.

［183］Segev, I., Fleshman, J. W. and Burke, R. E. (1989). Compartmental models of complex neurons, in C. Koch and I. Segev (eds), Methods in Neuronal Modeling. MIT Press, Cambridge, MA, chapter 3, pp. 63-96.

［184］Segev, I., Fleshman, J. W., Miller, J. P. and Bunow, B. (1985). Modeling the electrical behavior of anatomically complex neurons using a network program: Passive membrane. Biol. Cybern, 53, 27-40.

［185］Shen, H., Zhou, Q., Pan, X., Li, Z., Wu, J., & Yan, N. (2017). Structure of a eukaryotic voltage-gated sodium channel at near-atomic resolution. Science, 355(6328), eaal4326.

［186］Sherrington, & Charles. (1907). The integrative action of the nervous system. The Journal of Nervous and Mental Disease, 34(12), 801-802.

［187］Sherrington CS. (1910). Flexor-re.ex of the limb, crossed extension re.ex, and re.ex stepping and standing (cat and dog). J Physiol (Lond), 40:28-121.

［188］Shik ML, Severin FV, Orlovsky GN. (1966). Control of walking and running by means of electrical stimulation of the midbrain. Biophysics (Oxf), 11, 756-765.

［189］Shinji Doi, Junko Inoue, Zhenxing Pan, & Kunichika Tsumoto. (2010). Computational Electrophysiology.

［190］Stuart DG, Hultborn H. (2008). Thomas Graham Brown (1882–1965), Anders Lundberg (1920–), and the neural control of stepping. Brain Research Reviews 59, 74-95.

［191］Takakusaki K, Shiroyama T, Kitai ST. (1997). Two types of cholinergic neurons in the rat tegmental pedunculopontine nucleus: electrophysiological and morphological characterization. Neuroscience, 79, 1089-1109.

［192］Twomey, E. C., & Sobolevsky, A. I.. (2017). Structural mechanisms of gating in ionotropic glutamate receptors. Biochemistry, 57(3).

［193］Wei, K. , Glaser, J. I. , Deng, L. , Thompson, C. K. , Stevenson, I. H. , & Wang, Q. , et al. (2014). Serotonin affects movement gain control in the spinal cord. Journal of Neuroscience, 34(38), 12690-12700.

［194］Whelan, P. J., Hiebert, G. W., & Pearson, K. G.. (1995). Stimulation of the group i extensor afferents prolongs the stance phase in walking cats. Experimental Brain Research, 103(1), 20-30.

［195］Wilson, J. M., Rempel, J., & Brownstone, R. M.. (2004). Postnatal development of cholinergic synapses on mouse spinal motoneurons. Journal of Comparative Neurology, 474(1), 13-23.

［196］Xiang, C. Q., Zhang, Y., Guo, S. F., & Hao, L. N.. (2018). Design and control of a novel variable stiffness soft arm. Dongbei Daxue Xuebao/Journal of Northeastern University, 39(1), 93-96 and 107.

［197］Y Atsuta, E Garcia-Rill, & R.D. Skinner. (1988). Electrically induced locomotion in the in vitro brainstem-spinal cord preparation. Brain Research, 470(2), 309-312.

［198］Yue Dai, Jones KE, Fedirchuk B, Krawitz S, and Jordan LM. (1998). Modeling the lowering of motoneurone Voltage threshold during fictive locomotion. In Neuronal Mechanisms for Generating Locomotor Activity. Kiehn O., Harris-Warrick R.M., Jordan L.M., Hultborn H. and Kudo N (Eds.), Annals of the New York Academy of Sciences, 860, 492-495.

［199］Yue Dai and Jordan LM. (2011). Tetrodotoxin, Dihydropyridine, and Riluzole Resistant Persistent Inward Currents: Novel Sodium Channels in Rodent Spinal Neurons. Journal of

Neurophysiology, 106, 1322-1340.

［200］Zagoraiou, L., Akay, T., Martin, J. F., Brownstone, R. M., Jessell, T. M., & Miles, G. B.. (2009). A cluster of cholinergic premotor interneurons modulates mouse locomotor activity. Neuron, 64(5), 645-662.